博碩文化

資料科學的良器

R語言

在行銷科學
的應用
Marketing
Science Using R

廖如龍、葉世聰 著

[重點探討行銷科學領域
相關統計觀念及R語言]

☑ 內容詳解行銷科學的應用　☑ 強化解決行銷領域的問題
☑ 配合豐富的行銷實例說明　☑ 輕鬆理解並有效解決問題

作　　者：廖如龍、葉世聰 著
責任編輯：賴彥穎

董 事 長：陳來勝
總 編 輯：陳錦輝

出　　版：博碩文化股份有限公司
地　　址：221 新北市汐止區新台五路一段 112 號 10 樓 A 棟
　　　　　電話 (02) 2696-2869　傳真 (02) 2696-2867

發　　行：博碩文化股份有限公司
郵撥帳號：17484299
戶　　名：博碩文化股份有限公司
博碩網站：http://www.drmaster.com.tw
讀者服務信箱：dr26962869@gmail.com
訂購服務專線：(02) 2696-2869 分機 238、519
（週一至週五 09:30 ～ 12:00；13:30 ～ 17:00）

版　　次：2021 年 9 月初版一刷

建議零售價：新台幣 620 元
I S B N：978-986-434-879-4
律師顧問：鳴權法律事務所 陳曉鳴律師

本書如有破損或裝訂錯誤，請寄回本公司更換

國家圖書館出版品預行編目資料

資料科學的良器：R 語言在行銷科學的應用 /
廖如龍，葉世聰著 .-- 初版 .-- 新北市 : 博碩文化
股份有限公司 , 2021.09
　面；　公分

ISBN 978-986-434-879-4（平裝）

1. 資料探勘 2. 電腦程式語言 3. 電腦程式設計

312.74　　　　　　　　　　　110014160

Printed in Taiwan

歡迎團體訂購，另有優惠，請洽服務專線
博碩粉絲團 (02) 2696-2869 分機 238、519

善用 AIoT 搶占行銷先機

微程式集團（U-Bike 系統商）前副執行長

朱益民　2021.07.20

在台灣面臨新冠肺炎（COVID-19）最為嚴峻之時，接獲老友廖如龍博士來電邀我為他的新作『R 語言在行銷科學的應用』寫推薦序，實感榮幸。

在行銷科學上可區分為行為科學與計量科學兩大領域，過往在行為科學領域總是以消費者心理學為主軸，但心理學層面常落於主觀論述而鮮少能以數據佐證之，近年來人工智慧拜電腦演算速度加快所賜，已經可以精準模擬行銷人員設計出所需要的行為樣板，其結果即能補足過往心理學層面的缺憾，也因而使行銷科學進入 AIoT（Artificial Intelligence Internet of Things 我喜歡稱之為智聯網）的時代，世界知名的亞馬遜公司（Amazon.com, Inc.）即善用 AIoT 的技術，使其企業的業績在極短時間內倍增，也造就了其創辦人傑佛瑞·貝佐斯（Jeffrey Preston "Jeff" Bezos）穩坐全球首富的地位並屹立不搖，顯見 AIoT 在行銷上的重要性，而成就 AIoT 的關鍵技術就是雲端數據與分析、數據感測與接收系統及 5G 的普及化，值得慶幸這三個關鍵技術已臻成熟。

以第二代微笑單車（UBike 2.0）為例，我們大幅的改變第一代的架構，將每一個租借點的資訊站去除，以手機 APP 來取代，並在 APP 內建電子多元支付模式來取代原本需綁定一張電子票證（悠遊卡、一卡通等），形成了從身份辨識、借車、還車、付款一氣呵成的智能系統，另將原本放置於停車柱的感應系統，移植至每台單車上來瘦身停車柱，同時也簡化了停車柱的功能，並以太陽能作為供電系統，如此不但省電，更簡化了建站的流程，建站用地的取得也更為容易，因而加縮短建站的時間；我們善用了 AIoT 的架構因而大幅提升了營運績效。在可預見的未來，AIoT 也必將在行銷上大放異彩，其大數據（Big Data）分析，更可運用 R 語言內建多種統計學及資料分析功能、物件導向程式設計（S3, S4 等）以及強大的繪圖功能等來完成。

本書中，廖博士與葉世聰先生巧妙的應用 R 語言技術，在與行銷科學相關的統計、資料視覺化、市場區隔、知覺圖及商品推薦等各個行銷領域，以數理分析的架構，逐一闡述，簡明扼要，對有志於行銷的人士而言，實乃非常實用的工具書，也是行銷學界的一大福音。相信讀者閱讀此書也能同我一樣從中獲得喜樂與智慧。

數位行銷贏家的致勝關鍵

前資誠（PwC Taiwan）創新諮詢公司 副總經理

莊明霖　2021.07.23

　　有幸與廖如龍博士曾經在 IBM、Oracle 顧問部門一同共事，知悉他累積相當豐富的產業經驗，並且在大學兼任教職的教學經驗，彙整了產學研專業和產業知能，結合現今熱門的 R 語言運用於行銷學領域，如獲神兵利器，編撰成教科書，讓莘莘學子如沐春風、如虎添翼，個人深感欽佩。

　　近年數位時代的來臨，大家從數位化到數位優化，一直到關注的「**數位轉型**」議題。此議題的要點在於如何利用數位工具，作全方位的創新與轉型和升級；也就是運用數位科技創造營收成長或效率之提升。其中，行銷運作能夠搭配數位工具的應用，更是切中「**數位轉型**」的致勝關鍵。因為現代行銷面對更為多元的對象與環境，例如社群媒體與電子商務的興起，因而帶來了巨量資料，要達成精準行銷，就需運用統計分析來實現。就以本書所提及之實例說明，確認 6 種柳橙汁品牌的產品定位，而後擬定行銷策略與執行手法，如果沒有將這些大數據加以分析的話，相信其策略與手法肯定大打折扣。本書就以 R 語言之應用**以雙屬性雙標圖（Biplot）**從柳橙汁品牌定位與其保存方法、產地之關聯圖以及柳橙汁屬性變數關聯圖，獲得更豐富的分析資訊，而能迅速且運用系統化的方法完成統計分析結果工作，進而回饋行銷投放之建議，才是數位行銷的贏家。

　　在 21 世紀各種行銷手段推陳出新，實際數位應用仍是大一課題，學會 R 語言再搭以行銷應用，一定可以成為其中的佼佼者，並且更能在此競爭激烈的年代，突顯與眾不同之處。現在我們就站在新的數位時代的起點上，面向未來的時候，有一個本以行銷為基礎，數位工具為手段的專門教科書，相信 有助於翻轉過去我們所熟知的行銷方法，並且積極地導引我們邁向不一樣的未來！廖如龍博士與葉世聰先生再度聯手出版本書，正是我們目前迫切需要的知識，能夠引領我們在下一波競爭中能脫穎而出。謹此感謝廖如龍博士的貢獻，並祝福大家！

結合理論與實務，找出痛點，對症下藥

國立清華大學科技管理研究所副教授

吳清炎博士　2021.07.19

　　敝人近年在行銷管理教學經驗中，發現一般行銷管理教科書的內容常常「點到為止」，只交代了概念、案例及策略，但在實務操作面的內容常有不足。廖如龍博士與其共同作者葉世聰先生顯然是知道我的「痛點」，繼《R語言在管理領域的應用》一書成功地為企業經營管理問題提供解決方案之後，二人繼續以R語言為應用工具，結合兩人的行銷管理智慧，匯集成本次著作《R語言在行銷科學的應用》，為有心進入行銷領域的資訊管理背景人士，抑或苦無合適量化分析工具的行銷從業人員，提供了一部結合理論與實務的最佳參考書籍。舉例來說，上過行銷管理課程的人都學過STP（Segmentation 市場區隔、Targeting 市場目標選定、Positioning 市場定位），知道區隔變數可以用來進行「組內同質、組間異質」的市場劃分，但當真正要將這些區隔變數拿來應用時，常常摸不著頭緒，不知從哪裡著手。本書按部就班的示範如何以R語言進行集群分析，提供執行市場區隔的客觀量化方法。又如在知覺圖（Perception Map）方面，本書援實例引導讀者以多元尺度分析、主成份分析、以及對應分析進行知覺圖的繪製，示範知行合一的行銷管理學習。

　　廖如龍博士是我多年前在業界服務時的學習模範，他在大學階段具有工程科學的基礎訓練，也曾受過商學管理碩士、博士的正規教育。廖博士做事嚴謹、實事求是、好學不倦、博學多聞，不但有深厚的技術背景，更能結合管理理論，常年運用在企業的經營管理上，絕對是成功跨領域學習的典範。而共同作者葉世聰先生同樣具備扎實的工程教育、完整的資訊管理訓練，且擁有豐富的產業實務歷練，是一位熟稔運用資訊科技解決管理議題的專家。這本《R語言在行銷科學的應用》是兩位作者結合R語言技術與行銷管理理論再一次成功的經驗傳承與知識貢獻，爰為之序！

穿越理論與實務
傳統與現代的行銷規劃案頭書

佛光大學管理學系副教授

蔡明達　2021.07.29

　　長久以來，行銷人員往往依據直覺或過去的經驗，擬定各種推廣策略與行銷方案，在某種程度上可以做出快速正確的決策。然而，在現今面對充滿動態與不確定性的市場環境，過往的經驗與知識已經無法保證方案的成敗與決策的品質。試想在量販店擺滿了各式各樣的商品，這些商品的品牌主管如何能夠在推出促銷方案之前，確定其成功的機會？企業經營不能光靠猜想或天馬行空的點子，行銷工作每天都需要作出不同決策，然而決策是需要智慧經驗，以及充足的資訊，如果管理者能夠從資訊提煉出所需要的情報，便能夠作出更完整的研判，增加決策正確的機率。

　　行銷主管最大的任務，乃在發掘行銷機會、行銷推廣以及問題的確認，從不同產品市場找尋市場上未被滿足的需求，有效溝通商品特色，同時評估企業行銷活動之有效性，找尋公司行銷過程中的問題點，並加以改善。這項工作極為困難！好消息是，網際網路的使用和資訊技術的普及，使廠商擁有更強大的能力掌握個別顧客的資料，例如掌握網路使用者個人資料與記錄瀏覽交易資料，此資訊獲取的能力是以往廠商所難以想像的。

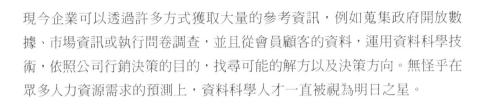
現今企業可以透過許多方式獲取大量的參考資訊，例如蒐集政府開放數據、市場資訊或執行問卷調查，並且從會員顧客的資料，運用資料科學技術，依照公司行銷決策的目的，找尋可能的解方以及決策方向。無怪乎在眾多人力資源需求的預測上，資料科學人才一直被視為明日之星。

行銷科學是經由蒐集資料、分析資料等實證方法，透過一套客觀、有系統的科學方法，獲取決策問題所需要資訊的一門學問。擁有上述有用的資訊，再加上資訊處理技術的提昇，使廠商獲取更有用的資訊擬定行銷策略並執行之。這些資訊獲取和處理的能力，為企業行銷策略帶來相當多的機會與想像空間。例如廠商可以在顧客資訊再加值，提供顧客更為有用的產品建議，或者依照顧客的個人偏好和購買習性，提供給顧客個人化的銷售建議與個別價格。企業擁有豐富的顧客資訊資產，將使行銷策略中的市場區隔發揮到極致，得以進化為個人化的市場行銷策略。

企業行銷規劃程序之核心是 STP 行銷，所謂 STP 行銷指的是行銷規劃的三項主要步驟：確認市場區隔（Segmentation）、選擇目標市場（Targeting）、決定市場定位（Positioning）。在行銷理論與實務上，市場區隔是了解市場、分析顧客需求的一項非常重要的工具，市場區隔分析乃將市場以重要的區隔變數，將市場中不同市場區隔清楚劃分，有益於行銷人員確認、描述、接觸、評估各市場區隔的市場潛力與行銷模式。本書針對行銷市場區隔提供了集群分析工具（第 3 章），包括分析計量資料所採用的階層式集群法及非階層式集群法，以及處理類別資料的對應分析法。除這些統計方法外，第 5 章所介紹機器學習技術，如 K-means、k-最近鄰（kNN）、支持向量機（SVM）等方法，也可以將顧客分群，甚至將是市場區隔細微化到個人層次的商品推薦。因此，傳統市場區隔的概念，到現今機器學習的時代，市場區隔是動態的、個人化的，透過協同過濾乃至基於內容過濾等方法（第 5 章），運用在各種資料來源，不僅為企業提供清晰的顧客輪廓，找到市場需求的樣貌，並且創造可能的推薦行銷商品的種種機會。

在行銷 STP 行銷策略形成階段之選定目標市場後，市場定位在行銷策略扮演著相當關鍵的角色，因為即使企業對顧客再怎麼了解，創建有特色的品牌價值仍是市場行銷不可或缺的工作。所有的行銷計畫和長短期決策應該建立在符合市場定位的前提下執行，也唯有如此，企業才能夠在眾多競爭對手當中創造差異化，提供顧客一個非常清晰的印象，在行銷過程中展現出與眾不同的市場定位，以吸引目標顧客群，持續維持與顧客的關係。本書也提供了多元尺度法、主成分分析還有對應分析（第 4 章），幫助讀者輕易地透過圖像的方式，標示出在顧客心目中各項市場品牌的相對位置。

　　網路社群媒介已逐漸成為目前行銷管道的主流，在目前自媒體的時代，社群媒體上網民的意見與評論，充斥著多元面向的文字內容，對於使用傳統量化分析工具的人員而言，數量驚人且難以統計。意見探勘與情感分析已成為行銷研究不可或缺的一環，很高興本書也提供了實務範例（第 6 章），對於在運用機器學習的文本分析在處理行銷議題上，有興趣的讀者是一大福音。

　　筆者有幸看到這本《R 語言在行銷科學的應用》的出版，兩位作者深入淺出地從行銷理論、資料分析方法論乃至 R 語言的運用，做了理論的詳細說明與介紹，書中也舉出實際的範例運用，是一本不可多得的工具書。作者之一如龍兄是筆者台大商研碩士班的同學，他治學嚴謹、文筆流暢，至今仍用功不倦，實在令人佩服。相信本書可以讓讀者能夠充分掌握各項行銷科學分析工具的運用與操作方式，實際運用在行銷工作上，必定令人收穫滿滿。

作者序

> 「白日依山盡，黃河入海流；欲窮千里目，更上一層樓。」
>
> 唐‧王之渙《登鸛雀樓》

　　自完成上本書「R語言在管理領域的應用」後，循著思緒的飛揚，隨即構想以「R語言在行銷科學的應用」為題，當時只知道是個好題目，卻也隨即意識到這是另一座人跡罕至的險阻高山，恐力有所不逮，何況行銷資料取得不易，沒想到如今終成蹊徑，始料未及。

　　當初與本書共同作者葉世聰，從第三章「**市場區隔**」下筆，開始一起研究「集群分析」，從「**歐氏距離**」開始，以緩慢而沈穩的步伐前進，在這一年內，有時各自找資料研讀、揣摩，有時會線上交換觀點或遠距視訊，在寒暄幾句時事家常後，即言歸正傳，彼此同步進度，探索各自心得。在共同願景下，唪啄同機地完成了本書。本書也算是在 Covid-19 瘟疫蔓延時醞釀和孵化而成，也始料未及。

　　有鑑於**數位**時代需要有**創造力**的人才，很多中東與亞太地區的銀行業，紛紛開始調整徵才標準，所謂的受過「**博雅教育**」（Liberal arts）和「**寫程式**」（coding）能力，似乎已是業界普遍認可需具備的特質。[1]「博雅教育」為培養良好公民素養、建立健全公民社會的基礎；而「寫程式」的能力，做為第二外語，可以借重 R 語言扮演**第一**哩路，進而在資料分析、資料視覺呈現上的**最後**一哩路。甚至透過學習 R 語言套件，解開其他套裝軟體視為黑盒子的各種多變量分析工具。

　　無論學習哪種程式語言，別忘了它終究只是與電腦對話的工具，更重要的是**建立解決問題**的運算思維。

　　皮尤研究中心（Pew Research Center）在 2020 年 9 月針對 20 個國家的民眾對於科學、科學家以及新興科技（例如 AI、工作自動化、食物科學）的態度進行跨國調查。從調查結果，透顯了許多台灣社會的問題：欠缺基礎科學的思維及關注，讓我們**缺乏對於「根本現象」進行探究**及反省的敏銳度，在這種狀況下急著坐擁科技所帶來的方便與效果，間接養成對於許多事務「知其然，卻不知其所以然」的思考習慣。[2]

　　本書撰寫過程，從爬梳過去在學術上的訓練，務求從理論的陳述到 R 程式的呈現，以求一以貫之，避開陷入使用現成統計分析軟體，如 SPSS 等有版權軟體可能的禁錮，亦即雖然熟悉操作，但對其原理卻不求甚解。本書在章節的擬定及實例的安排上，力求兼顧實用與趣味。譬如從挑戰者號（Challenger）發射 73 秒後產生劇烈爆炸災難，災後事故的討論以及學到的教訓，學者從不同角度尋找解釋災難的原因，其中以解釋**有缺陷的決策**，包括**資料品質**與**視覺化**呈現角度，最讓人耳目一新。

　　本書第一章開宗明義談「行銷科學與相關統計觀念及 R 語言」，如同本書概論，闡述本書的旨趣及綱目，依次闡釋本書視野之設定：從行銷研究到行銷科學，從本書使用到的統計技術到 R 軟體的呈現，也觸及企業如何讓行銷洞見付之實現。IT 部門與行銷部門過去甚少交集，今後面臨如何促成提高企業的數位可及性（digital reach）以及數位轉型（Digital Transformation）。

　　近 30 多年來，行銷研究表現出**科學**的特徵，講求**證據**支持，講求**實證**的**科學方法**。稱之為**行銷科學**，可說是當之無愧了。大數據時代的來臨，行銷分析診斷工具從內部的結構化資料，到外部的非結構化資料展開，其應用如同從平靜的江流，奔流到洶湧澎湃的海洋，視野更見遼闊。

　　行銷研究從百年前，只運用簡單的**調查法**和**觀察法**，到運用統計的雙變量，到線性代數的線性組合、奇異值分解（Singular Value Decomposition, SVD），以及多變量分析，甚至近年機器學習（ML），探討更多演算法。

例如 k-最近鄰（KNN）、支持向量機（SVM）、決策樹（decision trees）、隨機森林（RF）等等。

第一章就本書用到的資料視覺化分析工具，如圓餅圖（Pie Chart）、散布圖（Scatter chart），還有羅吉斯迴歸（Logistic regression）、集群分析（Cluster analysis）、多元尺度法（MDS）、主成份分析（PCA）、對應分析（CA）、卡方（χ^2）分析等的數學背景以及**統計意涵**做簡單描述。

IT 部門與行銷部門兩者之間關係，有如「人生不相見，動如**參與商**」中的參與商兩顆此起彼落的星宿。傳統上，IT 功能與行銷功能，少有交集，但隨著大數據當道，社群媒體引領行銷和 IT 功能的變革。這是史上第一次，資訊長（CIO）不再直接控制公司的所有技術和技術策略方向，**社群媒體**將行銷功能提升到組織中更重要的位置，導致兩位功能別高階主管之間職責重疊，今後，IT 功能與行銷功能必須越來越多地互動，確定一系列合作機制，建立夥伴關係，才能交付業務價值。

第二章介紹**資料視覺化**，分別介紹南丁格爾的玫瑰圖，以及越來越多玫瑰圖用於訊視覺化，如加拿大公職人員的語言能力（linguistics proficiency）百分比、70 年代英國煤礦工人中顯示特定年齡層的呼吸道症狀表現，挑戰者號（Challenger）災難檢討、Covid-19 疫情地圖，從趣味性、教育性及時事性切入，以求曲高而和不寡，引起更多共鳴。從拋出題目到尋求真相，路漫漫其修遠，上下求索的過程，深深體會到**做中學**是學習「**發現**的過程」的最佳方式。(3)邊做、邊想、邊寫，時有驚奇與錫蘭式邂逅。

挑戰者號災難檢討聲中，可從發射趟次、接合點溫度與環型密封圈（O-rings）損壞數的**資料**著手。當初只考慮少數的資料點，所形成的 U 形關係，被解釋為挑戰者號災難沒有**溫度**效應的證據；亦即 O-ring 熱損壞問題，沒有證據顯示與溫度相關。若看待**資料**的角度改變，兼顧全部的資料點及正視溫度效應，結局可能會不一樣。這將會是**典範轉移**。O-ring 損壞機率像是**可靠**度（Reliability）的概念。牽涉到「**一連串**」的動作。人生不就是充滿意外，人的一生是由一連串**意料之外**的事情排列組合而成。

挑戰者號忽略了**資料**，對照新冠肺炎肆虐全球期間，疫情初期歐洲的高傳染率、長照機構群聚現象與 20% 的**高齡**病患死亡率令人訝異，盤點國外醫學雜誌等研究報告，共同關鍵字是**衰弱**與**失能**，而不是年齡。然而，為何多數研究都只點出高齡風險呢？因為衰弱與失能多發生於高齡者，當**統計資料**未包括衰弱與失能時，結論往往直接歸咎於高齡，(4)值得深思。

從第二章的實例，反思如何具備卓越的統計能力、確保使用的資料品質、分析的品質以及結果呈現的品質的意義。套用美國前總統 甘迺迪（F. Kennedy）1961 年 1 月 20 日發表了著名的就職演說中，那句經典名言「不要問國家為你做什麼，而要問你能為國家做什麼」的句型，從事資料科學「不要問**資料**能為你做什麼，而要問你能為**資料**做什麼。」（Ask not what the data can do for you, but what you can do for the data.）。(5)

第三章介紹市場區隔的選擇，市場區隔的概念由來已久，業界早已奉為圭臬之一。在過去，市場區隔的選擇，通常是在相當**隨意**的基礎上進行的，主要是因為市場可以被視為具有相似或不同的大量市場特徵。直到 1969 年有學者建議採用「**集群**分析」，根據可能影響測試行銷結果的大量特徵，來進行**比對**（matched）預期測試市場，可以預先選擇市場，從而減少測試範疇內不希望的變異。這可以印證第一章所闡述的「**行銷**是一門**科學**」的命題。

第四章介紹**知覺圖**的確認，介紹多元尺度法（MDS），將消費者/受測者的相似及偏好判斷，轉化成在**二維**的平面的方法，用到圖像化的資訊**投射與濃縮**的技巧。MDS 亦是一種降低維度（**降維**）方法，能將多維空間的變數簡化到**低維**空間，如二維空間，並保留原始資料的相對關係。

此外，介紹**主成份**分析（PCA）與知覺定位圖。PCA 是行銷研究人員發展知覺圖的另一種主要方法，可以建構出有吸引力的**雙標圖**（Biplot）。Biplot 是訊息豐富的圖表，它可以在二維空間以**近似高維**多變量資料集（data set），有效地匯總資料集的主要特徵的表達能力，Biplot 相對容易解釋，因為它們可以像散布圖一樣閱讀，而流行起來。

再者，介紹對應分析（CA）。對應分析是 1973 年由法國社會科學家的 Benzécri 所發展出來，之後被廣泛應用於許多科學的實證研究分析上，其基本操作邏輯在於採用列聯表（contingency table）為基礎，來分析兩個或兩個以上的類別變項資料，將高維度資料簡化為低維度資料的統計技術。可將眾多的樣本和眾多的變數同時繪到同一張圖解上，直觀而又明瞭地表示出來。

維度是一種觀點，也叫變數，真實世界很複雜，如果要看懂這個世界，必須要降低維度（降維），才能夠做進一步的演繹推理。舉例來說，這個世界上決定價格的因素可能超過一百種，但經濟學告訴大家，只要掌握供給跟需求兩個維度，就能夠預測價格的漲跌。(6)

自 2000 年以來，網路點擊流（click-stream）、發送訊息（messaging）、口碑行銷、線上交易和位置資料的數據行銷分析診斷工具，產生新的見解，如雨後春筍般出現，例如線上評價分析、關鍵自動收集，大大地降低了資料收集的變動成本，並導致了空前的資料量，從之前結構化的內部資料，到非結構化的外部資料，新的資料來源，透過大數字搜尋分析、趨勢分析、推薦系統、情感分析等等，其視野更為遼闊。

最後第五、第六章探討其中兩大新的見解：推薦系統及情緒分析。兩大領域的應用是前面統計意涵的集其大成，又加入機器學習（ML）的元素，運用更廣，不限於行銷，常被拿來用在預測及分類，也有不少演算法（algorithm），除了支持向量機（SVM），還有 k-最近鄰（KNN）、決策樹、隨機森林等等，以鐵達尼號（Titanic）在 Kaggle.com 資料集為例，把逃生的機會留給女性和兒童的說法是可以得到資料支持的。另一明顯的特徵是頭等艙更容易存活。

統計學與演算法的結合解決實際問題，已經漸成主流，甚至發展出一門新的學科 - 資料科學。有學者以「統計學是一門古典音樂教育，而機器學習是爵士樂」作為比喻(7)，因為爵士樂會產生無限的即興創作。資料科學具有統計學和機器學習/電腦科學背景。

　　近代思想家梁啟超在講詞中，談到「學問的趣味」有幾條路應走：第一、無所為，第二、不息，第三、深入的研究，第四、找朋友。我對其中「**深入的研究**」特別有感，因為「趣味總是慢慢的來，越引越多；像倒吃甘蔗，越往下才越得好處。假如你雖然每天定有一點鐘做學問，但不過拿來消遣消遣，不帶有研究精神，趣味便引不起來。」，也是本書寫作過程心境的寫照。

　　本書撰寫期間獲得很多朋友的幫助，統一企業 CIO 陳景星（Steve），提供柳橙汁各種特徵，ERP 及品管系統如何處理的知識。前成霖研發部羅忠義（Kelvin）在提供機械專有名詞的用法。好友馮立文幫忙集群分析決策圖繪製。林民程博士在翻譯上、用詞遣字上的寶貴意見。還有業界、學界等望重一方的幾位先進應允慨然賜序，使本書生色不少。均致上最大的謝意。

　　最後要感謝好友葉世聰，也是本書共同作者，我與葉先生之間有二三十年的友誼，大家學習背景類似，溝通上有相當的默契，讓本書的脈絡更加清楚。本書大部分 R 語言程式，大多假手於他，我們共同將 R 軟體與行銷領域的體會冶於一爐，寫成本書。當初我們選擇了這條路，開始時荒草萋萋，十分幽寂，沿途逐漸誘人美麗，回看來時路，除了對往事輕聲嘆息外，也邀您一起來目睹 R 軟體與行銷領域合流的「波濤洶湧」，一起來「乘長風，破萬里浪」。

　　筆者才疏學淺，一股傻勁，率爾操觚，舛誤之處自當負全責，盼讀者諸君，多所賜教以匡不逮。

廖如龍

於 2021.7.7 辛丑年 小暑

參考文獻

1. Elliot Smith, 'Liberal arts' and coding as a 'second language' : How hiring is changing for banks in Asia , NOV 18 2019, CNBC, 或見林奇賢（2019 11 月 20 日）。亞洲銀行業徵才新指標…博雅教育和寫程式能力。經濟日報。

2. 黃俊儒（2020 年 10 月 16 日）。走在鋼索上的幸福？小心欠缺科學思維的科技擁抱。聯合報。

3. 林一平（2021 年 4 月 5 日）。《愛彌兒》與做中學。聯合報。

4. 陳亮恭（2020 年 7 月 4 日）。問題不在高齡 而是衰弱與失能。聯合報。

5. Fienberg, S. E. (1975). Perspective Canada as a social report. Social Indicators Research, 2(2), 153-174.

6. 盧希鵬（2021 年 1 月 28 日）。你的思想維度有多少？聯合報。

7. Grant, R. (2017). Statistical Literacy in the Data Science Workplace. Statistics Education Research Journal, 16(1).

作者簡介

廖如龍

分別於成功大學工業管理系、台灣大學商研所、臺灣科技大學管研所取得學士、商學碩士、管理學博士；目前擔任文化大學、致理科大兼任助理教授；曾任 IBM CIM/ERP 專業顧問；IMA 第 4-5 屆理事長；聲寶工業工程師、普騰資訊中心課長；鴻海董事長特助，負責中央資訊；Oracle 大中華區應用軟體事業協理；成霖資訊副總等職務；歷經跨國企業的跨文化、跨領域的訓練與浸潤，修習博士學位期間鑽研歐美新興的資訊科技治理（IT governance）、質化研究等領域。著有「企業資治通鑑」（IT 治理）。多年教學對電子商務安全（e-commerce security）、生產與作業管理、供應鏈管理、管理數學及 R 語言等尤具心得。

葉世聰

自中原理工學院工業工程系畢業後，投身製造業起歷經 MRP、MRPII 及至 ERP 產業解決方案的設計與系統整合，專注於應用領域與程式軟體的開發，曾任日商「東光株式會社」台灣分公司華成電子採購管理員、台達電子生產管理兼 MRP 設計與 MRPII 套裝軟體評估與導入、精業電腦 PM、耀元電子及金馬電腦資訊主管、友通資訊資訊主管，對於 ERP 資訊管理領域與設計的傳承始終不懈，一直是廖博士忠實的讀者，也承蒙邀約共同著有《R 語言在管理領域的應用》。

本書簡介

　　本書文起信史可及的兩百多年來，行銷科學的發展以及行銷研究統計技術的演進，兩者互為演化前進，直到今日大數據時代，資料無所不在的行銷數據分析（Marketing analytics）。

　　首先，開門見山探討「行銷科學與相關統計觀念及 R 語言」作為起手式，其次專章探討「資料視覺化」，兼顧極簡與吸睛，讓統計圖形可突破文字敘述的盲點。

　　接著就行銷管理最常被提到的、也是最重要的理論之一的 STP（Segmentation 市場區隔、Targeting 市場目標選定、Positioning 市場定位），深入探討市場區隔、知覺定位圖如何從概念上的形成，到如何利用資料科學作為佐證；闡述不同衡量尺度（scaling）的應用，譬如比例尺度、類別尺度，因為並非所有數字都含有一樣多的訊息。

　　在探討知覺定位圖的第四章分別探究從學界到業界「不作第二人想」的多元尺度法（MDS），到 AI 當道下「鹹魚翻身」的主成份分析（PCA），實現如何數據降維，最後到現在流行的對應分析（CA），一路介紹到大數據環境下，從內部的、結構的資料，到外部的、非結構化資料，譬如時下流行的推薦系統以及情感分析，讓讀者感受並目睹到 R 軟體與行銷領域合流的「波濤洶湧」，此時若欲窮千里目，只有更上一層樓。

【下載範例程式檔案】

本書的程式碼及資料檔是由 GitHub 託管，可透過以下連結前往下載：
https://github.com/hmst2020/MS

1 行銷科學與相關統計觀念及 R 語言

2 資料視覺化

3 區隔的選擇

4 知覺圖的確認

5 商品推薦

6 情感分析、意見探勘

行銷科學與相關
統計觀念及R語言

行銷不僅只是發送優惠券、刊登廣告以及舉辦特賣會。真正的行銷應該是根據 4P（產品、價格、通路、推廣）建立完善的行銷計畫，並且能夠實施、控制計劃的執行。(1)

行銷部門的使命是協助銷售人員賣得更好，方法是提供更理想的行銷研究成果的推廣支持活動。現代管理學之父彼得·杜拉克（Peter Drucker）劃分出行銷與銷售的差異，他如是說：「行銷的目的是使銷售變得多餘。」（The aim of marketing is to make selling superfluous），認為行銷最重要的是深刻了解顧客需求，然後創造出的產品，才能不需要任何銷售推廣，就讓顧客搶著排隊購買。(1)

根據 Peter Drucker 的說法，行銷最早起源於 17 世紀的日本，而非源自西方。當 1650 年代，三井家族第一位成員在東京創立的第一家所謂的「百貨公司」時，他就發明了「行銷」這個概念。他認為自己要成為顧客的採購人員，為顧客設計合適的產品。保證退款，絕不食言；以及提供各式各樣的產品，而非專注於某種產品或製程。直到 19 世紀中葉國際收割公司（International Harvester）提出行銷觀念後，行銷才在西方世界出現。等到 1900 年代早期，行銷這個名詞才首次出現在美國大學的課程表上。

(2)

有兩則著名的行銷研究案例：其一是 2002 年 2 月，eBay 進軍台灣電子商務市場，推出第一隻「唐先生打破太太最寶貝的蟠龍花瓶」的廣告，引起很大的迴響，讓 eBay 的網站流量與會員人數暴增的 10 倍，出價次數也成長了 23 倍。當時台灣的另一拍賣網站巨擘 Yahoo 拍賣，因為對台灣網友使用網路拍賣的基本動機有深入的了解，適當的應用行銷研究、行銷組合以達到整個行銷的目的。(3) eBay 堅持以 100% 移植全球平台，做為擴展海外市場的策略；然而這樣的方式在亞洲市場幾乎行不通，當地回應性顯然不足。2009 年後，拚不過龍頭雅虎奇摩，黯然退出台灣市場。

另一則行銷研究案例：1932 年，16 歲的「經營之神」王永慶在台灣嘉義開了一家米店，當時，由於稻穀收割與加工的技術落後，很多小碎石子之類的雜物很容易摻雜在所羅米中。王永慶一點一點地將夾雜在米缸中的秕糠、碎石之類的雜物撿出來，然後再賣。一時間，小鎮上的主婦們都說，王永慶賣的米品質好，省去了淘幾次米的麻煩。這樣，一傳十，十傳百，米店的生意日漸興盛起來。

同樣讓人傳頌的是：一些上了年紀的人，上門買米，自己運送回家，大為折騰。王永慶注意到這一細節，於是主動「送米上門」。這一項服務，在當時是一項創舉。更有進者，他深諳顧客家裡幾個人，每人飯量如何，據此估計該戶人家下次買米的大概時間，他就主動將適當數量的米送到客戶家裡。這就是現在供應鏈管理中的「供應商管理庫存」（Vendor managed Inventory，VMI）的概念。

工人制器利用，商人搬有運無，皆有便民之處。行銷管理則進一步針對目標市場，透過創造、溝通及傳遞優異的顧客價值，來爭取、維繫並增加顧客，以便讓組織與其利害關係人（stakeholder）受益的一種組織功能與程序。(4) 行銷的領域涵蓋如市場區隔、目標市場的選擇、品牌知覺圖、廣告媒體研究、品牌評價及選擇、品牌管理、消費者行為、配銷通路、新產品研究、定價研究、商品推薦、購物籃分析、銷售預測，甚至監視 Twitter 上與品牌相關的消息、COVID-19 疫情期間行銷模型、對消費者行為進行根本性的重新思考等等，可以透過經驗與直覺，也可以透過行銷研究來達成。

行銷是藝術還是科學？幾十年來迭有爭辯。前者將行銷視為一門藝術，著重於做事的（doing）而不是通曉的（knowing）。也有人認為儘管行銷過程中採用了科學的程序，但總的來說，行銷還是一門藝術或實務。另一方面，行銷被視為一門科學，就像一般的科學一樣，它是一個流程，其研究結果的普遍性、觀測結果與理論的一致性程度，以及對預測新觀測結果的理論的擴展等問題，在增進基礎知識方面可能會越來越重要。(5) 當行銷表現出鮮明的主題（distinct subject matter）、內在的一致性（underlying uniformities）以及主體間可認證的研究程序（intersubjectively certifiable research procedures）等三個科學的特徵時，就足以稱為行銷科學了。(6)

1-1 從行銷研究到行銷科學

幾十年來，行銷對科學方法的興趣越來越廣泛，極大地激發了人們對行銷研究的興趣。雖不乏對引進科學方法抗拒的力量。幸運的是，最後，抵制是徒勞的，而行銷科學的發展是不可避免的。一句古老的阿拉伯諺語最能描述爭議的結果：「儘管狗群亂吠，往來沙漠的商隊照過」。(The dogs bark, but the caravan passes.) (7)

行銷研究發展里程碑與科技發展里程碑的時間交錯前進發展歷史，見圖 1-1。(7,8,9) 從時間軸上，一方面，可看出行銷研究的發展里程碑，幾個知名行銷期刊，如行銷研究雜誌（JMR）的創刊，美國行銷科學協會（ISMS）成立，互聯網（Internet）行銷研究到電商（e-commerce）研究的重要性提高。另一方面，可看出科技發展里程碑，如互聯網/ARPANet 誕生、R 語言問市、全球資訊網（WWW）問市、「Big Data」用詞取得共識、智慧手機成為新 Web 存取平台、AI 里程碑的一年、首批正式的 5G 設備開始投入使用等的發展。

JMR 創刊的 30 年後，即 1993 年，Frank Bass 在 JMR 的「The Future of Research in Marketing - Marketing Science」文章中，力陳行銷確實成為一門科學，基本的行銷研究，具有科學的三個要素：(1)實證的一般化，(2)一般化解釋，以及(3)流程的擴展、修訂和更新。這種發展提供未來研究的基礎。(10)

行銷科學具有接受新挑戰、新方法和新學科的悠久傳統。今天行銷科學的領域建立在過去半世紀多以來，來自各種學科的綜合解決方案、研究人員的各種努力，提供有關行銷問題的新見解。行銷科學的熔爐擁有來自其他學科更好、更強大的模型和方法。

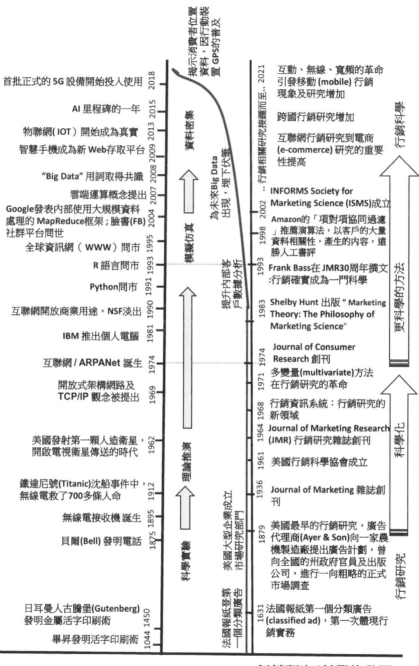

科技發展里程碑

2018 首批正式的 5G 設備開始投入使用
2015 AI 里程碑的一年
2013 物聯網(IOT) 開始成為真實
2009 智慧手機成為新 Web 存取平台
2008 "Big Data" 用詞取得共識
2007 雲端運算概念提出
2004 Google發表內部使用大規模資料處理的 MapReduce框架；臉書(FB)社群平台問世
1995 全球資訊網（ WWW ）問市
1993 R 語言問市
1991 Python問市
1990 互聯網開放商業用途，NSF 淡出
1981 IBM 推出個人電腦
1974 互聯網 / ARPANet 誕生
1969 開放式架構網路及 TCP/IP 觀念被提出
1962 美國發射第一顆人造衛星，開啟電視衛星傳送的時代
1912 鐵達尼號(Titanic)沈船事件中，無線電救了700多條人命
1895 無線電接收機誕生
1875 貝爾(Bell) 發明電話
1450 日耳曼人古騰堡(Gutenberg)發明金屬活字印刷術
1044 畢昇發明活字印刷術

資料量

揭示消費者位置資料，因行動裝置 GPS 的普及

資料密集

為未來Big Data 出現，埋下伏筆

模擬仿真

提升內部客戶數據分析

理論推演

科學實驗

法國報紙登第一個分類廣告

美國大型企業成立市場研究部門

行銷研究/科學的發展里程碑

2021 互動、無線、寬頻的革命引發移動 (mobile) 行銷現象及研究增加
跨國行銷研究增加
互聯網行銷研究到電商 (e-commerce) 研究的重要性提高

行銷相關研究接踵而至..

2002 INFORMS Society for Marketing Science (ISMS)成立
1998 Amazon的「項對項協同過濾」推薦演算法，以客戶的大量資料相關性，產生的內容，遠勝人工書評
1993 Frank Bass在 JMR30周年撰文:行銷確實成為一門科學
1983 Shelby Hunt 出版 "Marketing Theory: The Philosophy of Marketing Science"
1974 Journal of Consumer Research 創刊
1971 多變量(multivariate)方法在行銷研究的革命
1968 行銷資訊系統：行銷研究的新領域
1964 Journal of Marketing Research (JMR) 行銷研究雜誌創刊
1961 美國行銷科學協會成立
1936 Journal of Marketing 雜誌創刊
1879 美國最早的行銷研究，廣告代理商(Ayer & Son)向一家農機製造廠提出廣告計劃，曾向全國的州政府官員及出版公司，進行一向粗略的正式市場調查
1631 法國報紙第一個分類廣告 (classified ad)，第一次體現行銷實務

行銷科學

更科學的方法

科學化

行銷研究

圖 1-1　行銷研究發展與科技發展里程碑的時間交錯前進發展歷史[7,8,9]

例如，在 1980 年代初期，民生消費性用品（Consumer Packaged Goods，CPG）等業者，如統一企業、雀巢（Nestle）等業者經歷了一次資料革命。例如不再依賴那些彙總的、有時間延遲的倉庫存取，掃描器的資料使行銷科學家能夠觀察個別消費者在許多購物行程中，以及在許多產品類別中進行的購買行為。最初的分析是描述性的，例如誰會回應優惠券的消費者類型，帶來了新見解。但是，很快的研究人員以新穎的方式應用了運輸科學和經濟學的 Logit 模型，或稱羅吉斯迴歸模型（Logistic regression）（見 1-2 節）。品牌忠誠度、時間依賴性、消費者知覺（見第 3 章）、脈絡依賴（context dependence）和許多其他現象，最早是在行銷科學中探索，然後進入經濟學、作業管理和作業研究等其他學科。(11)

Roger Magoulas 於 2005 年首次將「大數據」（Big Data）一詞引入以出版電腦資訊書籍聞名的 O'Reilly 媒體，目的是定義大量資料，這些資料由於其複雜性和規模性，無法由傳統資料管理技術來管理和處理。2007「大數據」用詞取得共識，如圖 1-1，迄 2008 年，在學術界或產業中，還很少人使用「大數據」一詞。到了 2013 年，它已成為流行用語，經常使用出現在商業界和流行媒體中。為了利用大數據，行銷科學將需要擁抱諸如資料科學、機器學習（見第 5 章）、文本處理（見第 6 章）、音頻處理和視頻處理等學科。(11)

與行銷相關的科學的本質

自上世紀中葉的基礎行銷研究活動以來，行銷科學已經擺脫了對日常生活的常識性關切。但是歷史的連續性，並不意味著科學只是常識的組織及分類，而是尋求不同類型現象的一般化（generalized）解釋的聲明，並對嘗試的解釋，提供關鍵的測試。(5) 學者 Goldstein 在 1978 年「我們如何知道：科學過程的探索」（How We Know: An Exploration of the Scientific Process）書中，將科學定義為一種活動，其特點具有三個特徵：(1)尋求理解，找到對現實的某些方面滿意的解釋，(2)理解是透過一般定律（laws）或原則的陳述來實現 – 此一定律適用於各種現象，以及(3)該定律或原則可以經過實驗測試。在當今世界，從日常生活的常識出發，包括涉及行銷的問題。

例如，在過去幾十年中，科學的和管理的學科在解決行銷問題方面，取得了可觀的進步。過去對行銷現象的了解幾乎完全來自在高收入、工業化國家進行的研究。有學者 Burgess 及 Steenkamp 提出新興市場（emerging markets，EMs）理論假設與西方世界提出的大相逕庭，這些假設挑戰了我們的傳統觀點。行銷科學是建立在跨各種研究、跨文化、跨國界的可一般化的基礎上的。

該兩位學者研究如何在新興國家，促進行銷科學和實踐，提出科學研究的基本過程的框架，見圖 1-2。該框架描述了新興市場研究有助於行銷科學發展的四個階段。[10] 符合科學哲學家長期以來主張科學是一個流程（Science is a process）。行銷科學的流程涉及對行銷現象理論解釋的發展、對這些解釋的實證檢驗，以及對此一般化解釋的延伸和/或修訂。[10]

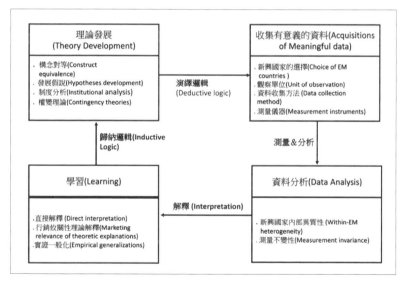

⋔圖 1-2　新興市場中，行銷科學研究的基本過程。
（Basic processes in scientific marketing research in emerging markets）[10]

行銷研究的技術不斷再改進中，在 1910 年以前，只有簡單的調查法和觀察法，60 年代前後，則各種複雜的技術，如計量經濟（econometric）模式及多變量分析（Multivariate analysis）等，都逐一被採用了。表 1-1 指

出各種技術開始在行銷研究中，廣泛被採用的大概年代，可看出行銷研究技術的演進情形。(12)

表 1-1　行銷研究技術的演進（Evolving Techniques in Marketing Research）(12,13)

年代	技術
1910 以前	直接觀察（Firsthand observation） 基本調查（Elementary surveys）
1910 - 1920	銷售分析 作業成本分析（Operation-cost analysis）
1920 - 1930	問卷設計（Questionnaire construction） 調查技術
1930 -1940	配額抽樣（Quota sampling） 簡單相關分析（Simple correlation analysis） 配銷成本分析（Distribution-cost analysis） 商店稽查（store auditing）技術 主成份分析（Principal components analysis，PCA）
1940 - 1950	機率抽樣 迴歸方法 高等統計推論 消費者和商店專題討論小組（Consumer and store panels）
1950 - 1960	動機研究 作業研究（Operation Research，OR） 複迴歸暨相關（Multiple regression and correlation） 實驗設計（Experimental design） 態度衡量工具
1960 - 1970	因素分析（Factor analysis）和區別分析（Discriminant analysis） 數學模式 貝氏（Bayesian）統計分析和決策理論 尺度法理論（Scaling theory） 電腦資料處理和分析 行銷模擬 資訊儲存和檢索

年代	技術
1970 – 80	**多元尺度法**（Multidimensional scaling，MDS） **集群**分析（Clustering） 計量經濟模式（Econometric models） 整體行銷規劃模式 測試行銷實驗室（Test-marketing laboratories） 多屬性態度模式
1980 - 90	**聯合**分析（Conjoint analysis）及取捨分析（tradeoff analysis） 因果分析（Causal analysis） **對應**分析（Correspondence analysis，CA） 電腦控制面談 **典型**相關分析（Canonical correlation analysis）
1990 - 2000	**羅吉斯迴歸**（Logistic regression） SPSS, LISREL, ERP
2000 – 2020	**人工智慧**（Artificial intelligence，AI） **大數據分析**（Big data analytics）

　　行銷研究技術用到的統計技術有：複迴歸、區別分析、因素分析、集群分析、聯合分析、多元尺度法；用到的模型有馬可夫流程模型、排隊理論、新產品測試模型、銷售反應模型、人工智慧（**Artificial intelligence，AI**）、大數據分析（**Big data analytics**）等。

　　限於篇幅，本書就用到的其中幾種統計方法，選擇較具有戲劇性、教育性的太空梭挑戰者號（**Challenger**）發射災難檢討用到的羅吉斯迴歸（**Logistic regression**）、南丁格爾玫瑰圖的資料視覺化呈現，以及市場區隔用到的集群分析、品牌知覺圖用到的多元尺度法、主成份分析、對應分析、商品推薦用到的人工智慧（**AI**）的非監督式學習（**unsupervised learning**）、以及情感分析（**Sentiment analysis**）用到的文字雲（**Word clouding**）、大數據分析，在下一節中分別說明。

1-2 | 本書使用到的統計技術暨 R 軟體的呈現

1. 資料視覺化的分析工具

常用的資料分析工具有圓餅圖（Pie chart）、長條圖（Bar chart）、柏拉圖（Pareto chart）、折線圖（line chart）、直方圖（histogram）、散布圖（Scatter chart）、魚骨圖（Fishbone diagram），或稱為特性要因管制圖（Cause and effect diagram）。可參閱筆者博碩出版的「資料科學的良器：R 語言在開放資料、管理數學與作業管理的應用」一書。

圓餅圖（Pie Chart）

近代圖表如圓餅圖、長條圖是由威廉·普萊費爾（William Playfair，1759～1823）在 1787 年所發明。[14] 在他堪稱傳奇的一生中。如擔任改良蒸汽機而聞名的詹姆斯·瓦特（James Watt）的個人助理，並擔任製圖工。後又不斷換工作，傳聞他在法國大革命前夕，曾參與攻擊巴士底監獄的行動。1787 年，出版了《商業與政治的輿圖》（The Commercial and Political Atlas）一書，其內容是統整英國與許多其他國家之間的貿易往來統計，本書正是有史以來，長條圖、折線圖和圓餅圖首次登場的書籍。[15]

以圓餅圖為例，圓形本身就帶有「完整」的意涵，所以用圓形的不同大小的切片，來顯示整體中各部份的組合，是合理又合邏輯的事。雖也被譏為最常被濫用和誤用的圖表。論者認為人類視覺對角度其實不太敏感，用圓餅圖來展示比例不如長條圖清晰。

值得一提的是南丁格爾玫瑰圖，她在 1856 年著名的流行病學家和醫學統計學家 William Farr 的幫助下，運用了統計的專業知識，建立了一種稱為極座標（Polar Coordinate）形式的圓餅圖（按：不同於直角坐標系，極座標系也有兩個坐標軸：γ，即半徑坐標及 θ，即角坐標）。將資料展示成花瓣的形式。該玫瑰圖用來說明與比較克里米亞戰爭（1853-1856）時，戰地醫院傷患各種死亡原因的人數，每塊扇形代表著各個月份中的死亡人數，面積越大代表越多死者，並以藍、紅、黑三色說明死於不同類別的士兵數。這是當時資料呈現的一種新穎方法。

南丁格爾以統計資料說服了維多利亞女王，不但有必要對軍隊的保健進行正式的調查，並利用該圖成功地吸引國會，開始重視公共衛生，在 1857 年成立一個軍人健康皇家委員會，首先在印度開始進行衛生改革。見第 2 章[實例一]南丁格爾的玫瑰圖。

散布圖（Scatter chart）

再以散布圖（Scatter chart）為例，在於表示兩個變數間的關係，其中自變數（independent variable）列於橫軸（即 X 軸），另一應變數（dependent variable）則列於縱軸（即 Y 軸）。探討兩個連續型變數的關係時，比如說父母身高跟小孩身高的關係、一個人身高跟體重的關係等等，最好的方法便是先畫視覺化圖，此時散布圖便是很好的工具。

散布圖也有被誤用的情形，以 1986 年 1 月 28 日太空梭挑戰者號（Challenger）發射 73 秒後的劇烈爆炸，事後的災難檢討：如果用對了視覺化圖形，那麼一場災難可能已經避免了。見第 2 章[實例三] 1986 年挑戰者號太空梭災難檢討。

2. 羅吉斯迴歸（Logistic-Regression）

羅吉斯迴歸（Logistic regression）和線性迴歸（Linear regression）很像，他們都要找到一條線，但是意義上完全不同。前者主要是找到一條線，讓資料可以分成兩類（分類）；而後者主要是找到一條線，使我們的每一點資料都盡量靠近這條線（誤差小）。前者主要是分類，而後者主要是預測。

線性模型中常用的普通最小平方法（ordinary least squares，OLS），即迴歸模型，此模型是由 Francis Galton（1822 - 1911）發明，原先用來研

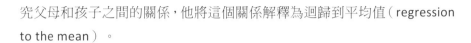

究父母和孩子之間的關係，他將這個關係解釋為迴歸到平均值（regression to the mean）。

在採用普通最小平方方法來估計線性機率模型時，如下圖 1-3，其結果應用在預測上可能會有幾項限制：首先，讓自變數的值超過某範圍時，預測所得的應變數值，可能會大於 1 或小於 0，因而，違反機率的定理；在實務上，即使所得到的結果是 1.2、0.3，也未必能表示消費者會或不會購買該產品，信用風險是違約或正常。其次，估計模式的參數容易受到樣本中極端值的影響，而造成偏誤。(16)

在面臨此一限制的情況下，解決的方法之一將估計式設限，成為下列方程式：(17)

$$P_i = \begin{cases} \alpha + \beta X_i & 0 < \alpha + \beta X_i < 1 \\ 1 & \alpha + \beta X_i \geq 1 \\ 0 & \alpha + \beta X_i \leq 0 \end{cases}$$ ·······························(1-1)

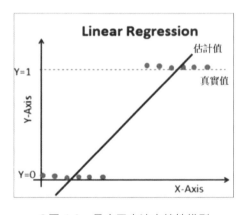

🎧圖 1-3　最小平方方法之線性模型

而 Logit 機率模型，如下圖 1-4，試驗結果只有成功或失敗兩種可能結果：

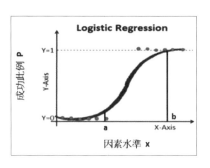

∩圖 1-4 呈 S 形的羅吉斯迴歸模型

    Logistic 迴歸屬於廣義線性模型一類，應變數為二元分類資料，變異項的分配服從二項分配。應變數期望值的函數與預測變數之間的關係為線性關係。和線性迴歸一樣，Logistic 迴歸模型的應變數為各個影響因素的線性組合，而因變數設為某事件發生的機率。但是機率的值域範圍從 0 到 1，所以需要對應變數線性組合施加一個函數轉換，使該值域限制在 0 到 1 之間。這個函數稱為連結函數（link function），連結羅吉斯迴歸模型的應變數 y 的期望值與解釋變數。logit 連結函數用於將「成功」的概率建模為共變異數的函數（例如，羅吉斯迴歸）。Logit 連結的目的是對共變異數值進行線性組合，並將這些值轉換為 0 到 1 的機率尺度。進一步說明，請見第 2 章[實例三] 1986 年挑戰者號（Challenger）太空梭災難檢討。

3. 集群分析（Cluster analysis）

    早期的行銷人員在行銷產品時，也許產品供不應求，經常忽略市場的異質性，他們很可能只生產一種產品，以一套行銷組合策略，滿足所有消費者的需求。造成未能顧及個別消費者的需求，一如亂槍打鳥，或無的放矢。但如何找出某一特質的消費族群，可能如大海撈針。市場區隔（segmentation）可以聚焦，為品牌根據不同消費者的年齡、性別以及消費行為等等因素，將不同消費者歸納至不同客戶集群。

    所謂市場區隔（segmentation）係指依據消費者的某種特質將整個市場分為數個「組內同質、組間異質」的區隔，目標行銷則是這些不同區隔市場中選擇一個或數個市場當作目標市場，由於各區隔市場的消費者各有不同的需求，故應以不同的行銷組合（Marketing mix）策略滿足其需求。

當前消費者隱私保護呼聲日緊，Google 趁勢淘汰 Chrome 瀏覽器上的「第三方 Cookie」，採用「FLoC」（Federated Learning of Cohorts，群組聯合學習）技術，用機器學習分析用戶數據，再把用戶集合成有愛好類似的「同類群組」（cohort or group）。背後的思維亦是基於用戶的某種特質，如上網習慣，將整個市場分為數個「組內同質、組間異質」的市場區隔，用戶並不是以單一用戶的方式被廣告主識別，而是位於多達數千人的大群組中。

數學分析可以使用多種技術，根據多變量調查訊息將個別分組到區隔市場，其中以集群分析（Cluster analysis）仍然是最流行和應用最廣泛的方法。

一般而言，集群分析衡量物件之間的「相似性」（similarity），是根據樣本出象（outcome）在幾何空間上的「距離」來判斷的。出象樣本「相對距離」愈近的，我們說他們的「相似程度」就愈高，於是就可以歸併成為同一組。

衡量成對物件相似性的方法不一而足，其中以歐幾里得距離（Euclidean distance），簡稱「歐氏距離」最為常用。兩個物件（Objects）在平面座標上的兩個點(X_1, Y_1)及(X_2, Y_2)如下圖 1-5 所示：

Object 2 (X_2, Y_2)

$Y_2 - Y_1$

Object 1

(X_1, Y_1) $X_2 - X_1$

$$\text{Distance} = \sqrt{(X_2 - X_1)^2 + (Y_2 - Y_1)^2}$$

∩圖 1-5　兩個物件（Objects）在兩個變數 X,Y 下的歐氏距離

一般軟體如 SPSS、SAS，大多使用歐氏距離（Euclidean distance）作為集群分析距離的計算基礎。

歐氏距離公式如下：多變量兩個點 $X = (X_1, ..., X_n)$ 和 $Y = (Y_1, ..., Y_n)$

$$d_{X,Y} = \sqrt{\sum_{i=1}^{n}(X_i - Y_i)^2}$$

歐氏距離是畢氏定理的推廣。歐氏距離可推廣到餘弦相似度（cosine similarity），餘弦相似度會應用到第 5 章推薦系統的[實例一]鳶尾花物種類與機器學習：使用 K-最近鄰演算法。餘弦相似度公式如下：

$$\text{cosine similarity} = \cos(\theta) = \frac{A \cdot B}{\|A\|\|B\|}$$

其中 $A \cdot B$ 即向量的內積（inner product 或 dot product）$\|A\|$ 表示 A 點到原點的歐氏距離距離，$\|B\|$ 表示 B 點到原點的歐氏距離距離，θ 表示 A、B 兩個向量間的夾角。向量是一種有大小又有方向的量，在數學上通常用箭頭代表向量。

例一 在 X，Y 軸所構成的二維空間，有 A，B 兩個點，分別是 A(3,4)，B(4,3)，如下圖。

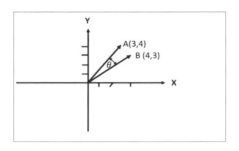

∩圖 1-6　二維空間，有 A，B 兩個點

$$\text{cosine similarity} = \cos(\theta) = \frac{(3 \cdot 4) + (4 \cdot 3)}{\sqrt{3^2 + 4^2}\sqrt{4^2 + 3^2}} = \frac{(3 \cdot 4) + (4 \cdot 3)}{5 \cdot 5}$$

$$= 0.96 = \cos(16.26°)$$

R軟體的應用

```
> lsa::cosine(c(3,4),c(4,3))     # 計算向量夾角餘弦
     [,1]
[1,] 0.96
> acos(0.96)/pi*180              # 反餘弦函式計算夾角角度
[1] 16.2602
```

 例二 若推廣到高維空間，如四維向量 X 及 Y 如下，

$$X = \begin{bmatrix} -1 \\ 5 \\ 2 \\ -2 \end{bmatrix} \text{以及} \; Y = \begin{bmatrix} 4 \\ -3 \\ 0 \\ 1 \end{bmatrix}$$

X，Y 向量的長度，及兩個向量的夾角分別是：

X 向量的長度 $= \sqrt{(-1)^2 + 5^2 + 2^2 + (-2)^2} = \sqrt{34} = 5.83$

Y 向量的長度 $= \sqrt{(4)^2 + (-3)^2 + 0^2 + 1^2} = \sqrt{26} = 5.10$

兩個向量的夾角

$$cos(\theta) = \frac{1}{L_x} \frac{1}{L_y} \left[x_1 y_1 + x_2 y_2 + x_3 y_3 + x_4 y_4 \right]$$

$$= \frac{1}{\sqrt{34}} \frac{1}{\sqrt{26}} [(-1)4 + 5(-3) + 2(0) + (-2)1]$$

$$= \frac{1}{5.83 \ X \ 5.10} [-21] = -0.706$$

因此，$\theta = 135°$

R軟體的應用

1.　兩個向量的夾角餘弦運算：

```
> lsa::cosine(c(-1,5,2,-2),c(4,-3,0,1))  # 計算向量夾角餘弦
           [,1]
[1,] -0.7063064
> acos(-0.7063064)/pi*180                 # 反餘弦函式計算夾角角度
[1] 134.9352
```

2.　一個矩陣行向量倆倆交叉成對的夾角餘弦運算：

```
> lsa::cosine(cbind(c(-1,5,2,-2),c(4,-3,0,1)))
           [,1]        [,2]
[1,]  1.0000000 -0.7063064
[2,] -0.7063064  1.0000000
```

　　餘弦相似度越大，表示個體之間越接近，與歐氏距離度量概念相反，歐氏距離是值越小，表示距離越近，個體越相似。

　　建立集群的方法可分為階層式集群法（Hierarchical Methods）及非階層式集群（Nonhierarchical Methods）兩種，結合兩種方法的集群分析則稱為兩階段法（Two Step），見第 3 章。

4. 多元尺度法（Multidimensional scaling，MDS）

多元尺度法（MDS），在行銷上最常用的應用有知覺圖，MDS 的方法非常強烈的依靠資料的特性，以反應兩個物件的相近性。

多元尺度法的目的在將受測者（subjects）的相似（similarity）及偏好（preference）判斷轉化成在一多構面空間（即知覺圖）的方法。在使用 MDS 所呈現的圖形新形式當中，經常會將多維的複雜資訊投射到二維的平面當中來分析。簡言之，MDS 利用知覺投射（perceptual mapping）的平面圖重新整理多維資訊，進而分析該資訊。可以說，多元尺度分析亦是一種降低維度方法，能將多維空間的變數簡化到低維空間，並保留原始資料的相對關係。

多元尺度法有計量多元尺度法（metric MDS）以及非計量多元尺度法（Nonmetric MDS）之分。前者以相似（距離）的實際數值為投入資料，後者則以次序的資料為投入資料。不論是計量或和非計量的多元尺度法，都能導出計量的產出結果。

非計量多元尺度法最有價值的一個特點，在於它能從非計量的次序資料中導找出計量的結果。計量的產出之所以能夠從次序資料中獲得，是因為後者含有次序限制的緣故。假設有 n 個物件，則 n 個物件間會有 n(n-1)/2 個次序關係。若 n = 6，則有 6(6-1)/2 = 15 個次序關係。亦即，n = 6 或大於 6 以上，用手工計算有點強人所難，不如借重程式。MDS 演算法觀念如下：

A. 求得各成對物件間的相似程度（距離）S_{ij} 作為基本的投入資料。

B. 找出一 n 個物件 q 構面的構形（q-dimensional configuration），使得 d_{ij}（成對物件在此 q 構形中的距離）與 S_{ij} 成對次序組配合。

C. 計算壓力係數（stress），衡量 d_{ij} 與 S_{ij} 相配合程度。

D. 參考在不同構面時的最小壓力係數，以選擇最適當的構面數。

MDS 演算法的進一步介紹，見 4-2 節「多元尺度法（MDS）繪製知覺圖」。實際應用見第 4 章[實例二]6 成對糖果棒相似度的二維構面**知覺投射**（Perceptual mapping）。

5. 主成份分析（Principal Component Analysis，PCA）

主成份分析（PCA）是一種統計方法。通過正交變換（Orthogonal transformation）將一組可能存在相關性的變數轉換為一組線性不相關（Uncorrelated linear combinations）的變數，轉換後的這組變數叫主成份。

從代數上來講，主成份是 p 個隨機變數$X_1, X_2,..., X_p$的特定線性組合。從幾何上來講，這些以$X_1, X_2,..., X_p$作為坐標軸的原始系統表示的線性組合，透過旋轉（rotate）而獲得新坐標系的選擇。新的軸表示最大的變異性方向，並且提供了共變異數矩陣更簡單和更簡潔（parsimonious）的描述。

主成份分析取決於首先由 K.Pearson 在 1901 年提出$X_1, X_2,..., X_p$的共變異數矩陣（Covariance matrix）Σ，或後來由 Hotelling 在 1933 年發展用於分析相關矩陣（Correlation matrix）ρ。共變異矩陣是 P 個維度，求兩兩維度之間的共變異數所構成的矩陣；而相關矩陣是 P 個維度，求兩兩維度之間的相關係數所構成的矩陣。它們的發展不需要多變量為常態分配的假設。此外，當母體是多變量常態時，可以從樣本成份中進行推論（inferences）。

假設隨機向量（random vector）$\mathbf{X}^T = [X_1, X_2,..., X_p]$之共變異數矩陣$\Sigma$，其特徵值（eigenvalue）$\lambda_1 \geq \lambda_2 \geq ... \geq \lambda_p \geq 0$。其中$\mathbf{X}^T$代表是 X $= \begin{bmatrix} x_1 \\ x_2 \\ \vdots \\ x_p \end{bmatrix}$的轉置（transposing）。

考慮下列 P 個**線性**組合（linear combinations）：

$$Y_1 = \boldsymbol{a_1}^T X = a_{11}X_1 + a_{12}X_2 + \ldots + a_{1p}X_p$$

$$Y_2 = \boldsymbol{a_2}^T X = a_{21}X_1 + a_{22}X_2 + \ldots + a_{2p}X_p$$

$$\vdots \qquad\qquad\qquad \ldots\ldots\ldots\ldots\ldots\ldots\ldots\ldots\ldots (1\text{-}3)$$

$$Y_p = \boldsymbol{a_p}^T X = a_{p1}X_1 + a_{p2}X_2 + \ldots + a_{pp}X_p$$

根據定義，向量 $Y = a_1X_1 + a_2X_2 + \ldots + a_kX_k$ 是向量 $X_1, X_2, \ldots, X_k$ 的**線性**組合。所有 $X_1, X_2, \ldots, X_k$ 的**線性**組合的集合，謂之線性生成空間（linear span）。

已知

$\boldsymbol{Z}$ 的線性組合為 $\boldsymbol{Z} = \boldsymbol{CX}$

$\mathbf{X}$ 的平均向量（mean vector）$\mu_z = E(\boldsymbol{Z}) = E(\mathbf{CX}) = \mathbf{C}\,\mu_x$

$\mathbf{X}$ 向量的變異數-共變異數矩陣（variance-covariance matrix）Σ_z

$$\Sigma_z = \text{Cov}(\boldsymbol{Z}) = \mathbf{Cov}(\boldsymbol{CX}) = \mathbf{C}\Sigma_x\mathbf{C}' \ldots\ldots\ldots\ldots\ldots\ldots (1\text{-}4)$$

其中

μ_x μ_x 是 $\mathbf{X}$ 的平均向量，Σ_x 是 $\mathbf{X}$ 的變異數-共變異數矩陣，$\boldsymbol{C}$ 是所有 $X_1, X_2, \ldots, X_k$ 的**線性**組合的係數。

吾人可以獲得以下二式：

$$\text{Var}(Y_i) = a_i^T \boldsymbol{\Sigma} \boldsymbol{a_i} \qquad i = 1, 2, \ldots, p \ldots\ldots\ldots\ldots\ldots\ldots\ldots (1\text{-}5)$$

$$\text{Cov}(Y_i, Y_k) = a_i^T \boldsymbol{\Sigma} \boldsymbol{a_k} \qquad i, k = 1, 2, \ldots, p \ldots\ldots\ldots\ldots\ldots\ldots (1\text{-}6)$$

「變異數」定義以及從一維單變量推廣到多維的多變量。上式(1-5)(1-6)推論的所本如下：

為便於了解所有原始資料的意義，我們通常會利用某些彙總性的統計值，如平均數（means）、標準差（standard deviation）、變異數（variance）和共變異數（covariance）等，來描述原始的資料。

隨機變數 X 的「變異數」（variance）是隨機變數 X 與「平均數」μ_X 距離平方的平均。通常用符號 Var(X)或σ_X^2表示 X 的「變異數」。「變異數」定義如下：

$$Var(X) = E[(X - \mu_X)^2]$$

X 的「變異數」反應出隨機變數 X 的變化程度。

若推廣到多維以上變數（variables），即一般所謂的「多變量」（multivariate）。

隨機向量（random vector）X^T=[$X_1, X_2, ..., X_p$]，其平均數 E(X)及共變異數結構矩陣 Σ：

$$E(\boldsymbol{X}) = \begin{bmatrix} E(X_1) \\ E(X_2) \\ \vdots \\ E(X_p) \end{bmatrix} = \begin{bmatrix} \mu_1 \\ \mu_2 \\ \vdots \\ \mu_p \end{bmatrix} = \boldsymbol{\mu}$$

以及

$$\boldsymbol{\Sigma} = \boldsymbol{E}(\boldsymbol{X} - \boldsymbol{\mu})(\boldsymbol{X} - \boldsymbol{\mu})^T = E\left(\begin{bmatrix} X_1 - \mu_1 \\ X_2 - \mu_2 \\ \vdots \\ X_p - \mu_p \end{bmatrix} [X_1 - \mu_1, X_2 - \mu_2, ..., X_p - \mu_p] \right)$$

或者

$$\boldsymbol{\Sigma} = Cov(\boldsymbol{X}) = \begin{bmatrix} \sigma_{11} & \sigma_{12} & ... & \sigma_{1P} \\ \sigma_{21} & \sigma_{22} & ... & \sigma_{2P} \\ \vdots & \vdots & \ddots & \vdots \\ \sigma_{P1} & \sigma_{P2} & ... & \sigma_{PP} \end{bmatrix}$$

主成份是那些**無關的**（uncorrelated）線性組合 $Y_1, Y_2, ..., Y_p$，其變異數如式(1-5)儘可能地大。

第一主成份是具有最大變異數的線性組合。也就是說，它使 Var (Y_1) $=a_1^T \Sigma a_1$最大化。很明顯，可以透過將任何a_1乘以某個常數來增加 Var (Y_1) $=a_1^T \Sigma a_1$。為了消除這種不確定性，可以方便地將注意力集中在單位長度（unit length）的係數向量上。因此，我們定義：

第一主成份 = 線性組合a_1^T **X**，使得 Var (a_1^T**X**) 最大，$s.t.$ $a_1^T a_1$= 1

（按：s.t. 即 subject to，服從於之意）

第二主成份 = 線性組合a_2^T **X**，使得 Var (a_2^T **X**) 最大，$s.t.$ $a_2^T a_2$= 1 以及

Cov(a_1^T **X**, a_2^T **X**) = 0

在第 i 步驟，

第 i 主成份 = 線性組合 a_i^T **X**，使得 Var (a_i^T **X**) 最大，$s.t.$ $a_i^T a_i$= 1 以及

Cov(a_i^T **X**, a_k^T **X**) = 0，for k < i

亦可證明得出下列定理：

定理 1：假設隨機向量（random vector）$\mathbf{X}^T$ = [$X_1, X_2, ..., X_p$]有共變異數矩陣 **Σ**，設 **Σ** 有配對特徵值與特徵向量（eigenvalue-eigenvector pairs）$(\lambda_1, e_1), (\lambda_2, e_2), ..., (\lambda_p, e_p)$，其中 $\lambda_1 \geq \lambda_2 \geq \cdots \lambda_p \geq 0$，則第 i 個主成份是

$Y_i = e_i^T$ **X** = $e_{i1}X_1 + e_{i2}X_2 + ... + e_{ip}X_p$，i = 1,2,...,p

則 Y_i 之

Var(Y_i) = $e_i^T \Sigma e_i$ = λ_i i = 1,2,...,p

Cov(Y_i, Y_k) = $e_i^T \Sigma e_k$ = 0   i ≠ k ⋯⋯⋯⋯⋯⋯⋯⋯⋯⋯⋯⋯⋯ (1-7)

定理 2：假設隨機向量（random vector）$\mathbf{X}^T = [X_1, X_2, ..., X_p]$ 有共變異數矩陣 $\mathbf{\Sigma}$，有配對特徵值與特徵向量（eigenvalue-eigenvector pairs）$(\lambda_1, e_1), (\lambda_2, e_2), ..., (\lambda_p, e_p)$，其中 $\lambda_1 \geq \lambda_2 \geq ... \geq \lambda_p \geq 0$。假設 $Y_1 = e_1^T \mathbf{X}$，$Y_2 = e_2^T \mathbf{X}$，...，$Y_p = e_p^T \mathbf{X}$ 為主成份，則

$$\sigma_{11} + \sigma_{22} + \cdots + \sigma_{33} = \sum_{i=1}^{p} Var(X_i)$$

$$= \lambda_1 + \lambda_2 + ... + \lambda_p = \sum_{i=1}^{p} Var(Y_i) \cdots\cdots\cdots\cdots (1\text{-}8)$$

(1-8)式，可由跡（trace）的定義 $\sigma_{11} + \sigma_{22} + \cdots + \sigma_{pp} = tr(\mathbf{\Sigma})$，以及 $\mathbf{\Sigma} = \mathbf{P}\mathbf{\Lambda}\mathbf{P}^T$，其中 $\mathbf{\Lambda}$ 是特微值之對角線矩陣（diagonal matrix），而 $\mathbf{P} = [e_1, e_2, ..., e_p]$ 的性質，證明得知。

【實例一】

假如已知隨機變數 X_1, X_2 及 X_3 之共變異數矩陣（covariance matrix）A，求其主成份。

$$\mathbf{\Sigma} = \begin{bmatrix} 1 & -2 & 0 \\ -2 & 5 & 0 \\ 0 & 0 & 2 \end{bmatrix}$$

由特徵多項式的方程式（characteristic polynomial equation）：

$$|\mathbf{\Sigma} - \lambda I| = 0 \cdots\cdots\cdots\cdots\cdots\cdots\cdots\cdots\cdots (1\text{-}9)$$

將題意的共變異數矩陣代入(1-9)

$$\left\| \begin{bmatrix} 1 & -2 & 0 \\ -2 & 5 & 0 \\ 0 & 0 & 2 \end{bmatrix} - \lambda \begin{bmatrix} 1 & 0 & 0 \\ 0 & 1 & 0 \\ 0 & 0 & 1 \end{bmatrix} \right\|$$ 求得三個特徵值（eigenvalue）。

再依定義

$$\mathbf{\Sigma} X = \lambda X \cdots\cdots\cdots\cdots\cdots\cdots\cdots\cdots\cdots\cdots (1\text{-}10)$$

行銷科學與相關統計觀念及 刀 語言

(1-10)式中，Σ為方陣（square matrix），維度為 k x k，λ 為特徵值，X為非零特徵向量，由已知Σ及三個特徵值，代入(1-9)式中，可求得對應的三個特徵向量（eigenvector）。

求得三個成對特徵值與特徵向量（eigenvalue-eigenvector pairs）如下：

$\lambda 1 = 5.83,\quad e_1^T = [0.383 , -0.924, 0]$

$\lambda_2 = 2.00,\quad e_2^T = [0, 0, 1]$

$\lambda_3 = 0.17,\quad e_3^T = [0.924, 0.383, 0]$

因此，可求得三個主成份為：

$Y_1 = \boldsymbol{e_1^T}\mathbf{X} = 0.383\,X_1 - 0.924\,X_2$

$Y_2 = e_2^T\mathbf{X} = X_3$

$Y_3 = e_3^T\,\mathbf{X} = 0.924\,X_1 + 0.383\,X_2$

變數 X_3 是主要成份之一，因為它與其他兩個變數無關的。

從第一主成份，由定理一(1-7)式，可求得：

$Var(Y_1) = Var(0.383\,X_1 - 0.924\,X_2)$

$\quad = (0.383)^2\,Var(X_1) + (-0.924)^2\,Var(X_2)$

$\quad + 2(0.383)(-0.924)Cov(X_1, X_2)$

$\quad = 0.147(1) + 0.854(5) - 0.708(-2)$

$\quad = 5.83 = \lambda_1$

$Cov(Y_1, Y_2) = Cov(0.383X_1 - 0.924X_2, X_3)$

$\quad = 0.383\,Cov(X_1, X_3) - 0.924Cov(X_2, X_3)$

$\quad = 0.383(0) - 0.924(0) = 0$

同樣方式，可求得

Var(Y$_2$) = 2.0，Var(Y$_3$)= 0.17，Cov(Y$_1$, Y$_3$) =0，Cov(Y$_2$, Y$_3$) =0

顯而易見，

$$\text{tr}(\boldsymbol{\Sigma}) = \sigma_{11} + \sigma_{22} + \sigma_{33} = 1 + 5 + 2 = \lambda_1 + \lambda_2 + \lambda_3$$

$$= 5.83 + 2.00 + 0.17 = 8 = \text{tr}(\boldsymbol{\Lambda})$$

由定理二(1-8)式驗證本實例，第一個主成份能解釋總變異數的比率為

$$\lambda_1 /(\lambda_1 + \lambda_2 + \lambda_3) = 5.83/8 = 0.73$$

第一、第二個主成份能解釋總變異數的比率為 $(\lambda_1 + \lambda_2) /(\lambda_1 + \lambda_2 + \lambda_3) = (5.83 + 2.0)/8 = 0.98$，其餘相關可以忽略，因為第三個主成份不重要。

在此例中第一、第二個主成份取代三個原來變數，僅引起少量資訊的損失。亦可進一步求主成份與原來變數的相關係數：

$$\rho_{Y_1 \cdot X_1} = \frac{e_{11}\sqrt{\lambda_1}}{\sqrt{\sigma_{11}}} = \frac{0.383\sqrt{5.83}}{\sqrt{1}} = 0.925$$

$$\rho_{Y_1 \cdot X_2} = \frac{e_{21}\sqrt{\lambda_1}}{\sqrt{\sigma_{22}}} = \frac{-0.924\sqrt{5.83}}{\sqrt{5}} = -0.998$$

$$\rho_{Y_1 \cdot X_3} = \frac{e_{31}\sqrt{\lambda_1}}{\sqrt{\sigma_{33}}} = \frac{0\sqrt{5.83}}{\sqrt{2}} = 0$$

結論是X_1與 X_2對第一主成份有差不多相同的重要，而X_3則完全不重要。同樣方式可得

$$\rho_{Y_2 \cdot X_1} = \rho_{Y_2 \cdot X_2} = 0，但 \rho_{Y_2 \cdot X_3} = \frac{e_{32}\sqrt{\lambda_2}}{\sqrt{\sigma_{33}}} = \frac{\sqrt{2}}{\sqrt{2}} = 1$$

結論是X_3就是第二主成份，而X_1與X_2對第二主成份完全無關。至於第三主成份因其能解釋的變異很少，其與原來變異之相關吾人可以忽略掉。

R軟體的應用

```
A<-matrix(          # 共變異數矩陣
  c(1,-2,0,
    -2,5,0,
    0,0,2),
  nrow=3)
ex<-eigen(A)        # 特徵分解
eig.df<-data.frame(          # 計算特徵值佔比
  eig=ex$values,
  prop=ex$values/sum(ex$values))
eig.df<-transform(eig.df,cum=cumsum(eig.df$prop))# 增加累計佔比欄
print(eig.df)                # 列印特徵值占比累計表
print(ex$vectors)            # 列印特徵向量
round(t(ex$vectors)%*%ex$vectors,8)  # 驗證正交
colSums(ex$vectors^2)        # 驗證模長
```

```
> print(eig.df)  # 列印特徵值占比累計表
          eig        prop        cum
1 5.8284271 0.72855339 0.7285534
2 2.0000000 0.25000000 0.9785534
3 0.1715729 0.02144661 1.0000000
```

◐圖 1-7　特徵值佔比及累計

```
> print(ex$vectors)      # 特徵向量
           [,1] [,2]       [,3]
[1,] -0.3826834    0 0.9238795
[2,]  0.9238795    0 0.3826834
[3,]  0.0000000    1 0.0000000
```

◐圖 1-8　依主成分順序的特徵向量

```
> round(t(ex$vectors)%*%ex$vectors,8)    # 驗證正交
     [,1] [,2] [,3]
[1,]    1    0    0
[2,]    0    1    0
[3,]    0    0    1
```

ᗯ圖 1-9　驗證特徵值矩陣各向量爲正交

```
> colSums(ex$vectors^2)        # 驗證模長
[1] 1 1 1
```

ᗯ圖 1-10　向量模長(mold length)均爲 1

圖 1-9、圖 1-10 可看出特徵向量爲特徵空間之單位正交基底
（orthonormal basis），圖 1-7 顯示代表主成份變異數的 1、2 其佔比累計
已達 97.85534%，對於母體資料之解釋能力足以降低於二維的特徵向量空
間充分表達。

但需注意該共變異數矩陣的原始資料單位是否相同，若不相同則易受
到變數大者影響，此時建議先將原始資料標準化再予以分析或將共變數矩
陣轉換成相關性矩陣再予以分析，如下：

```
corA<-cov2cor(A)              # 將共變異數矩陣標準化
eigA<-eigen(corA)            # 特徵分解
eigA.df<-data.frame(          # 計算特徵值佔比
  eig=eigA$values,
  prop=eigA$values/sum(eigA$values))
eigA.df<-transform(eigA.df,cum=cumsum(eigA.df$prop))
print(eigA.df)  # 列印特徵值占比累計表
```

```
> print(eigA.df)    # 列印特徵值占比累計表
         eig       prop       cum
1 1.8944272 0.63147573 0.6314757
2 1.0000000 0.33333333 0.9648091
3 0.1055728 0.03519094 1.0000000
```

ᗯ圖 1-10　原始資料標準化的特徵分析

6. 對應分析（Correspondence analysis，CA）

　　吾人研究兩個或多個離散變量的關係時，會計算每對出現次數的可能性，並將它們輸入表格中。這樣的表格被稱為**列聯表**（contingency table）。若為兩個離散變量的表格，則稱為**二向**（Two-way）**列聯表**。對應分析的基本操作邏輯在於採用列聯表為基礎，來分析兩個或兩個以上的**類別**變項（categorical variable）資料，類別變項可分為**名目尺度**（nominal scale）變項和**次序尺度**（ordinal scale）變項。例如在一個樣本中，落在不同年齡、性別所得與工作類別的人數。類別變項進一步說明，見 4-1 節圖 4-4：四種尺度的比較。

　　對應分析可將**高維度資料簡化為低維度**資料的統計技術。亦即，可以將各變數的所有內涵縮減成少數的成份（component）來代表，此一做法有點像主成份分析，差別的只是：主成份分析法所分析的是**屬量的**變數資料。屬量的變數即連續變項則亦可分為區間尺度（interval scale）變項和比率尺度（ratio scale）變項比率變項（ratio scale）。而在對應分析中，列聯表的離散變量是屬類別變數。

　　對應分析的基本想法是：將一個列聯表的行和列中各元素的比例結構以點的形式，在較低維的空間中表示出來。其最大特點是能把眾多的樣本和眾多的變數同時繪到同一張圖解上，將樣本的大類及其屬性在圖上直觀而又明瞭地表示出來，具有直觀性。在其他用於圖形數據表示的多變量方法中，不存在這種**雙重性**（duality）。

　　類別變數分析，引入**慣量**（inertia）計算，慣量被定義為「從點到它們各自的重心的距離的平方的加權總和」，並且可以使用**行剖面**或列剖面進行計算。慣量是**卡方**（chi-square，以χ^2表示）（按：χ是希臘字母的發音）**值的平方**，慣量越大，表示列聯表的實際值與期望值（在無相關的假設下）的差別越大，因為在「假設檢定」（hypothesis testing）時，利用樣本資訊判斷有關於「母體參數」假設的真偽，若實際值與期望值的差別大，此時 p 值（p-value）很小，會做出推翻 H_0：無相關的假設。所以行列變數的相關性會越強。慣量類似前面提到的主成份分析的**特徵值**。p 值定義為：會使手上樣本棄卻「虛無假設」的**最小顯著水準**（significance level）α。

　　類別變項包括名目變項和次序變項，通常**不屬於常態分配**，而**屬於多項分配**（multinomial distribution）型態，故資料無法獲得平均數與變異數等**母體**參數（母數），故不適合於有母數（parametric）統計分析，而適合於**無母數**統計（nonparametric statistics）分析。亦即，有母數統計假設母體為常態，無母數就沒這樣的假定。無母數統計分析常用卡方(χ^2)分析，幾項檢定也很容易進行。卡方檢定有**適合度**檢定（goodness-of-fit）、齊一性和**獨立性**測試（test for independence）三個主要用途。

　　進行統計分析時有 4 種常用的分配：常態分配、卡方分配、t 分配、F 分配。卡方分配是以常態分配為基礎推導出的。當 Z_1，Z_2，....，Z_d 為「獨立」的「標準常態分配」隨機變數時

　　$X = Z_1^2 + Z_2^2 + .. + Z_d^2$ 會具有「自由度」為 d 的「卡方分配」，記為 $X \sim \chi^2(d)$。通常以符號 $\chi^2_{\alpha,d}$ 代表「自由度」為 d 的卡方分配的 $100(1-\alpha)$ 百分位數。χ^2 分配是不對稱的分配，呈右偏型態，圖形如圖 1-11，設顯著水準為 α，將 α 劃分成兩部分，分別為 $\alpha/2$，設立在曲線兩端。

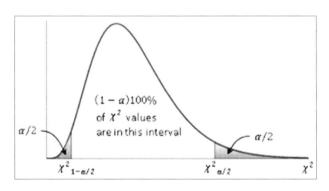

∩圖 1-11　卡方(χ^2)分配圖

卡方（χ^2）分析步驟：

藉由陳述**虛無**假設(H_0)與**對立**假設(H_1)對母體做出假設。

1. 計算預期在虛無假設下，某些事件會發生的次數，這些次數提供我們在不同格子內的數據點的**期望計數**。

2. 記下落在不同格子中的**觀察計數**。

3. 考量觀察與期望計數兩者的差，這個差使吾人得到卡方**統計量**的計算值，**統計量**的計算如下：

$$\chi^2 = \sum_{i=1}^{n} \frac{(o_i - e_i)^2}{e_i}, \quad i = 1, 2, \ldots, n$$

n：所有格子

o、e：分別代表觀察值與期望值

4. 比較**統計量**的值與卡方分配臨界點$\chi^2_{(\alpha, \nu)}$，ν為自由度。$\nu = $ (列數 -1)(行數-1) 然後做出決策。

6.1 適合度檢定（Test for goodness of fit）

意義：

檢定實際觀察到的樣本資料及分配是否來自某一假設的機率分配檢定公式：

甲、H_0：母體為某種機率分配
H_1：母體不是某種機率分配

乙、$\chi^2 = \sum_{i=1}^{k} \frac{(o_i - e_i)^2}{e_i}$, i= 1,2,...,k

o_i：第 i 組樣本觀察次數，總共有 K 組。
e_i：第 i 組理論次數或期望次數。

丙、當$\chi^2 > \chi^2_{(\alpha, \nu)}$，則拒絕$H_0$，其中$\nu = k - 1$

【實例二】

下表記錄 100 個平板電腦開機不穩定的客訴中，主機板不良焊點的個數及其發生的頻率。

表 1-2　不良焊點數及發生頻率（次數）

不良焊點數	0	1	2	3	4	5	6	
發生頻率	8	38	61	54	42	27	10	240

「不良焊點數」總數= (0)(8) + (1)(38) + ……. + (6)(10) = 685

「樣本平均數」=「不良焊點數」總數/發生頻率總數= 685/240 = 2.85

檢定「不良焊點數」是否具有「卜瓦松分配」（*Poisson* distribution）？

　　首先陳述假設：

　　H_0：「不良焊點數」具有「平均數」為 2.85 的「卜瓦松分配」

　　H_1：非 H_0

　　即檢定這組樣本是否來自「平均數為 2.85 的「卜瓦松分配」？

　　其次計算「樣本平均數」。

　　回顧一般統計書籍，或參閱博碩的「資料科學的良器：R 語言在開放資料、管理數學與作業管理的應用」P. 229 提到：卜瓦松分配 X $\sim P(\mu)$，$f(x) = \frac{e^{-\mu}\mu^x}{x!}$，x = 0,1,2,…，$E(X) = np = \mu$ ，$V(x) = np = \mu$ 其中：f(x) = 一段時間（或一區域）內某事件發生 x 次的機率，μ = 一段時間（或一區域）內發生次數的期望值或平均數，$e = 2.71828$，如果平均值夠大，則卜瓦松分配會近似常態分配。

求算「實際發生頻率」與「期望發生頻率」：

表 1-3 不同不良焊點數的期望發生頻率計算底稿

不良焊點數	發生頻率	「卜瓦松」機率	期望發生頻率
0	8	$e^{-2.85}(2.85)^0/0!$	$(240)(0.0592) = 14.20$
1	38	$e^{-2.85}(2.85)^1/1!$	$(240)(0.1689) = 40.54$
2	61	$e^{-2.85}(2.85)^2/2!$	$(240)(0.2411) = 57.85$
3	54	$e^{-2.85}(2.85)^3/3!$	55.04
4	42	$e^{-2.85}(2.85)^4/4!$	39.27
5	27	$e^{-2.85}(2.85)^5/5!$	22.42
6	10	$e^{-2.85}(2.85)^6/6!$	10.66

如果「不良焊點數」具有「平均數」為 2.85 的「卜瓦松分配」，則表中「發生頻率」應該與利用「卜瓦松分配」所算得之「期望發生頻率」接近，所以吾人利用「樣本統計量」：

$$\chi^2 = \sum_{i=1}^{n} \frac{(o_i - \hat{e}_i)^2}{\hat{e}_i} \sim \chi^2_{(n-1)}$$

$$= \frac{(8 - 14.2)^2}{14.2} + \frac{(38 - 40.54)^2}{40.54} + \frac{(61 - 57.85)^2}{57.85}$$

$$+ \frac{(54 - 55.04)^2}{55.04} + \frac{(42 - 39.27)^2}{39.27} + \frac{(27 - 22.42)^2}{22.42}$$

$$+ \frac{(10 - 10.66)^2}{10.66} = 4.22 < 12.592$$

其中 $\chi^2_{5\%,7-1} = 12.592$

結論：所以做出不能棄卻 H_0 的決策，亦即「不良焊點數」具有「平均數」為 2.85 的「卜瓦松分配」。在 5% 的顯著水準下，此實例的檢定統計量

$$\chi^2 = \sum_{i=1}^{n} \frac{(o_i - e_i)^2}{e_i}$$

的自由度為 K - 1 = 7 - 1 = 6，其中 K 為統計量的項數。

R軟體的應用

首先依表 1-2 建立下列 R 變數：

```
library(dplyr)
freq<-c(8,38,61,54,42,27,10)      # 發生頻次
defs<-0:(length(freq)-1)          # 不良焊點數
```

計算平均數，使用「卜瓦松分配」密度函式 dpois 依平均點數建立各自變數 defs（不良焊點數）的期望機率。

```
avg<-sum(freq*defs)/sum(freq)     # 計算平均數
exp_pdf<-dpois(defs,avg)          # 期望發生機率
exp_pdf<-exp_pdf/sum(exp_pdf)     # 使期望發生機率總和等於 1
```

使用 R 內建套件 stats 的 chisq.test 函式進行卡方適合度檢定結果如圖 1-12：

```
chi<-chisq.test(                  # 卡方檢定
  x=freq,                         # 發生頻次
  p=exp_pdf)                      # 期望發生機率
print(chi)                        # 列印檢定結果
```

```
> print(chi)                    # 列印檢定結果

          Chi-squared test for given probabilities

data:  freq
X-squared = 4.2261, df = 6, p-value = 0.6461
```

∩圖 1-12 卡方適合度檢定結果

繼續使用同樣套件 stats 的卡方分布的分位數函式 qchisq，計算在 95%信心水準及自由度（圖 1-12 中的 **df**）下的臨界值 12.59159（圖 1-13），與圖 1-12 的卡方值 4.2261 做出如上不能棄卻 H_0 的決策。

```
qchisq(.95, df=6)          # 卡方臨界值
```

```
> qchisq(.95, df=6)          # 卡方臨界值
[1] 12.59159
```

∩圖 1-13 卡方檢定的臨界值

圖 1-12 為結果之匯總，卡方檢定傳回之物件為一 htest 類別物件，可於 R 環境變數如上程式中 chi 可以$存取其 attribute 值，例如下列程式中的 chit$observed、chit$expected，可藉 R 工具箱套件 utils 的 str 函式一窺物件屬性。

```
str(chi)                              # 一窺物件屬性
sum((chi$observed- chi$expected)^2/   # 驗證卡方值
    chi$expected)==chi$statistic
```

6.2 獨立性測試（Test for independence）

【實例三】

考慮用香菜拌調味與顧客的反應。

如下表 1-4 所收集 293 個樣本數據，檢定「香菜拌調味」與「顧客滿意度」是否沒有關聯（即獨立性）。[18]

表 1-4　香菜拌調味與顧客的風評

	無香菜拌調味 （No coriander mixed with seasoning）	少量香菜拌調味 （Pinch of coriander Seasoning）	多量香菜拌調味 （Lots of coriander Seasoning）	
滿意（satisfied）	17	60	12	89
還可以(fair)	45	80	20	145
很差（poor）	32	12	15	59
	94	152	47	293

如果表 1-4 的顧客風評數據是隨機問了 293 個顧客，然後根據他們對「香菜拌調味」與否的反應，紀錄這 9 種組合出現的頻率，則我們可檢定「香菜拌調味」與「顧客滿意度」是否沒有關聯（即獨立性），亦即檢定：

$H_0 : P_{滿意, 無香菜} = (P_{滿意})(q_{無香菜})$，

$P_{滿意, 少香菜} = (P_{滿意})(q_{少香菜})$，$P_{滿意, 多香菜} = (P_{滿意})(q_{多香菜})$，

$P_{可以, 無香菜} = (P_{可以})(q_{無香菜})$，$P_{可以, 少香菜} = (P_{可以})(q_{少香菜})$，

$P_{可以, 多香菜} = (P_{可以})(q_{多香菜})$，$P_{很差, 無香菜} = (P_{很差})(q_{無香菜})$，

$P_{很差, 少香菜} = (P_{很差})(q_{少香菜})$，$P_{很差, 多香菜} = (P_{很差})(q_{多香菜})$

$H_1 :$ 非H_0

其中，

A. $P_{i,j}$ 代表顧客反應為 i（i = 滿意，可以，很差），而且香菜拌調味為 j（j = 無香菜，少香菜，多香菜）的機率。

B. P_i 代表顧客反應為 i（i = 滿意，可以，很差）的機率。

C. q_i 代表香菜拌調味量為 j（j = 無香菜，少香菜，多香菜）的機率。

此時計算「樣本統計量」

$$\chi^2 = \sum_1^r \sum_1^k \frac{(o_{ij} - \hat{e}_{ij})^2}{\hat{e}_{ij}} \sim \chi^2_{((r-1)(k-1))}$$

其中，

$\hat{e}_{ij} = \frac{(\text{第 i 橫列總和}) \times (\text{第 j 直行總和})}{\text{總抽樣數}}$，$\hat{e}_{ij}$ 表示期望發生頻率的估計值

因此，$\hat{e}_{11} = \frac{(89)(94)}{293} = 28.5529$，$\hat{e}_{12} = \frac{(89)(152)}{293} = 46.1706$

則 $\hat{e}_{13} = 89 - 28.5529 - 46.1706 = 14.2765$，

或以 $\hat{e}_{12} = \frac{(89)(47)}{293}$ 求得。

同理，$\hat{e}_{21}$、$\hat{e}_{22}$、$\hat{e}_{23}$、$\hat{e}_{31}$、$\hat{e}_{32}$、$\hat{e}_{33}$，皆可依序如是求得。

$$\chi^2 = \frac{(17-28.5529)^2}{28.5529} + \frac{(60-46.1706)^2}{46.1706} + \cdots + \frac{(15-9.4641)^2}{9.4641} = 33.567$$

$$> 9.488 \ (= \chi^2_{5\%,4})$$

結論：所以做出棄卻 H_0 的決策，亦即在 5% 的顯著水準下，「香菜拌調味」與「顧客滿意度」並非獨立。換言之，兩者是有統計相關（statistically dependent）的。

R軟體的應用

首先依上表 1-4 列聯表資料建立矩陣物件：

```
X<- matrix(                # 以矩陣物件表達列聯表資料
  c(17,45,32,60,80,12,12,20,15),
  ncol=3)
```

```
dimnames(X)<-list(        # 列與行命名
  c('滿意','還可以','很差'),
  c('無香菜拌調味','少量香菜拌調味','多量香菜拌調味'))
cbind(    # 列印列聯表資料內容含列、行合計
  rbind(X,'Total'=colSums(X)), # 行合計
  'Total'=rowSums(rbind(X,'Total'=colSums(X))))   # 列合計
```

```
> cbind(    # 列印列聯表資料內容含列、行合計
+   rbind(X,'Total'=colSums(X)), # 行合計
+   'Total'=rowSums(rbind(X,'Total'=colSums(X))))   # 列合計
         無香菜拌調味 少量香菜拌調味 多量香菜拌調味 Total
滿意             17            60             12    89
還可以           45            80             20   145
很差             32            12             15    59
Total            94           152             47   293
```

○圖 1-14　同表 1-4 的矩陣物件內容

接著使用 R 內建統計套件 stats 的相關函式 chisq.test 進行卡方檢定及回傳檢定結果

```
chitbl<-chisq.test(   # 卡方檢定
  x=X)                # 矩陣物件資料
print(chitbl)         # 列印檢測結果
```

```
> print(chitbl)        # 列印檢測結果

        Pearson's Chi-squared test

data:  X
X-squared = 33.567, df = 4, p-value = 9.142e-07
```

○圖 1-15　卡方檢定結果

圖 1-15 為結果之匯總，卡方檢定傳回之物件為一 htest 類別物件，可於 R 環境變數如上程式中 chitbl 以 $ 存取其 attribute 值，例如 chitbl$statistic 或如下程式中的 chitbl$parameter。

繼續使用同樣套件 stats 的卡方分布的分位數函式 qchisq，計算在 95% 信心水準及自由度（圖 1-15 中 df）下的臨界值 9.487729（圖 1-16），在比較如圖 1-15 的卡方值 33.567 做出如上**棄卻 H_0**的決策。

```
qchisq(       # 計算臨界值(critical value)
  p=.95,      # 信心水準
  df=chitbl$parameter)  # 自由度
```

```
> qchisq(       # 計算臨界值(critical value)
+     p=.95,    # 信心水準
+     df=chitbl$parameter)  # 自由度
[1] 9.487729
```

∩圖 1-16　卡方分布的臨界值

在卡方檢定三種類型之中，齊一性檢定與獨立性檢定，往往是同一個分析問題的不同敘述方式而已，兩者的計算公式其實一樣。

7. AI 的監督式學習（supervised learning）

監督式學習乃利用已被標記的數據來訓練模型，想像成老師在一旁指導著學生，告訴他每一個問題的答案，隨著學生問題越做越多，他對於這類型問題的理解也會越來越深，正確性也會變高。

購物籃分析的資料探勘方法是典型相關分析的一種，就是一系列交易之中挖掘出項目之間的關係。以及第五章的決策樹即是 AI 的監督式學習。

8. AI 的非監督式學習（unsupervised learning）

將已知的問題資料輸入，透過模型的自我訓練產生結果，而對於釋出的結果無法預測，也就是模型自己產生答案。集群分析即是 AI 的非監督式學習。

9. 大數據分析（Big data analytics）

　　大數據有五大關鍵的應用，分別是主要來自企業使用、線上社交網絡導向的大數據的應用、以及集體智慧：人群感知的應用、基於物聯網的大數據的應用、醫療保健大數據的應用。本書則聚焦在前三個應用。

　　當前，大數據主要來自企業並且使用在企業中，商業智慧（BI）和線上分析處理（OLAP）可以被認為是大數據應用的**先驅**。在企業中，應用大數據可以提高生產效率和競爭力。在**行銷領域**中，透過對大數據的相關分析，企業可以更準確地**預測**消費者行為並找到新的商業模式。在銷售計劃中，比較大量數據之後，企業可以**優化**其商品價格。在供應鏈**領域**，企業可以利用大數據優化庫存、物流和供應商協調等等，以緩解供需之間的差距，並改善服務。當然還有應用到作業管理上、財務管理上，顯然，**最顯著**的應用是用在**電子商務**（e-commerce）上。

　　如今，互聯網的崛起、行動裝置的普及以及網路社群的影響力逐漸提升，大數據分析已是各個產業的優先重點；隨著**數位行銷**應用在電子商務的零售經驗，如 Beacon 同時兼具定位與支付的優勢，有助於零售業者做到**虛實整合**（O2O）的**適地性**服務（Location Based Service，LBS），例如特易購（Tesco）則是藉 Beacon 強化服務，讓使用者在 App 建立待買清單，當使用者一進入到賣場內，手機就會告知每項商品的位置，節省購物時間。

　　藉由 iBeacon 蒐集更多消費者行為，透過大數據的分析，可有效率地規劃客製化、個人化的服務。

資料的多、快、雜、疑及處理方法，改寫傳統對資料的認知

　　直到最近，大部分企業組織收集的資料，都很容易儲存到以**表格**（table）形式表示的**關聯式資料庫管理系統**（RDBMS）。不旋踵間，自1995 年全球資訊網（WWW）問世以來，更多爆炸性的資料來自網絡流量、電子郵件以及後來居上的社交媒體內容，甚至音樂播放清單，以及從感應器而來，機器產生的**非結構化**資料，因為儲存成本的降低，以及強大的、新的處理能力，能夠儲存、分析與產生連結、推論、預測這些資料。

大數據通常從不同來源，產生大量的數位資料，即使每則推文（tweets）最多只能有 140 個字元，但每天仍會產生 8 TB 以上的數據。沃爾瑪（Wal-Mart）每小時處理 100 萬筆以上交易，提供的資料估計超過 2.5 PB，相當於 167 倍美國國會圖書館叢書的資訊。FB 將其大部分數據存儲在其龐大的 Hadoop 叢集中，該叢集資料更達 300 PB，這些都是傳統 DBMS 無法處理的。至於大數據到底有多大？一般認為要介於 10^{12} Byte（即 1 Tera Byte，簡稱 1 TB）到 10^{15} Byte（即 1 Peta Byte，簡稱 1 PB）等級之間。

根據 IDC（International Data Corporation，國際數據公司），2013 年，醫療保健行業產生了約 153 Exa Byte（1 Exa Byte $=10^{18}$ Byte，簡稱 1 EB）的資料，大致相當於 2.6 萬億張音樂專輯。到 2020 年，該數字將猛增至 2,314 EB。[19] IDC 也預測，從 2013 年到 2020 年，全球資料量將成倍增長，從 4.4 ZB 增加到 44 ZB（1 Zett Byte $=10^{21}$ Byte，簡稱 1 ZB）。大數據處理的資料量將推到更高的極限。[20]

然而，**數量多（volume）**本身並不是大數據的完美標準，還有速度（velocity）及多樣性（variety）有更直接的影響，加上「真偽難辨」（veracity）的資訊，將這些「**多、快、雜、疑**」的數據，經過大數據分析整理後，變成有**價值（value）**的資訊，已成為學界普遍的共識。

Hadoop 主要是用來處理**非結構化**資料，如圖 1-17 所示[21]。垂直軸顯示數據中的結構化程度，從結構化到非結構化；水平軸顯示大數據來源，從觀察、實驗室實驗、調查、網路到行動裝置。圖的核心顯示了用於管理這些資料的軟體。譬如，透過 Hadoop，Visa 從兩年間七百三十億筆交易資料，進行促銷活動，處理時間從原來一整個月，縮短為只需分鐘而已。

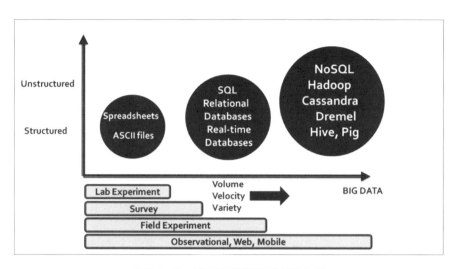

○圖 1-17　管理資料類型的不同作為

從 2005 年開始摩爾定律（Moore's law）逐漸失效，因硬體設計上的瓶頸，然而需要處理的資料量快速增加，所以開始借助於分散式並行程式設計來提高程式性能，Google 公司最先提出了分散式並行程式設計模型 MapReduce，Hadoop MapReduce 是它的開源實作，後者比前者使用門檻低很多。

Hadoop 是一個叢集系統（Cluster system），也就是由單一伺服器擴充到數以千計的機器的**分散式**處理（Distributed processing），用 MapReduce 架構，解決運算擴充需求，而 NoSQL（Not only SQL，即非關聯式資料庫）使用多種資料模型來存取以及管理資料，解決資料擴充需求；不需要固定的表格模式，也經常會避免使用 SQL 的 JOIN 操作，一般有水平可延伸性的特徵。例如在 NoSQL 資料庫中，書籍資料通常儲存為 JSON 文件。就每一本書，將項目、ISBN、書名、版本編號、作者名稱和 AuthorID 儲存成單一文件中的屬性。在此模型中，資料針對直覺開發和**橫向水平擴充**進行優化。

MapReduce 是 2004 年 Google 發布的內部使用大規模資料處理的模型框架。MapReduce 將複雜的、執行於大規模叢集上的平行計算過程設計成兩個函數：映射（Map）和整體化簡（Reduce），就能實現自動的任務分配和平行計算。Hadoop 的核心是 MapReduce 架構和 Hadoop 主/從架構分散式檔案系統，即 HDFS（Hadoop Distributed File System）。

至於圖 1-17 Cassandra 是一套開源分散式 NoSQL 資料庫系統。它最初由 Facebook 開發，用於改善電子郵件系統的搜尋效能的簡單格式資料，集 Google BigTable 的資料模型與 Amazon Dynamo 的完全分散式架構於一身。Facebook 於 2008 將 Cassandra 開源。此後，由於 Cassandra 良好的可延伸性和效能，被 Apple, Comcast, Instagram, Spotify, eBay, Netflix 等知名網站所採用，成為了一種流行的分散式結構化資料儲存方案。[22]

Apache Hive 是一個建立在 Hadoop 架構之上的資料倉庫。它能夠提供資料的精煉、查詢和分析。Apache Hive 起初由 Facebook 開發，目前也有其他公司使用和開發 Apache Hive，例如 Netflix 等。亞馬遜公司也開發了一個定製版本的 Apache Hive，亞馬遜網路服務包中的 Amazon Elastic MapReduce 包含了該定製版本。[23]

最後是 Pig 是由 Yahoo 公司開源，是一種操作大規模資料集的指令碼語言，它為大型資料集的處理提供了更高層的抽象。Pig 構建在 HDFS 和 Mapreduce 之上，能將資料處理翻譯成多個 Map 和 Reduce 函式，從某種程度上將程式從具體程式設計中解放出來。以上提到的 Apache Hive、Pig、HDFS、Hadoop MapReduce 皆涵蓋在 Hadoop 生態系統。

與時俱進的行銷分析的發展

在行銷領域，資料驅動分析的發展，從 1900 年左右，一直到 1995 年全球資訊網（WWW）的發展大致經歷了三個階段：(1)透過**簡單的統計方法**可觀察到的市場狀況,(2)使用**經濟學和心理學**的理論開發模型，提供洞見和診斷，以及(3)使用統計的、計量經濟學的和作業研究（Operations research，OR）的方法進行評估行銷政策、預測其效果並支持行銷決策。在許多情況下，在獲得新的**資料來源**後不久，便引入或開發了分析**資料**的方法，見圖 1-13。[20] 自 1960 年代以來，行銷學者開發的許多方法現已付諸實踐，它們支持 CRM、**行銷組合**（marketing mix）和個人化等領域的決策，並提高了部署這些方法的公司的財務績效。

自 2000 年以來，網路**點擊流**（click-stream）、發送訊息（messaging）、口碑行銷、交易和**位置**資料的自動收集，大大地**降低了資料收集**的變動成本，並導致了空前的資料量，可以特別的方式，從深度、細膩度洞悉消費者的行為。儘管在過去的十年中，學者們面臨為這些大量資料開發診斷和預測模型的挑戰，承認這些發展仍處於起步階段。

一方面，坊間流行的戰情室儀表板（dashboards）上顯示的描述性指標在實務中很流行。這可能是受限於運算能力，以及對即時洞察的需求，缺乏訓練有素的分析師，以及組織障礙，以便實施進階分析的結果。尤其是部落格、評論和推文形式的非結構化資料，為深入了解消費者行為的經濟學和心理學提供了機會，一旦開發並應用了適當的模型，它們就可以進入數位行銷分析的第二階段。另一方面，來自電腦科學的機器學習方法，包括 AI 的深度神經網絡和認知系統在實務中已變得很流行，但是在行銷學界卻鮮有研究。它們的受歡迎程度可能源於其出色的預測性能和黑盒子性質，這使得例行分析可以在有限的分析師干預下進行。(21)

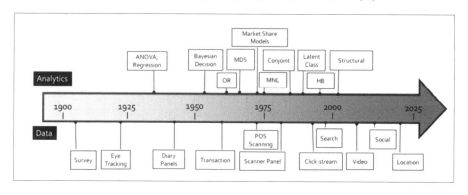

⋒圖 1-18　行銷資料和行銷分析的時間表的概要(21)

圖 1-18 的時間表總結了新舊時代行銷資料的來源，以及行銷模型主要類別的發展。隨著新型態資料的出現，伴隨而來的是用於分析它們的新模型。

在獲得新的資料來源方面，自 1900 年以降，20 年代開啟了現場實驗和電話調查（survey），30 年代來自心理學的 AIDA－Attention, Interest, Desire, Action 概被引入行銷，促進對消費者的更深入了解，那個時代還首次使用了眼動追蹤（eye tracking）資料，40 年代消費者日記討論小組（diary panels），起初用於測量媒體曝光，70 年代透過消費者交易（transaction），擁有客戶資料，RFM 指標 - Recency, Frequency, Monetary，成為 CRM 的核心。1972 年在食品零售業引入通用產品代碼（UPC）以及 IBM 將銷售點掃描（POS scanning）設備電腦化，標誌著零售商首次自動捕獲資料。很快的，個別客戶可以透過會員卡進行追蹤，這導致了掃描器控制板（scanner panel）資料的出現，1995 年 Amazon 透過純粹的網路零售和 eBay 透過拍賣獲利，開啟電子商務時代以來，網路**點擊流**（click-stream）、搜尋（search）、影片（video）、社群媒體（social）和**適地性**（location）資料的自動收集的方法，目不暇給，甚至難以招架。

　　資料被稱為數位經濟的「**石油**」。透過線上和行動應用系統常規，捕獲了消費者對產品和服務的感受、行為和互動，以及他們對市場行銷的反應。隨著行銷人員尋求利用**資料**建立和維護客戶關係、個性化產品、服務和行銷組合，以及即時自動化行銷過程，資料在組織中扮演著越來越重要的角色。取自不同源頭的資料，與引入或開發不同資料分析的方法，形成**協同進化**（Coevolution）。在生物學中，當兩個或多個**物種**（species）透過天擇的過程相互影響對方的進化時，共同進化就發生了。其中，前面介紹過的行銷分析方法有 MDS，Regression，還有太多的方法應用在不同場合。

　　分析方法還有諸如：60 年代 Bayesian Decision 即貝氏決策法則，可應用到廣泛的實務問題，包括行銷組合建模、定價決策；70 年代 OR 應用到廣告的最佳決策、銷售人員分配、直接行銷中的目標選擇以及線上價格折扣的客製化。80 年代 Conjoint 即聯合分析，用來分析產品的多個特性如何影響消費者購買決策的問題；80 年代門市層次的掃描資料的市場占有率和需求模型，來自計量經濟學的需求模型。90 年代掃描器控制板資料乃基於多項式 Logit 模型（Multinomial Logit models，MNL）直接建立在計量經濟學上，在行銷中導入了捕捉到的階層式消費者決策的巢狀 logit 模型，並認識到消費者行為的多面向，如發生率、選擇、時間、數量等；Latent Class 即潛在類別，用在結構方程建模（structural equation modeling）；

HB 即分層貝氏（Hierarchical Bayes），利用「大量分類的」郵遞區號（zip-code）資料，HB 模型允許將來自多個來源的資料，在不同層次聚合。Structural 即結構方程模型（structural equation modeling），是一種融合因素分析和路徑分析的多元統計技術，它的優勢在於對多變數間交互關係的定量研究，結構模型允許預測當政策實施改變時，消費者的效用最大化，或公司利潤最大化等動因（agents）行為的變化。

在行銷組合中，可就社交網絡、關鍵字搜索、線上口碑行銷（Words of mouth）、趨勢和移動/位置的效果建立模型。其中關鍵字搜索分析可以幫助公司評估其網站設計和廣告投放的盈利能力。例如，學者 Yao 和 Mela 開發了一個動態結構模型（structural model）來探索消費者和廣告商在關鍵字搜索中的互動。他們發現當消費者更多點擊，贊助廣告連結的位置具有更大的影響。此外，該研究顯示搜索工具，基於價格和評比的排序/過濾，可能會導致增加平台收入和消費者福祉。(21)

上述不同資料分析的方法，當然只是可用的方法中的一部分，各領其應用領域的風騷。

其他可用的方法中值得一提的是，與本書第三章建立「市場區隔」，立意在對「行銷組合」集中火力。由於媒體選擇性快速增加，導致民眾取得資訊的管道因此零碎化，很多企業都有「不知如何有效打到目標消費者」的困擾和焦慮。因此在購買行為上，社群網絡往往成為消費者分享產品及品牌資訊的有效平台。

新舊兼容並蓄的新行銷資料，以及行銷模型主要類別的發展，兩者交互前進，從**結構化**的內部資料，到**非結構化**的外部資料，大數據行銷分析診斷工具的廣度，見圖 1-19(21)，更為豁然開朗。

行銷科學與相關統計觀念及 R 語言

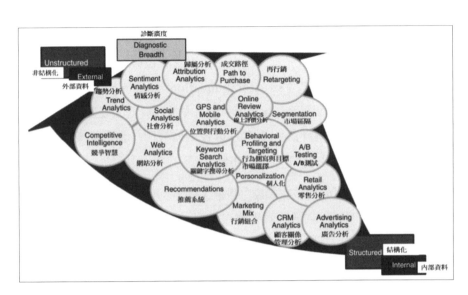

**⋒圖 1-19 大數據行銷分析診斷工具的廣度：
結構化的內部資料，到非結構化的外部資料**(21)

行銷分析定義為衡量、分析、預測和管理行銷績效的方法，目的是最大限度地提高行銷有效性和投資報酬率（ROI）。圖 1-19 顯示了大數據行銷分析如何增加診斷範圍，這些分析診斷工具通常對於支持公司的長期目標特別有利。

箭頭顯示診斷工具的廣度隨著內部資料和外部資料的利用而增加，亦即利用了**新的資料來源**，開發定做的（tailored）的分析方法，從而產生**新的見解**。

圖 1-18 及圖 1-19 都提到有些資料是結構化的，有些資料是非結構化的，前者已經有許多程式語言可以處理，如關聯式資料庫（RDB），但是對於後者，如地理位置資訊、推文、臉書訊息、視訊資料，則可以 Hadoop 異質資料處理平台，傳統的程式語言是無法處理 Hadoop 生態中 MapReduce 異質資料處理平台，而 R 語言可以整合高效能的程式語言，例如 Python，C ++或 Java 等，可以解決這方面的問題。

R 與 Hadoop 配合使用的方式主要有兩種，一種是使用 RHadoop 的 rmr2 套件，完全在 R 中執行 MapReduce；另外一種是使用 Hadoop Streaming 的方式將資料傳給 R 來處理。

金融服務界表現出對 R 語言特殊的親和力，用於衍生金融商品（derivatives）分析的套件就有幾十個。Google 首席經濟學家 Hal Varian 說："The great beauty of R is that you can modify it to do all sorts of things," 緊接著又說， "And you have a lot of prepackaged stuff that's already available, so you're standing on the shoulders of giants." (24)

大意是 R 語言之美在於，你可以透過修改很多高手已經寫好的套件程式解決各式各樣的問題，因此當您使用 R 語言時，你已經站在巨人的肩膀上了。

資料科學領域的線上平臺 KDNuggets 於 2012 年針對 798 名專業人員，調查最廣泛使用的軟體：發現 R 語言以 30.7 %，Excel 以 29.8 %分占前兩名。(25) 在國內，Python 資料分析、R 資料分析及 SQL Server 資料分析等三種資料分析能力，即符合就業市場之大數據資料分析及 AI 專業人才需求。由於 Python 免費軟體以及可供多人同時使用的互動性、跨語言的技術整合等特性，因此可以在任何類型的系統上運行。做為平台比 R 更為包容，可以解釋為什麼 Python 流行程度及職缺公告勝 R 一籌。如下圖 1-20(26)。R 從 2014 年的 7%職位增加到 2017 年的 11%。4%的轉變似乎並不值得一提。事實上，這是在短短三年內完成的研究表明，這種趨勢不僅會持續下去，但可能會以很高的速度前進。

在行銷科學領域，大數據分析為行銷智慧（marketing intelligence）的發展帶來了新的機遇，這正是行銷科學的切入點的，各種大數據分析應用如雨後春筍般冒出來。如圖 1-18 所示，本書則會在第 5 章「商品推薦系統」，以及第 6 章「情感分析（Sentiment analysis）」會有進一步的說明。

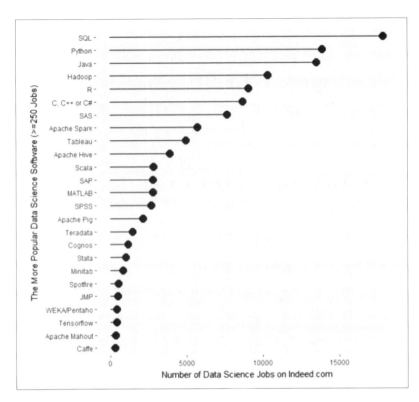

♠圖 1-20　2017 年熱門資料科學軟體的職缺公告(26)

1-3 IT 部門與行銷部門的協調

　　企業的 C 字輩高階主管（例如 CMO, CIO, CFO）通常在他們的個人職能方面，各有特定的和獨特的訓練，隨著時間的推移，創造了一個部門導向 - 不同職能別部門管理者**認知上**和**情感取向**上的差異，例如在目標優先次序、決策的時間取向（例如，短期或長期）、任務如何理解和執行、強調資訊的類型、對結果的期望。並可能與其他職能部門的主管，因不同的觀點，而發生衝突。(27)

　　IT 功能與行銷功能，傳統上沒有交集。在以前資訊長（CIO）的內部導向性質和行銷長 CMO（Chief marketing officer，CMO）的外部導向性質，以致兩者之間的接觸極少，見圖 1-21。(28)

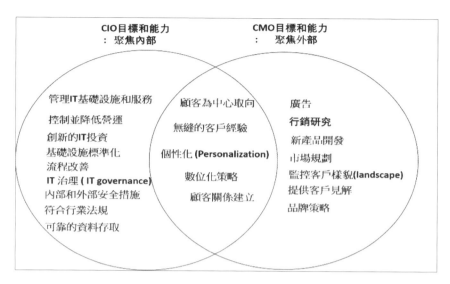

圖 1-21　CMO / CIO 不同的目標和能力[(28)]

以飲料業為例，IT職掌的ERP系統，是全公司共同性的資訊基礎建設，庫存主檔不會記錄柳橙汁作為行銷研究，品牌定位攸關的苦味/酸度/甜度等這些較感官的東西。因為每一批次就不同苦味/酸度/甜度，所以至多用批號控管，在此脈絡下，CMO和CIO之間的這種關係通常被描述為公司內部最具挑戰性的職能間關係之一。兩者之間關係有如「人生不相見，動如參與商」，好比是此起彼落的參星與商星，各在不同軌道上運行。但隨著商品推薦系統的迅速崛起，導致CMO更多的參與科技相關的決策。

當CIO和CMO間衝突不斷升高中，有一部分原因是企業不斷增加**各自功能別的IT相關投資**，以及各自在考慮這些**投資優先次序**時，很自然會出現的分歧。另外在CIO和CMO之間，通常依**客戶相關的數位活動**，而角色職責各有不同：**CIO職責**為使能夠達成公司資料搜集、整合、資安和獲取資料的技術；然而，**CMO職責在管理行銷相關的資料分析、解釋和方案開發**。[(27)] 因此，這兩位領導者負責公司不同面向的技術投資和行動，每位領導者在責任範圍內的決定和行動，對其他功能別會有重大的影響。

隨著 Facebook、twitter、Line、Linkedin 或 Instagram 等社群媒體（Social Media）的盛行，使得社群媒體成為網路世界的主流，人與人之間的連結的社會網絡（social network）已成為企業需要了解的顯學。

社群媒體已經引領行銷和 IT 功能的變革。這是史上第一次，CIO 不再直接控制公司的所有技術和技術策略方向。IT 功能不再是服務或促成組織的技術需求的孤立區域。IT 功能已成為企業整合的部分，並成為事業單位（Business unit）的策略夥伴。社群媒體是這些趨勢背後的主要驅動力。(27) 現在，IT 功能支持由其他功能別制定的策略性 IT 計劃。此外，IT 部門不再控制整個 IT 預算。在某些公司，事業單位或各部門一旦滿足了 IT 組織內部的最低 IT 支出要求，可以自由地到公司外面尋求 IT 服務。論者以為，隨著其他新技術的出現，這些趨勢很可能會重演。(29)

行銷功能也在演變，社群媒體將行銷功能提升到組織中更重要的位置。行銷功能在 IT 上的投入將大幅增加，使得應徵行銷職位必須精通技術。社群媒體和收集社群媒體資料，已經成為行銷各個方面的主流，無論是廣告、市場活動、銷售或品牌管理。

企業的數位轉型（Digital transformation，DT）、新管道的出現（例如社群媒體、移動設備）以及大量的客戶數據正在改變行銷方式。

以客戶為中心的公司策略和可取得客戶資料的增加，導致兩位高階主管之間職責重疊，IT 功能與行銷功能必須越來越多地互動，確定了一系列合作機制，以鼓勵 CMO 和 CIO 之間建立夥伴關係 才能交付業務價值。

在動盪性（volatile）、不確定性（uncertain）、複雜性（complex）和模糊性（ambiguous）的「烏卡」（VUCA）世界，敏捷性（agility）已成為一項主要的行銷原則。像 COVID-19 大流行這樣重大的全球性事件，更是促使團隊需要快速行動，評估和適應。(30) 所謂敏捷性即知覺（sense）到內外部環境的改變，以及時的、具成本效益的方式回應。

IT 功能除了提供強大的營運 IT 骨幹外，現在還需要能夠應對新興技術蓬勃發展帶來的新機遇，數位轉型已是不可阻擋的新現象，因為它涉及將注意力集中在**商業模式**和企業實踐的各個層面。

　　對 IT 的不斷變化的需求意味著傳統的 IT 治理模型可能**無法「充分反映數位世界的現實」**。因此，與時俱進的 IT 治理機制，需要新的或改善的治理結構，譬如**治理委員會**、**數位領導角色**、資源共享的**數位部門**，以及組織文化、共同信念和有關 IT 使用**行為的變化**，以回應數位轉型的挑戰。

參考文獻

1. Philip, K. (2017). My adventures in marketing: The autobiography of Philip Kotler. 或見葛窈君（2015）譯：科特勒我這樣看世界，還有我自己。臺北：商業週刊。

2. 蕭富峰（1991），行銷實戰讀本。臺北：遠流出版。

3. 邱志聖（2008），行銷研究：實務與理論應用。臺北：智勝文化。

4. Kotler, P. (2003). Marketing insights from A to Z: 80 concepts every manager needs to know. John Wiley & Sons. 或中譯版：張振明 (2004). 行銷是甚麼？行銷大師科特勒的內行話。臺北：商周出版。

5. Bass, F. M. (1993). The future of research in marketing: marketing science.

6. Brown, S. (1997). Marketing science in a postmodern world: introduction to the special issue. *European Journal of Marketing*.

7. Winer, R. S., & Neslin, S. A. (Eds.). (2014). *The history of marketing science* (Vol. 3). World Scientific.

8. Anderson, L. M. (1994). Marketing science: Where's the beef?. *Business Horizons*, *37*(1), 8-17.

9. 羅凱揚，蘇宇暉，鍾皓軒（2019），行銷資料科學。臺北：碁峰。

10. Burgess, S. M., & Steenkamp, J. B. E. (2006). Marketing renaissance: How research in emerging markets advances marketing science and practice. *International Journal of Research in Marketing*, *23*(4), 337-356.

11. Chintagunta, P., Hanssens, D. M., & Hauser, J. R. (2016). Marketing science and big data. Marketing Science, 35(3).

12. Kotler, P. (1997). Marketing management: Analysis, planning, implementation and control.或中文版：黃俊英（2008），行銷研究。臺北：華泰。

13. Hair, J. F., Bush, R. P., & Ortinau, D. J. (2008). Marketing research. New York, NY: McGraw-Hill Higher Education.

14. Wainer, H. (2013). Visual revelations: Graphical tales of fate and deception from Napoleon Bonaparte to Ross Perot. Psychology Press.

15. 計算視覺化的近代圖表（2019）。臺北：雄獅美術。

16. 林師模，陳苑欽（2013），多變量分析：管理上的應用。臺北：雙葉書廊。

17. 陳順宇（2000），迴歸分析（三版）。臺北：華泰書局。

18. 楊維寧（2007），統計學（二版）。臺北：新陸書局。

19. 上網日期 2021 年 4 月 4 日，檢自：https://www.micron.com/insight/big-data-can-revolutionize-health-care

20. Hajirahimova, M. S., & Aliyeva, A. S. (2017). About big data measurement methodologies and indicators. *International Journal of Modern Education and Computer Science, 9*(10).

21. Wedel, M., & Kannan, P. K. (2016). Marketing analytics for data-rich environments. Journal of Marketing, 80(6), 97-121.

22. 上網日期 2021 年 4 月 4 日，檢自：https://zh.wikipedia.org/wiki/Cassandra

23. 上網日期 2021 年 4 月 4 日，檢自：https://zh.wikipedia.org/wiki/Apache_Hive

24. Ashlee Vance(2009). Free software called R empowers data analysts. The New York Times

25. Chen, M., Liu, Y., & Mao, S. (2014). Big Data: A survey, Mobile Network and Applications.

26. Ozgur, C., Colliau, T., Rogers, G., & Hughes, Z. (2017). MatLab vs. Python vs. R. *Journal of Data Science*, *15*(3), 355-371.

27. Whitler, K. A., Boyd, D. E., & Morgan, N. A. (2017). The criticality of CMO-CIO alignment. *Business Horizons*, *60*(3), 313-324.

28. Sleep, S., & Hulland, J. (2019). Is big data driving cooperation in the c-suite? The evolving relationship between the chief marketing officer and chief information officer. *Journal of Strategic Marketing*, *27*(8), 666-678.

29. Candace Deans, P., & Miller Tretola, B. J. (2018). The evolution of social media and its impact on organizations and leaders. *Journal of Organizational Computing and Electronic Commerce*, *28*(3), 173-192.

30. Lewnes, A. (2021). Commentary: The Future of Marketing Is Agile. *Journal of Marketing*, *85*(1), 64-67.

2

資料視覺化

「不聞不若聞之，聞之不若見之，見之不若知之，知之不若行之；學至于行之而止矣。」

荀子《儒效篇》

這段荀子說的話現在讀來真有道理，完全印證了不同學習方法的學習效果。

「視覺感知」是人類感官知覺中最主要的項目之一，人體「五感」感知機能，最好以視覺及聽覺為主，其比率依次是：視覺 87%、聽覺 7%、觸覺 3%、嗅覺 2%、味覺 1%，甚至透過「不同感知」的聯同反應產生「共感覺」（聯覺，synesthesia）的特殊狀態。因此，將所要傳播的資訊加以「視覺化」，對資訊傳播的成效，會很大的幫助。(1)

以生動的比喻、類比、象徵是英文世界普遍使用的修辭手法，是以較具體的字眼來取代原本較抽象的概念，可是讓文字或口語表達，更加生動準確或激發讀者的想像或營造畫面感。這種敘述視覺化在生活中不乏實例：如英文諺語的 I'm so hungry, I could eat a horse（我好餓喔！可以吃掉一匹馬）、mad as a hornet（像黃蜂一樣憤怒）、as wise as an owl（像貓頭鷹般聰明）、as proud as a peacock（像孔雀般驕傲）、as poor as a church mouse（窮得像教堂的老鼠般）以及中文的一貧如洗、如履薄冰（同英文 walk on egg shells）「如在蛋殼上行走」。皆能呈現豐富多彩的視覺化。

「圖片的最大價值，在它迫使（forces）我們注意到我們從未期望看到的事物。」，從數據分析師的武器庫中刪除圖表會使發現任務變得異常困難。資料視覺化由來已久，人們很早就知道使用圖形來描述事件的規律，最早的之資料視覺化通常被稱為統計圖表。人們採用圖形的方式將資料中蘊含的統計規律直觀地展現出來。如今大數據當道，資料的外延不斷擴大人們對資料認知，也不再只是數值型的資料，各種新的技術和視覺化的展現越來越豐富。

1842 年的美國海軍軍官莫瑞（Matthew Maury）擔任海圖儀器保管站的站長時，海軍靠的只是一堆上百年歷史，使用有遺漏、而且根本錯誤的老海圖。

莫瑞等人匯合保管站所有資料，如氣壓計（barometers）、指南針（compasses）、六分儀、計時器、還有無數的航海圖（nautical books）、地圖、圖表，甚至像是無聊隨手塗鴉的航海日誌，將整個大西洋以經緯度5 度作為間隔，分成一個個小區塊，分別記錄下溫度、風和海流的速率和方向，另外還會記下月份，好知道一年間的不同變化。資料整合之後的全新形式的海圖更具有資料視覺化。

證實其實潮汐、風向及洋流都有其規律，而早期在海軍發給水手的書籍和海圖上卻是付之闕如。此一規律固定模式，可以指出更有效率的航線。從資料上能看出最有利的風和洋流，找出天然的海上通道。讓長途航程減少 1/3，不再蒙著眼睛航行海上。(2)

卓越的統計圖包括以清晰、準確和有圖形呈現應該：(3)

● 顯示資料

● 引導人們去思考本質而不是方法、圖形設計、圖形產生技術或其他方面

● 避免扭曲資料的內容

● 在一個小的空間中呈現許多數字

● 使大量資料集連貫一致

● 鼓勵以肉眼比較不同的資料

● 從廣泛的概述到精細的結構，從多個細節層別揭示資料

● 提供合理地清楚的目的：描述、探索、製表或裝飾

● 與資料集的統計和語言描述緊密整合

【實例一】

南丁格爾的玫瑰圖（Florence Nightingale's Rose Diagram）(4)

今天衛生保健變得比以往任何時候都更受**資料**所驅動。以解決**臨床問題**、做出**決策方法**的實證實務（evidence-based practice，EBP）的興起，要求迅速有效地使用資訊以改善病患醫療結果。理解複雜資料集的一個困難是將分析結果以**連貫**的方式傳達給相關的**利害關係人**（stakeholders），這對幫助個人和組織的決策是不可或缺的。

衛生保健資料視覺化的起源可以追溯遠自 19 世紀，最主要的例子是南丁格爾（Florence Nightingale）的開創性工作，她研究在克里米亞戰爭（1853-1856）[注1] 中 Scutari 的 Barrack 醫院死亡（mortality）的原因。當時她目睹擁擠不堪且條件惡劣的英國士兵受到的治療。作為一名護士，南丁格爾孜孜不倦地致力於改善衛生、清潔狀況以及設備、人員和其他醫院資源的組織。在衛生委員會（Sanitary commission）作出改進後，**死亡率急劇下降**，此一事件大大地影響了她的職業觀點。

（注1）

是 1853 年至 1856 年間在歐洲爆發的一場戰爭，是俄國與英、法為爭奪小亞細亞地區權利而開戰，戰場在**黑海沿岸**的克里米亞半島，以俄國沙皇的失敗而告終。南丁格爾與其它 38 位女性志願者的身份來到英軍位於今日烏克蘭的克里米亞半島的野戰醫院兩年，當時的野戰醫院衛生條件極差，甚至連乾淨的水源與廁所都沒有，由於她對士兵無微不至的照顧，獲得了「**提燈女神**」（"a Lady with a Lamp"）的稱號。美國詩人朗費羅（Henry Longfellow）（1807-1882）曾為這位可敬的女士寫下膾炙人口的不朽詩句：「**看！在那悲慘的房中，我見到一位提燈的女士。**」（Look! In that house of misery, a lady with a lamp I see.）院內的英軍更是感念這位天使般的女士，每當她巡房時，士兵們甚至親吻她被油燈映在牆上的身影。(4, 5)

她開始致力於醫院和公共衛生改革，戰爭結束後^(注2)，她獲得了許多有關感染士兵在野戰醫院死亡的受傷的資料。並意識到：以一種簡單明瞭的方式將這些資訊付諸實踐，對於快速理解它和採取行動改善實務至關重要。

她以**統計資料**說服了維多利亞女王，不但有必要對軍隊的保健進行正式的調查，同時還建議應該成立一個軍人健康皇家委員會。這個委員會果然在 1857 年 5 月成立了，而南丁格爾也積極地參加這個委員會的調查工作。這個委員會底下又成立了好幾個次委員會，來進行南丁格爾提議的醫療改革。這些改革包括了軍營與醫院體質上的徹底改變，如改善通風、保溫系統、污水處理、清水供應、廚房設施等；同時還建議成立一間軍醫學校，以及修改軍方**蒐集統計資料**的程序。₍₆₎

在著名的流行病學家和醫學統計學家 William Farr 的幫助下，她運用了統計的專業知識，建立了一種稱為**極座標**形式的**圓餅圖**，將資料展示成花瓣的形式。這是當時資料呈現的一種新穎方法。這項科學合作使南丁格爾能夠**按月繪製死亡計數**，每個部門的面積代表死亡人數，並根據死亡原因著色進一步細分。在她的開創性圖表中，很明顯，死於以**藍色**陰影表示可預防疾病的士兵比死於以**紅色**表示的傷口和其他以**黑色**表示的原因死亡的士兵多，如圖 2-1 所示。該圖通常被稱為「雞冠花圖」（coxcomb）或「玫瑰圖」，可以在**單一插圖**中看到多個資料比較，這對於不熟悉統計資料和報告的人來說是有用的視覺輔助。

（注2）

　　1856 年 7 月，克里米亞戰爭結束後的四個月，南丁格爾返回了倫敦。36 歲的她，已成為世界知名的人士了。儘管她此時已譽滿全球，但她認為要表彰她的工作的重要性，莫過於組織一個**委員會**來徹底調查與檢討軍隊的醫療照護。在寫給政府的報告中，她認為至少有九千名士兵的死亡本來是可以防止的；而這些冤死的事件仍在當時各軍營不斷地上演中。其實只要在所有的軍醫院，認真地執行她在克里米亞英軍醫院所採行的措施，這些悲劇都是可以挽回的。

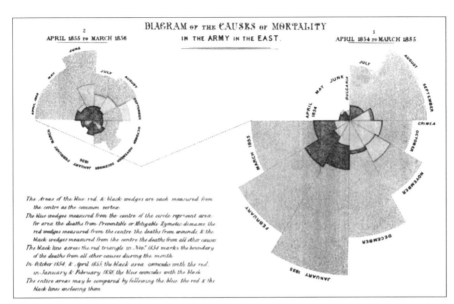

⋒圖 2-1 南丁格爾玫瑰圖（Florence Nightingale's Rose Diagram）。
顯示 1854-1855 年，因爲衛生不良而死的士兵、相對重傷身亡的士兵的逐月
數據。(4)

　　這張圖用來說明與比較戰地醫院傷患各種死亡原因的人數，**每塊扇
形代表著各個月份中的死亡人數，面積越大**代表越多死者。圖表的說明
如下：

1. 各色塊圓餅區均由**圓心**往外的面積來表現數字（也就是色塊互相重
   疊）。

2. **藍色**區域：死於原本可避免的感染的士兵數。

3. **紅色**區域：因受傷過重而死亡的士兵數。

4. **黑色**區域：死於其它原因的士兵數。

5. 1854 年 10 月、1855 年 4 月的**紅黑**區域恰好相等。

6. 1856 年 1 月與 2 月的藍、黑區域恰好相等。

7. 1854 年 11 月紅色區域中的黑線指出該月的黑色區域大小。

R軟體的應用

1. 使用內建套件 HistData 中 Nightingale 之記錄資料。

```
library(HistData)
N<-Nightingale[   # 只取繪圖需要欄位
  c('Date','Year',
    'Disease.rate','Wounds.rate','Other.rate')]
```

2. 使用外掛套件 tidyr 之函式 pivot_longer 將 Nightingale 之記錄資料樞
    紐轉換成各項 rate 資料分列。

```
library(tidyr)
N.pivot<-pivot_longer(   # 樞紐轉換
  data=N,   # 資料集(data frame)
  cols=c('Disease.rate','Wounds.rate','Other.rate'), # 導出欄位依據
  names_to="cause",   # 導出欄位名稱
  values_to="death_rate") # 導出值
```

3. 使用外掛套件 ggplo2 之函式 ggplot 產生繪圖物件。

```
library(ggplot2)
g <- ggplot(   # 產生繪圖物件
  data= N.pivot,   # 繪圖資料
  aes(      # 外觀設定
    x= factor(Date),   # x 軸為日期
    y= death_rate,     # y 軸為死亡率
    fill = cause)      # 填色依據欄位
)+
ggtitle(   # 標題文字
  'Death Rate in the Crimea(Apr,1854 ~ Mar,1856)'
)+
xlab('Date')+   # x 軸標籤文字
```

```
ylab('Death Rate')+ # y 軸標籤文字
theme(    # 繪圖樣式主題設定
  axis.title.x= element_text(  #x 軸標題
    color = "#111111",    # 文字顏色
    size = 10,            # 文字大小
    face = "bold"         # 文字粗細
  ),
  axis.text.x= element_text( # x 軸上刻度文字
    angle = 90 # 逆時鐘旋轉角度
  )
)
```

4. 將此繪圖物件疊加圖層，依 x 軸之日期堆疊各類 rate 成條狀圖並加一圖層及依條狀圖各類標示其值之文字於其上。

```
g<-g+
  geom_bar(  # 疊加條狀圖層
    width = 1,  # 條狀寬度
    stat = "identity",  # 條狀高度依 y(death_rate)值
    position = "stack", # 依 x 軸將 y 軸值相加堆疊條狀高度
    colour = "black"    # 框線顏色
  )
g<-g+
  geom_text( # 疊加文字標示於直方圖塊上
    data=N.pivot, # 文字資料來源
    mapping = aes(
      x= factor(Date),    # x 軸對應於日期
      y= death_rate,      #
      label=death_rate    # 標示的文字
    ),
    check_overlap = TRUE,  # 避開文字重疊
    angle = 45,     # 文字反時鐘旋轉角度
    color= 'blue', # 文字的顏色
```

```
      size =3,          # 文字的大小(mm)
      vjust = 0.5       # 文字位置垂直向上調整幾個字高
   )
```

5. 可將完成之條狀圖物件繪出至 svg 格式圖形檔案。

```
library(svglite)    # 載入轉存 svg 檔的相關套件
ggsave(             # 繪出至檔案(存檔目錄需存在，否則會有錯誤拋出)
   file="E:/temp/bar_N.svg",   # 存檔目錄需存在，否則會有錯誤拋出
   g,                # ggplot 繪圖物件
   scale = 1         # 繪圖板尺規範圍擴增倍數
)
```

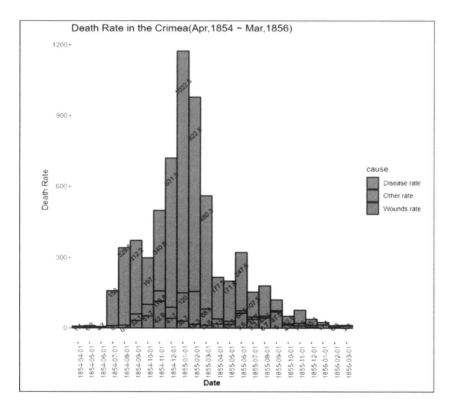

⋂圖 2-2　Apr,1854~Mar,1856 克里米亞戰爭死亡率條狀堆疊圖（尺規與數字）

　　圖 2-2 垂直尺規預設為等距使得小數字難以閱讀比較，可藉調整尺規使 y 軸值極小之數字也能清楚可見便於比較，本例使用 scale_y_sqrt() 來調整尺規如下程式，其他尚有 scale_*_log10()、scale_*_reverse() 等相關調整尺規之函式，讀者可嘗試使用，唯不等距的尺規或有誤導圖表閱讀者之疑慮，讀者當小心使用，務使圖表閱讀者免於誤解。

```
g<-g+scale_y_sqrt()  # 調整尺規
ggsave(
  file="E:/temp/bar_Nsqrt.svg",  # 同上
  g,                             # 同上
  scale = 1    # 同上
)
```

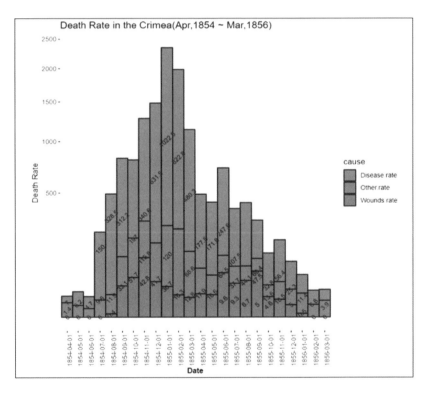

⚓圖 2-3　Apr,1854~Mar,1856 克里米亞戰爭死亡率條狀堆疊圖
（數字愈小尺規比率愈放大）

scale_y_sqrt()適用於來源數字範圍巨大時使用之，對於尺規的放大漸進效果可如下指令，及如下圖 2-4 看出平方根對於數字愈小影響的放大效果愈大，使得圖 2-3 的垂直（Death Rate）尺規與圖 2-2 有所不同。

```
plot(scales:: sqrt_trans(),xlim= c(0,4)) # 平方根轉換圖
```

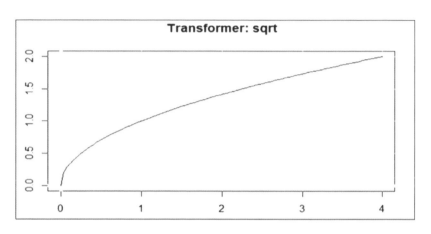

◑圖 2-4　平方根曲線圖

```
g<-g+
  coord_polar(     # 將條狀圖座標置換成極地圈緯線圖
    start = pi,    # x(factor(Date))軸原點處
    clip = "on"    # 繪圖比例受限於繪圖板大小
  )
ggsave(
  file="E:/temp/rose_Nsqrt.svg",  #存檔目錄需存在，否則會有錯誤拋出
  g,
  scale = 2        # 繪圖板尺規擴增倍數
)
```

資料視覺化

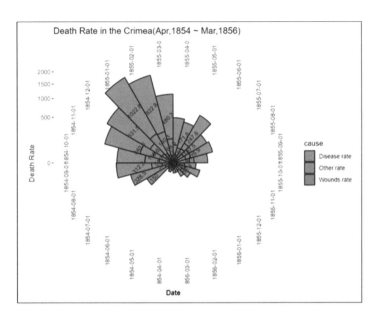

○圖 2-5　南丁格爾玫瑰圖（極座標形式的圓餅圖）

　　南丁格爾在向英國議會報告軍隊健康狀況時使用了此統計圖形和其他統計圖形。她堅信改善衛生條件和充足的通風將減少因斑疹傷寒、霍亂和痢疾等感染而導致的死亡，她繼續使用**資料視覺化**來支持該案的改變。1858 年，南丁格爾發表了一份有關英軍死亡率的報告，其中包含多種形式的圖表，解釋了本國士兵和海外軍事醫院的士兵的健康狀況。她熱衷於統計並以視覺方式代表民眾的健康，透過引入更好的排水、清潔用水和通風設備，挽救了成千上萬士兵的生命，說服了政府官員改善對活躍在印度的英國武裝部隊的照料。為了表彰她對統計領域的貢獻，於 1859 年當選為皇家統計學會會員，成為第一位女性成員。南丁格爾以她遠播的聲名、政治的連結和統計的能力，是變革的強大聲喚，終其一生不斷遊說英國政府的部長，以改善公共衛生。

　　從那時起，南丁格爾和其他人的工作，為現代醫療保健資料視覺化方法鋪路。隨著數位資料成為當代**實證實務**的基石，她的工作及其相關性不容忽視。南丁格爾的開創性工作開啟了新趨勢的發展，其影響今天仍然可以感受到，政府、組織和公民使用**數位資料和視覺技術**影響醫療保健以及社會的每個領域，無論是公共領域和私人領域。

　　南丁格爾玫瑰圖如今仍在使用，儘管它們並不廣為人知。例如，她的玫瑰圖已用於說明加拿大公職人員的語言能力百分比，以及在煤礦工人中顯示特定年齡的呼吸道症狀表現。最近，玫瑰圖已越來越多地用於資訊視覺化中，這是一種互動的資訊設計工具，使讀者可以與圖中的資料進行互動。(5)

　　新冠肺炎疫情期間，中國大陸的人民日報新媒體就全球形勢也採用玫瑰圖，來表達病患人數統計死亡人數統計。如圖 2-6 所示（截止到 2020/7/13），資料中包含確診病例、死亡病例，雖然缺康復例，但也非常形象的表達了個別國家疫情的迫切性。

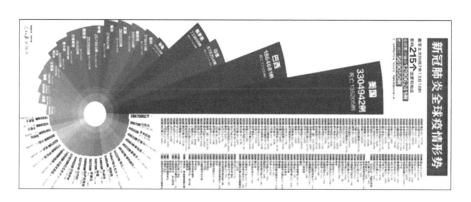

⋒圖 2-6　新冠肺炎全球疫情形勢

【實例二】

加拿大公職人員的語言能力（linguistics proficiency）百分比(5,7)

　　加拿大統計局在 1974 年出版《加拿大展望》（Perspective Canada）標誌著加拿大加入了當時新發布社會報告或相關社會統計彙編的國家的國際大家庭。這些國家名單及其出版物包括：日本-國民生活白皮書 1973；美國 - 社會指標，1973 年等 8 國。

　　這些不同的國家社會報告有很多共同特點，Perspective Canada 有個獨特的特點是與眾不同，例如封面取自一位加拿大藝術家原創的水粉畫

（gouache），考慮到文化的多樣性，強調**雙語能力**（bilingualism）和原住民。(8)

取自 Perspective Canada 的「聯邦公職人員的語言特徵, 1972」（Language Characteristics of Selected Employees in the Federal Public Service, 1972），對 1972 年 75,235 名加拿大公職人員的語言熟練程度觀察到的百分比表 2-1 如下：

表 2-1　加拿大公職人員的語言熟練程度觀察到的百分比表格

		Command of languages（語言駕馭能力）		
		Bilingual（會說兩種語言）	Unilingua（使用一種語言）	Totals
Language group affiliation（語言群組隸屬）	English（以英語為母語）	6.4	71.9	78.3
	French（以法語為母語）	12.4	9.3	21.7
	Totals	18.8	81.2	100

由表 2-1 可以產生圖 2-7 以及 2-7(b)。圖 2-7 顯示 1972 年 75,235 名加拿大公職人員的語言熟練程度標準化百分比分佈，按母語細分。

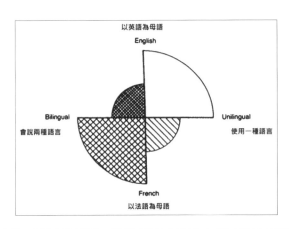

🎧圖 2-7　2 乘 2 玫瑰圖，顯示 1972 年加拿大 75,235 名公職人員，依母語分類，語言熟練程度標準化百分比分佈

乍看之下的感覺是，加拿大公職人員其母語是法語的人是會說兩種語言的，就像母語是英語的人是使用一種語言的一樣。相同資料的圓餅圖強調了標準化的特徵，但削弱了我們對資料 2×2 維度的看法。當我們查看多個顯示時，明確的顯示資料的列聯表（contingency）結構的能力變得更加重要。(8)

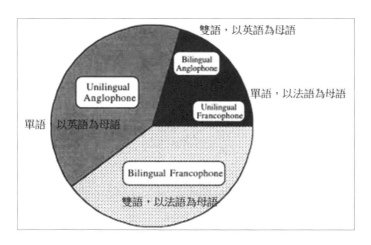

⚲圖 2-8　與 2-7 中相同資料的標準化圓餅圖

　　本實例在對社會指標出版物的一種反思，思考是否啟動適當的社會指標系列，使具備卓越的技術性的統計能力、確保使用的資料品質、分析的品質以及這些分析結果呈現的品質。套用美國前總統甘約翰（F. Kennedy）的句型「不要問**資料**能為你做什麼，而要問你能為**資料**做什麼。」。（Ask not what the data can do for you, but what you can do for the data.）(8)

【實例三】

1986 年挑戰者號（Challenger）：災難檢討與有助於決策的事件散布圖的擬合曲線（fitted curve）

　　美國的太空梭是在 80 年代發展出來的一種多功能的低軌道太空船，1981 年哥倫比亞號（Columbia）太空梭首次成功發射並返回地球是全世界關注的頭條新聞，因為這意味著人類已經擁有一種可靠的太空交通工具，不久將可在太空中從事各種活動。一開始 NASA 建造了四艘可以真正使用的太空梭，分別是 Columbia（哥倫比亞號）、Challenger（挑戰者號）、Discovery（發現號）和 Atlantis（亞特蘭提斯號）。1986 年**挑戰者號**失事後，又建造了 Endeavour（奮進號）。總結而言，太空梭計畫（1981-2011）有很多了不起的成就，包括**發射了各式各樣的人造衛星**、哈伯太空望遠鏡、建造及維獲國際太空站、哈伯太空望遠鏡的維修等等，但同時太空梭的**安全性及經濟效益**也一直受到質疑。1986 年 1 月 28 日挑戰者號的升空是太空梭第 25 次任務，也是挑戰者號第 10 次任務，但在佛羅里達州甘迺迪太空中心（Kennedy Space Center）上空早上 11:38 分發射 73 秒後產生劇烈爆炸失事，七名太空人殉職。[10] 解體後的殘骸掉落在美國佛州中部的大西洋沿海處。

今年（2021）1 月 28 日是「挑戰者號」（Challenger）太空梭升空後爆炸事件 35 周年紀念日，約 100 名 NASA 高階與退休人員、死亡的七名太空人的家屬、太空迷等在甘迺迪太空中心，戴著口罩或彼此隔距紀念。甘迺迪中心副處長 Janet Petro 說，「我們在追念這些英雄的同時，也提醒自己，勿忘**從過去學習教訓**。」（We honor these heroes and remind ourselves of the lessons that the past continues to teach us.）

災難檢討聲浪

這次災難性事故導致美國的太空梭飛行計劃被凍結了長達 32 個月之久。同時美國總統雷根（Ronald Reagan）下令組織一個特別委員會 - Roger 委員會，由前國務卿 William P. Roger 主持，負責此次事故的調查工作。檢討聲浪中，研究挑戰者號**有缺陷決策**的觀點，在報導中屢受到很多關注，諸如群體思維（groupthink）、男子氣概（macho）、勇於任事態度、詢問問題的方式、公眾壓力、人為因素、組織延遲、官僚主義等心理和社會學理論，則被用於**解釋災難的原因**。這些理論對於幫助解釋有缺陷的決策很重要，但是在重大災難被檢討的過程中，對**資料品質的強調**則明顯太少了。不良的資料品質（Data quality，DQ）遍及私人組織和公共部門，但在重大災害被檢討時，公眾幾乎很少聽聞檢討**資訊品質**，或很少受到關注。[11]

1. 事件背景

　　太空梭的示意圖如圖 2-9 所示。**四個主要子系統**①軌道器（Orbiter），供機組人員乘坐和控制裝置；子系統②是外部油箱（External fuel tank）；子系統③及④是承包商 Morton Thiokol 製造的固態火箭推進器（Solid-rocket-booster，SRB）。每一個固態火箭發動機都分四部分裝運，需要在發射場地重新組裝。

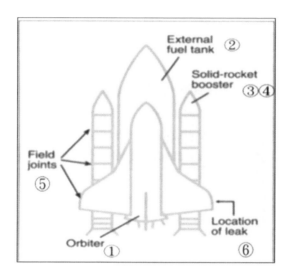

🎧圖 2-9　挑戰者號太空梭的四個主要的子系統：
①軌道器（Orbiter），②外部油箱（External fuel tank），
③及④固態火箭推進器（Solid -rocket-booster，SRB：以及
⑤現場接合點（Field Joint），⑥現場接合滲漏點（Location of Leaks）

　　因此，每個固態火箭推進器都具有三個現場接合點，六個接合點中的每個接合點由主要和備援環型密封圈（O-ring）密封。現場接合點如圖 2-9 中的箭頭⑤指示。挑戰者號上的 O-ring 直徑為 12 英尺（約 3.657 公尺）。太空梭升空後，因右側固態火箭推進器的 O-ring 密封圈失效，使得原本應該是密封的固態火箭推進器內的高壓高熱氣體滲漏。

Roger 調查委員會在 1986 年得出結論：「在右邊的固態火箭推進器在點火後或點火後不久開始，現場接合處下部發生的燃燒氣體**滲漏**，最終削弱和/或穿透了外部油箱，從而導致 51-L 飛行任務的挑戰者號太空梭結構破裂和損失。」**現場接合滲漏點**如圖 2-9⑥所示。

圖 2-10 顯示了典型現場火箭接環的組成的橫截面。是由柄腳環圈（上節火箭）插入 U 型槽環圈（下節火箭）組成，並利用 O-ring 阻隔間隙避免燃料洩露。為了寬裕，使用了兩個直徑（主要和備援用）37.5 英尺，厚度為 0.28 英寸的 O-ring。在圖中，它們的橫截面由兩個點表示。

固態火箭發動機點火時，發動機內部壓力和熱度迅速增加。O-ring 在高溫下會腐蝕，因此使用鉻化鋅填縫劑（Zink Chromate Putty），來保護它們，如圖 2-10 之⑦所示。壓力使填縫劑朝 O-ring 移動。位移使氣壓在主要 O-ring 後面積聚，並促使它以密封環型接環處接頭。

挑戰者號太空橫截面圖 2-10[13]如下：

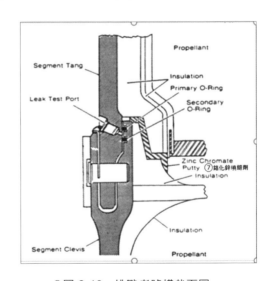

❶圖 2-10　挑戰者號橫截面圖[13]

2. 攸關挑戰者號的資料品質、統計與存儲

從資訊品質及不完整的資訊統計（incomplete information statistics)角度來說明：

資料品質

Roger 調查委員會發現：NASA 批准發射的決策程序有瑕疵。有瑕疵的決策流程要素包括**不完整和誤導性**的資訊、**工程**資料與**管理判斷**之間的矛盾與衝突，以及允許有關問題的資訊繞過關鍵經理人的組織結構。

共有四個級別審查，以及一個最終決策機構，亦即任務管理團隊。無論其他級別和單元的狀態如何，任何級別的標準無法滿足將會中斷發射流程，例如 Thiokol Inc. 是第四（IV）級承包商，負責固態火箭推進器，在此級別進行的 O-ring 測試失敗，應該要停止該流程繼續。[14]

1986 年 1 月 27 日 17:45，在致命性發射的前一天晚上電話會議中，位於猶他州的 Thiokol 引用工程師對當天 O-rings 在低氣溫下，缺乏信心為由反對發射，預計半夜的溫度（華氏 8°）和發射時間（華氏 29°）溫度將導致巨型火箭推進器之間的 O-ring 密封失效，因此 Thiokol 不願簽署「挑戰者號」發射。但是，NASA 第三級（III）經理人挑戰 Thiokol 管理當局，並沒有接受 Thiokol 的建議，這是前所未有的。經過 6 小時的辯論，Thiokol 終於屈就，同意發射。隨後的半小時 NASA 經理人也否決了他們的上級工程專家的關注，並撤銷了不發射(No-launch)的建議，「以遷就主要客戶」。

另外罕為人知的事實：NASA 也跳過第二個主要承包商 Rockwell 的反對，這是 NASA 飛行歷史上前所未有的事件！多年以來，這種漂泊不定發展的文化，壞消息經常被「淹沒」或「篡改」，以至於無法阻止上層大無畏的意志：從 1985 年規劃的 9 項的最高飛行任務，到 1986 年的 15 項飛行任務，到 1990 年每年增加 24 項任務的計劃。[14]

用來解釋 NASA 流程的缺陷的幾種理論

一些人強調**知覺**（perception）在影響因素所扮演的角色。有人認為**團體迷思**（groupthink），其特徵為在集體決策的過程中，成員傾向使自己的想法與團體一致，使團體缺乏來自不同面向之思考。根據 Roger 調查委員會的報告：NASA 群體忠誠度導致成員陷入**群體思考心態**的跡象，團隊英勇的過度自信（如不可侵犯的幻想，未將 O-ring 的利害關係，上傳給 NASA 第二級管理者）、**隧道視野**看問題（如集體合理化）、**內部群體強烈的一致性壓力**（如對 Thiokol 工程師等異議者的直接壓力）。[11,14,15,16]

還有 NASA 內部的**自我感覺良好的自戀流程**（narcissistic processes）和組織衰落（Organizational decay）導致了錯誤的決定、**有缺陷的決策**是正常現象，其重點是使理想人物形象化，而不是面對現實。[15]

資料統計

經濟和公眾壓力。公眾會影響國會的稅收支出，稅收支出會提供（或減少）美國 NASA 的資金和運作能力。

管理資訊系統以**可用形式**向管理當局提供資訊。DSS 使用全面的資料庫、數學模型和**特設**（ad-hoc）查詢工具。全面的整合資料庫是這些系統的核心。它們成功的關鍵因素是系統背後的**資料品質**，而資料庫應具有最小的**冗餘**（redundancy）和最大的可靠性。

NASA 的 MIS 中存在嚴重的資料品質問題，包括資料庫不一致和錯誤、報告違規、**缺少趨勢分析**模型以及元件和測試的整合不良。

資料庫

NASA 資料庫中存在幾種類型的問題。首先，O-ring 被錯誤分類和錯誤報告。在某些情況下，O-ring 被歸類為冗餘，這意味著其他設備會備份 O-ring。在其他情況下，並沒有報告此為冗餘，且將 O-ring 指定為對任務成功至關重要的關鍵裝備。因此，這既是一致性問題又是準確性問題。資料庫為每個資料元素定義一個**資料字典**（data dictionary）可能會防止資料庫中的資訊編碼錯誤。

第二個失敗之處是關鍵元件沒有與測試計劃**交互參照**（cross-referenced）。NASA 幾乎不可能驗證數百個關鍵組件是否接受了正確的測試，因為沒有列表將這些元件與元件進行交互參照（具備完整性）。這字典應該涵蓋所有相關元素之間彼此相關性，這些早在 70 年代中期即已啟用。具備交互參照本應可以使關鍵項目清單做為更好的管理工具。

第三個失敗是**它不準確**。一位經理曾建議 NASA，O-ring 問題已解決結案，但未達成協議。儘管如此，O-ring 問題還是沒有授權簽名就被結案了。

3. 報告系統（Reporting）

Rogers 調查委員會指出：報告系統存在缺陷。NASA 中層管理人員沒有將 Thiokol 的異議，通知上層管理人員。並未報告放棄發射限制；所有這些都應該已經向上級報告。這些違規缺陷，使更高層管理者**資訊不完整**（incomplete information）。

面對發射與否的爭辯時，NASA 中層管理人員未就需要對於系統的可靠性與品質保證（System reliability and quality assurance，SR&QA）提出警告。因此，SR&QA 的**資訊不完整**。結合數學模型的資料庫使決策者可以檢查變數之間的關係。該功能或機制本可以幫助闡明**溫度與 O-ring 腐蝕事件**的相關性（relevance），並及時做到這一點。(11)

儘管 SR&QA 員工通常了解並監視 O-ring 問題，但 SR&QA 員工並不知道工程師對發射的異議。參與的不足也顯示著**本位（自治）主義**的問題（problems of autonomy）。

SR&QA 具有該資訊，但無法處理它。SR&QA 人員繼續將火箭推進器的 O-ring 編碼為具有備援的關鍵優先級（C1-R），而不是沒有備援的關鍵第一優先級（C1）。這是對資訊過量造成不一致的錯誤回應。

資料視覺化

實際上，在發射時可以獲取分析溫度對 O-ring 的影響所需的資料，但未正確地使用。Thiokol 工程師在其**迴歸**（regression）圖中使用了不**完整**（incomplete）的資料。Marshall 太空中心主任 Bunn 說：「即使是對故障率的最粗略的檢驗也指出：一種嚴重的、潛藏災難的情況正在形成中。」(11)

為了使管理者可以使用**視覺資訊**，其格式必須為他們可接受的形式。工程師使用的圖表格式是工程師熟悉的格式，但決策者並未能很好地理解它們，此為使用適合性（fitness for use）。因此，**儘管 Thiokol 工程師認為太空梭不安全，但他們難以表達這種信念。**

使用適合性（fitness for use）和特定領域（domain-specific）的經驗之間也發生了相互作用：很難看到元件之間的相互關係，只有最有經驗的人才能洞察元件之間的相互關係。

在挑戰者號個案中，部分的原因是人員裁減，使得 NASA 人員被資訊超載淹沒。結果包括難以找到相關性（relevant）資料、決策創新的降低、缺乏驗證（verify）資料的能力以及無法確定資料完整性（data completeness）的問題。

NASA 的經理人、行政人員、稽核人員等被埋沒在長達 122,000 頁、厚 3 英寸的**分散文檔**中，包含大量複雜、混亂和矛盾的訊息之下。當負載過重時，人們很難決定哪些輸入訊息值得關注。(14)

資訊過濾以減少其數量，可能會刪除完整圖片所需的資料。例如，Thiokol 工程師最初反對的意見明確指出：「發射時，O-ring 溫度必須大於或等於 53 華氏度。」但是，此一詳細說明，在 Thiokol 最終管理職位的備忘錄中，並未包含此聲明。

O-ring 唯一、最重要的專家 Roger Boisjoly 寫信並打了午夜電話，試圖阻止發射。具有較少特定領域經驗的管理者推翻了他的反對意見，並下令發射。(14)

4. 事後重建發射時 O-ring 腐蝕事件與溫度關係

在預定發射的前一天晚上，討論是否應該延遲發射，因為預測溫度估計為 31°F，比之前發射最冷的 53°F 低得多。從以前的飛行中，是否有足夠的證據表明溫度對這些 O-ring 的可靠性有影響？在挑戰者號發射之前，已經進行了 24 次太空梭發射，其中 23 次回收固態火箭發動機，並對 O-ring 做了研究。回收資料包含 O-ring 每次飛行的腐蝕或洩漏的清單，以及發射時的溫度。如表 2-2。這些數據可在 1986 年 1 月 27 日獲得，下決定當時，現場接合點溫度與 O-ring 熱損壞（thermal distress）之間關係的強度。(15)

表 2-2　發射趟次、接合點溫度與 O-rings 損壞數表格

Flight	Joint Temperature (°F)	Number of Damaged O-Rings
	TABLE 1	
	O-Ring Thermal-Distress Data	
1	53	2, 1*
2	57	1
3	58	1
4	63	1
5	66	0
6	67	0
7	67	0
8	67	0
9	68	0
10	69	0
11	70	1
12	70	1
13	70	0
14	70	0
15	72	0
16	73	0
17	75	2
18	75	0
19	76	0
20	76	0
21	78	0
22	79	0
23	81	0

*Secondary O-ring
Source: Dalal, Fowlkes, and Hoadley (1989)

　　將表 2-2 繪製到圖 2-11 上，若只考慮少數的資料點所形成的 U 形關係，被解釋爲沒有溫度效應的證據。記錄到三起事件涉及 53°F 的熱應力，以及兩起事件於 75°F 的溫度。錯不在於解釋 U 形關係，而是在於 O-ring 熱損壞問題，沒有證據顯示與溫度相關，而忽略了多次飛行得到的資料。沒有 O-ring 問題的飛行，相信溫度對 O-ring 熱損壞的影響沒有貢獻。(15)

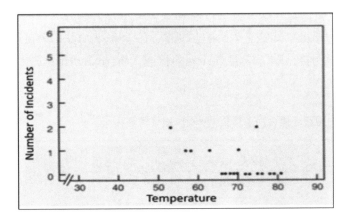

∩圖 2-11　僅表示 O-ring 熱損壞的飛行（Flights with O-ring distress only）

　　該模型導出如下：由於每個太空梭都有 6 個主要的 O-ring，因此我們假定對於給定的溫度，受熱的 O-ring 的數量是一個二項式（binominal)隨機變數，n = 6，遇險的機率爲 P(t)。因此，P(t)表示在給定溫度 t 下每個熱應力的接環處遇險的機率。該模型還假設 6 個 O-rings 在溫度 t 時，機率相同，損壞狀況各自獨立。從實用的角度來看，獨立性的假設可能並不務實，但在此將其用於數學建模。(15)

　　學者們還考慮不需要獨立性假設的模型，得出了相似的結果。對於此類模型，通常採用羅吉斯迴歸（logistic regression）模型，該模型適用於對損壞的 O-ring 勝率對數作為溫度的線性函數。(15) 羅吉斯迴歸介紹請參閱本書第 1 章第 2 節「本書使用到的統計技術」中，羅吉斯迴歸段說明。

　　由於**羅吉斯迴歸**模型，其試驗結果只有**成功或失敗**兩種可能結果，爲呈 S 形的二元資料（Binary data）。從圖 2-11 得知：其成功比例 *p* 受某種因素 x（如溫度、壓力等）影響，即因素 x 在水準 a 以前時，成功比例緩慢由 0 上升，但因素水準在 a 與 b 之間，則成功比例迅速上升，在高於 b 後，又緩慢上升到 1。**羅吉斯迴歸**為對這種**二元資料**處理方式之一。

自馬爾薩斯（Malthus）1798 年所著「人口論」提出「人口增加成幾何級數法則」以來，迭有修正，1838 年由比利時數學家 Pierre François Verhulst 導出目前應用廣泛的 S 曲線，其形式為

$$P = \frac{e^{f(x)}}{1+e^{f(x)}}$$ ··· (2.1)

f(x)為 x 的**多項式**，即

$$f(x) = \beta_0 + \beta_1 x^1 + \beta_2 x^2 + \dots + \beta_k x^k$$ ····················· (2.2)

其函數圖形如圖 2-12，**羅吉斯迴歸**在統計分析應用已經很多年，但是從 1967 年以後，才逐漸普遍，現在**二元離散資料**尤其是在**醫學健康方面**使用的很廣泛。

式(2.1)是看是**非線性**，但經適當轉換後可轉變成**線性模式**。處理方式如下：令 P 表示某種事件成功機率，它受因素 x 的影響，若 P 與 x 關係滿足(2.1)式，即

$$P = \frac{e^{f(x)}}{1+e^{f(x)}}$$

則失敗機率為

$$1 - p = \frac{1+e^{f(x)}}{1+e^{f(x)}} - \frac{e^{f(x)}}{1+e^{f(x)}} = \frac{1}{1+e^{f(x)}}$$ ·················· (2.3)

故其勝率（Odds ratio）是 $\frac{p}{1-p} = e^{f(x)}$ ··························· (2.4)

將**勝率**取**對數**後得

$$\ln\left(\frac{p}{1-p}\right) = f(x) = \beta_0 + \beta_1 x^1 + \beta_2 x^2 + \dots + \beta_k x^k$$ ·················· (2.5)

這種**勝率**取**對數**後，再對 x 作**對多項式**迴歸稱為**羅吉斯迴歸模式**。當然我們也可以討論影響因素兩個、三個的更一般化**羅吉斯迴歸**，不過其基本的理念是一樣的。當(2.5)式中 k=1 時，是**最**常被廣泛應用的，討論如下：

當 K=1 時，(2.5)式可簡化成

$$\ln\left(\frac{p}{1-p}\right) = \beta_0 + \beta_1 x \quad\cdots\cdots\cdots\cdots\cdots\cdots\cdots\cdots\cdots\cdots\cdots\cdots\cdots\cdots\cdots (2.6)$$

$$令\ z = \ln\left(\frac{p}{1-p}\right) \quad\cdots\cdots\cdots\cdots\cdots\cdots\cdots\cdots\cdots\cdots\cdots\cdots\cdots\cdots\cdots (2.7)$$

此種轉換稱為**羅吉**（Logit）**轉換**，由(2.6)(2.7)兩式得

$$z = \beta_0 + \beta_1 x \quad\cdots\cdots\cdots\cdots\cdots\cdots\cdots\cdots\cdots\cdots\cdots\cdots\cdots\cdots\cdots\cdots\cdots (2.8)$$

此**對數勝率**為一**線性**迴歸式。

本實例透過**最大概似估計法**（Maximum Likelihood Estimation，MLE）[注1]（按：因為迴歸分析中 Y 是已經觀察到的資料，可是羅吉斯迴歸中 P(Y=1|X) 是資料裡面無法觀察到的。同時，OLS 模型如果估計二元的依變數，其誤差不是呈現常態分佈，違反迴歸假設，檢定的結果可能有誤。所以我們就沒辦法用傳統的最小平方法估計，而採用羅吉斯迴歸估計），以羅吉斯迴歸(又稱為 Logit 迴歸)得到參數估計值為截距 α = 5.085 和斜率 β = -0.1156，求得**迴歸式為**

$$z = 5.085 - 0.1156x，或 P = \frac{e^{f(x)}}{1+e^{f(x)}} = \frac{e^{5.085-0.1156x}}{1+e^{5.085-0.1156x}}$$

這些參數估計值，可用於繪製圖 2-12 的散布圖的**擬合曲線**（fitted curve）。

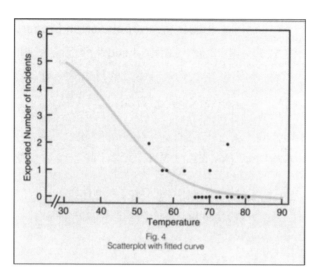

○圖 2-12　散布圖的擬合曲線（Scatterplot with fitted curve）

　　估計 α 和 β 之後，我們求出$P(\text{t})$，即溫度為 t 時發生 O-ring 損壞的機率，每個固態火箭推進器都具有三個現場接合點，六個接合點中的每個接合點由主要和備援 O-ring 密封。將期望發生 O-ring 損壞的機率為

y = 6$[P(t)]$

亦即

y = $\frac{6e^{5.085-0.1156t}}{1+e^{5.085-0.1156t}}$ = 6$\left(1+e^{-(5.085-0.1156t)}\right)^{-1}$

　　讀者可以用來比較觀察到的和預測的值，尤其是要看到當 t = 31 時，O-ring 預測的值的問題。

（註 1）

　　在統計學中，最大概似法（MLE）是用來估計一個機率模型的母數的一種方法。我們通常利用「樣本平均數」$\bar{x} = \sum_{i=1}^{n} \frac{x_i}{n}$，去估計母體平均數 $\mu = \sum_{i=1}^{N} \frac{x_i}{N}$。例如：利用過去 100 個 1 月份的平均溫度去計估所有 1 月份的平均溫度，以及利用「樣本比例」（sample proportion），去估計「母體比例」（population proportion）。例如，投擲銅板 100 次得 38 個「頭」（head）即正面，則估計丟擲銅板一次得到「頭」的機率為 0.38。形成這估計方法的背後是有理論根據的。

估計銅板出現「頭」的機率 p = P(頭)的問題，可表示成：投擲銅板 n 次，樣本數據為 $\{X_1, X_2, ..., X_n\}$，其中

$$X_i = \begin{cases} 1，如果第 i 次投擲出現「頭」，即正面 \\ 0，如果第 i 次投擲出現「尾」，即反面 \end{cases}$$

則「事件」$\{X_1 = x_1, X_2 = x_2, ..., X_n = x_n\}$的機率為

$$L(p; x_1, x_2, ..., x_n) \equiv P(X_1 = x_1, X_2 = x_2, ..., X_n = x_n)$$

$$= p^{\sum_{i=1}^{n} x^i} (1 - p)^{n - \sum_{i=1}^{n} x^i}$$

這個「事件」的機率 $L(p; x_1, x_2, ... x_n)$ 稱為樣本的「概似函數」（likelihood function）。一個合理估計 p 值的方法就是找尋 p 值，使此「概似函數」值最大，亦即尋求未知參數 p，使得手上這組樣本出現的機率最大。這個搜尋未知參數的方法，就稱為最大概似估計法（maximum likelihood estimation）。

為求算參數 p 使「概似函數」$L(p; x_1, x_2, ..., x_n)$ 最大，將 $L(p; x_1, x_2, ..., x_n)$針對 p 做第一階微分，並使之為 0，可以解得 $\hat{p}$。因為 $\hat{p}$ 使「概似函數」$L(p; x_1, x_2, ..., x_n)$ 最大，所以「**概似函數**」$L(p; x_1, x_2, ..., x_n)$ 針對 P 的第二階微分在 $\hat{p}$ 處應為負值，亦即 P 的「最大概似估計量」$\hat{p}$ 應滿足

$$\begin{cases} \dfrac{dL(p; x_1, x_2, ... x_n)}{dp} \bigg|_{p = \hat{p}} = 0 \\ \dfrac{d^2 L(p; x_1, x_2, ... x_n)}{dp^2} \bigg|_{p = \hat{p}} < 0 \end{cases}$$

　　使「概似函數」L (p; $x_1, x_2, ..., x_n$)最大的 P 值，也會使 $\ln L (p; x_1, x_2, ..., x_n)$ 的函數值最大，反之亦然。**因為「對數函數」可以將「乘除」轉化成「加減」，例如：$\ln[f(x)g(x)] = \ln f(x) + \ln g(x)$，所以 L (p; $x_1, x_2, ..., x_n$)最大值求算比較簡單。**(17)

　　受熱的 O-ring 在**本質上**，具有 n 次「百努利試驗」（Bernoulli trial）中的「百努利程序」（Bernoulli process），其「成功」次數的機率分配，服從「**二項分配**」（Binomial distribution）其試驗結果只有成功或失敗兩種可能結果。

　　依據二項分配之機率密度函數（probability density function，簡寫作 pdf）：

$$P(X = x) = C_x^n p^x (1 - p)^{n-x} \ , x = 0, 1, 2, ..., n \quad \text{(2.10)}$$

其中，

x：熱損壞個數

$P(X = x)$：熱損壞 x 個之機率

C_x^n：n 個 O-ring 熱損壞x個之組合數，或以$\binom{n}{x}$表示，意即 n 中取 x 個

概似函數（likelihood function）定義係將每一樣本資料如上述的 pdf **相乘**（假設每次火箭發射皆為獨立事件）設總發射次數 m：

$$L(\beta) = \prod_{i=1}^{m} C_k^n (p_i)^k (1 - p_i)^{n-k} \quad \text{(2.11)}$$

　　對數－概似函數（log-likelihood）將上述概似函數方程式對數化，可以將「乘除」轉化成「加減」：

$$LL(\beta) = \sum_{i=1}^{m} \ln(C_x^n) + (x)\ln(p_i) + (n - x)\ln(1 - p_i) \quad \text{(2.12)}$$

其中，

x：第 i 次火箭發射之熱損壞個數

p_i：第 i 次火箭發射產生熱損壞的勝算機率

R軟體的應用

程式開始分析前需至 Github 資料夾下載 R 專用資料檔 Tdistress.rds，如下連結：https://github.com/hmst2020/MS/tree/master/data/

再將檔案放置於 readRDS 函式讀取路徑下予以載入 R 之變數

```
TD<- readRDS(file = "data/Tdistress.rds")    # 本例資料載入
```

然後繪製自變數與因變數的分布圖：

```
n<- 6    # O-ring 總數量
t<- c(30,90)    # 可能的氣溫範圍
plot(              # 繪製資料散佈圖
  x=TD$temperature,    # x 軸自變數資料
  y=TD$damage,         # y 軸應變資料
  type='p',            # 點狀圖
  ylab='意外發生數',    # y 軸文字標籤
  xlab='氣溫',         # x 軸文字標籤
  main='熱損壞數',      # 標題文字
  ylim=c(0,n),         # y 軸尺標範圍
  xlim=t               # x 軸尺標範圍
)
```

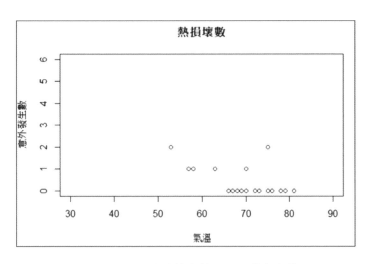

◐圖 2-13　23 次火箭發射 O-ring 熱損個數

　　從圖 2-13 可見其類似羅吉斯分布，出現 53°F、75°F 的離群值（outlier），且如前述共有 6 處可能發生熱損壞的機率，因此若以簡易的羅吉斯迴歸（僅限 y = 0~1）推論其迴歸模型，需將實際的 y = 0~n 如下程式處理，執行時也將產生如下的警告訊息：

```
logit.f<-glm(                  # 使用廣義塑模函式來建模
  formula=damage/n ~ temperature,    # 自變數與因變數公式
  data=TD,                     # 資料物件
  family=binomial(link='logit'))     # Logit 模型的二項式迴歸
print(logit.f$coefficients)        # 列印迴歸模型係數
```

```
> logit.f<-glm(          = 使用廣義塑模函式來建模
+   formula=damage/n ~ temperature,   = 自變數與因變數公式
+   data=TD,             = 資料物件
+   family=binomial(link='logit')    = Logit模型的二項式迴歸
+ )
Warning message:
In eval(family$initialize) : non-integer =successes in a binomial glm!
> print(logit.f$coefficients)
(Intercept) temperature
 5.0849772  -0.1156012
```

◐圖 2-14　以 glm 函式產生 Logit 迴歸模型

由於損壞數除以 n 使介於 0~1 之間的值，也因此產生的非整數狀況，如圖 2-14 函式執行時產生非整數警告訊息，不過函式會自動改以準二項式分布（quasi-binomial distribution）進行建模，吾人亦可直接給予該函式的 family 引數正確的迴歸模型提示，如下程式碼，並繪出實際分布與迴歸模型：

```
logit.f<-glm(                    # 使用廣義塑模函式來建模
  formula=damage/n ~ temperature,      # 自變數與因變數公式
  data=TD,                             # 資料物件
  family=quasibinomial(link='logit')) # Logit 模型的二項式迴歸
print(logit.f$coefficients) # 列印迴歸模型係數
beta0<-logit.f$coefficients[1]     # 常數項
beta1<-logit.f$coefficients[2]     # 變數項係數
sfunc <- function(b0,b1,t){        # 定義羅吉斯函數
  return (1/(1+exp(-(b0+b1*t))))
}
plot(        # 繪出 30~90 度模型圖
  x= seq(t[1],t[2],5), #TD$temperature,
  y=n*sfunc(beta0,beta1,seq(t[1],t[2],5)),
  type='l',
  ylab='意外發生數',     # y 軸文字標籤
  xlab='氣溫',            # x 軸文字標籤
  ylim=c(0,n),
  xlim=t
)
text( # 將 plot 繪出的圖疊加文字
  x=50, # 文字對應 x 軸位置
  y=n*sfunc(beta0,beta1,45),
  paste0('','6P(t)'),
  adj=c(-0.4,0)
)
arrows(
  x0=50,
```

```
y0=n*sfunc(beta0,beta1,45),
x1=45,
y1=n*sfunc(beta0,beta1,45),
angle=20,
col = 'blue',
lwd=2
)
```

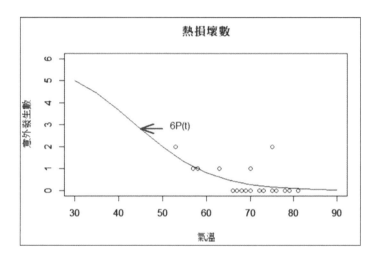

♪圖 2-15　準二項式分布的羅吉斯迴歸模型

　　圖 2-14~圖 2-16 以 glm 函式產生 Logit 迴歸模型，獲得的估計值為 α=
5.0849772， β=-0.1156012 與圖 2-12 擬合曲線的散點圖 α= 5.085 和 β=
-0.1156 完全一致。

　　吾人也可利用上述（注 2）此對數－概似函數找出滿足最大值時的 β
係數($\beta = (\beta_0, \beta_1 \cdots \beta_x)$，下述程式首先自訂對數－概似函數，然後使用 R
內建套件 stats 之 optim 函式提供之各種演算方式找出最佳 β 係數解：

```
> print(logit.f$coefficients) ≒ 列印迴歸模型係數
(Intercept) temperature
  5.0849772  -0.1156012
```

♪圖 2-16　準二項式分布的羅吉斯迴歸常數項及變項係數

```
LL.f <- function(B,DT) {        # 自訂 log 概似值計算函式
  X<- matrix(                   # 羅吉斯函數的自變數矩陣
    c(rep(1,length(DT$temperature)),
      DT$temperature),
    nrow=length(DT$temperature),
    byrow=FALSE)
  p<-1/(1+1/exp(X%*%B))         # 勝算機率
  sum(                          # 回傳計算結果(方程式 2.12)
    (log(choose(n,DT$damage))+
        DT$damage*log(p)+(n-DT$damage)*log(1-p)
    )
  )
}
OPT<-optim(                     # 優化(optimization)函式
  par=as.matrix(c(0,0)),        # 係數初始值矩陣
  fn=LL.f,                      # 自訂函式值計算
  control=list(fnscale=-1),     # 求最大估計值
  DT=list(damage=TD$damage,temperature =TD$temperature) # 實際發生之資料
)
print(OPT$par)                  # 列印係數結果
```

　　圖 2-17 以對數式－概似函數自訂一 R 函式 LL.f 再以 optim 函式予以優化求得最大概似結果的各係數值常數 α = 5.0849369，變數項係數 β =-0.1156042 與圖 2-12 擬合曲線的散點圖 α = 5.085 和 β = -0.1156 也完全一致。

```
> print(OPT$par)    # 列印係數結果
            [,1]
[1,]  5.0849369
[2,] -0.1156042
```

🔊圖 2-17　最大概似法求得各 β 係數

有關 Roger 調查委員會工作的進一步討論，可參見費曼（Richard P. Feynman）的「你管別人怎麼想－科學奇才費曼博士」一書，費曼是委員會的成員，他描述了在試圖確定挑戰者事故原因時收集資訊和採訪某些證人的困難。

當時費曼雖然年事已高，身體不好，但仍秉持著一貫的實事求是，追根究底的精神，在腐敗的官僚體系下認真負責的調查失事的真正原因以及 NASA 內部嚴重的管理疏失。不久，真相漸漸的浮現，最直接造成失事的元兇是右側固態火箭上一處接縫上的 O-ring，發射當天早上天氣很冷，橡膠環失去彈性，讓高壓高溫的燃燒氣體漏出，破壞了液態燃料箱而造成劇烈的爆炸。整個調查過程最富戲劇性的一刻是在 2 月 11 日電視轉播的調查會議中費曼公開示範問題的所在。（https://www.youtube.com/watch?v=6Rwcbsn19c0），費曼先將 O-ring 的樣本以鉗子夾住泡入冰水中（0°C），過了一陣子將橡膠環取出移開鉗子，發現橡膠已經喪失彈性無法立刻恢復原來的形狀，因此在固體火箭上會去失去封閉氣體的功能釀成災禍，這段經典的示範與談話相信會永遠流傳下去。

【實例四】

2020 年 Coronavirus 疫情地圖

2020 年的 coronavirus 影響了整個世界的運作，截至 2021/7/15 全世界超過 1.8 億人感染，世界各地停航、學校停課、公司要大家在家上班。截至 2020 年 8 月 7 日，各國疫情資料所展現的疫情地圖，資料來自網路開放資料：WHO 的疫情各國（地區）每日疫情通報、世界地圖資訊。

R軟體的應用

1. 程式開始分析前需至 Github 資料夾下載本例 csv 資料檔 WHO-COVID-19-global-data.csv，如下連結：https://github.com/hmst2020/MS/tree/master/data/

或至 WHO（世界衛生組織）官網下載最新各國明細資料：

https://covid19.who.int/WHO-COVID-19-global-data.csv

再將下載之新冠病毒每日疫情資料檔案放置於 read.csv 函式讀取路徑下予以載入 R 之變數，然後去除無法標示於世界地圖之無效資料（例如日期欄位空白、國別為 Other 及遺漏欄位資料之列者）。

```
covid_path='data/WHO-COVID-19-global-data.csv' # 疫情資料檔路徑
covid<-read.csv(covid_path)   # 將 csv 格式資料讀入變數
library(data.table)
library(dplyr)
covid<- covid %>%      # 資料淨化
  na.omit() %>%  # 去除含有遺漏之資料列
  dplyr::filter( # 過濾無法對應世界地圖及無標示資料日期之無效資料
    Country !='Other') %>%
  setDT() # 將 data frame 物件轉換成 data.table 物件
```

2. 另外只取各國最新日期疫情資料，並新增自訂相關計算欄位、排序及累加欄位，預設嚴重度為 4 嚴重度最小，對應於 colors 變數位置指標。

```
recent_data<- covid %>%   # 只取各國資料中回報日期之最後一筆
  group_by(Country_code) %>%  # 依國別碼
  filter(as.Date(Date_reported)==   # 回報日期最大(後)者
          max(as.Date(Date_reported))) %>%
  ungroup()  %>%  # 解除 group %>%
  mutate(death_rate=    # 增加一 death_rate 欄位值
          Cumulative_deaths/sum(Cumulative_deaths)) %>%
  setorder(-death_rate) %>%  # 依 death_rate 降冪排序
  mutate(cum_rate=   # 增加一 cum_rate 累計欄位
          cumsum(   # 使用累進函式依列累加 death_rate
            death_rate
```

```
                      ),
        severity='4')  # 預設 severity 值為 4
```

3. 再將上述 2 全球累計死亡人率佔比區分嚴重等級（high(1)：佔全球
   70%以上，Medium(2):25%，Low(3): 5% 其餘 Other 無法標示者視為
   Normal(4)），程式如下，結果如下圖 2-18。

```
recent_data[which(    # 更新累計死亡人數佔比前 70%之 severity 值為 1
  recent_data$cum_rate<=0.7),
  ]$severity<-'1'
recent_data[which(    # 更新累計死亡人數佔比前 70%~95%之 severity 值為 2
  recent_data$cum_rate<=0.95 & recent_data$cum_rate>0.7),
  ]$severity<-'2'
recent_data[which(    # 更新累計死亡人數佔比 95%之後之 severity 值為 3
  recent_data$cum_rate>0.95),
  ]$severity<-'3'
options(width=180) # 將 console output 寬度調整容納長資料寬度
sink(    # 將 console output 轉向至文字檔
  file="E:/temp/recent_data.txt",
  type="output"
)
head(as.data.table(recent_data)) # 列印前六筆
writeLines("\n")   # 輸出跳行符號
tail(as.data.table(recent_data)) # 列印倒數六筆
sink() # 關閉 console 轉向
```

⌾圖 2-18　依死亡率、嚴重程度，降冪排序的結果

2-37

4.　自地球 GeoJSON 圖資格式網站（依據 Nature Earth 官網的其他圖資格式 SHP 等轉換）https://geojson-maps.ash.ms 大區域（North America、South America、Asia、Africa、Europe、Oceania）及其他（Other）之世界地圖國界資料，或至本書 Github 資料夾下載如下圖資檔案 world.geo.json：

https://github.com/hmst2020/MS/tree/master/data/

將地圖資訊檔以 geojson_read 函式讀取之物件為 SpatialPolygonsDataFrame 類別物件，主要包含 data、polygons 等屬性，data 為國別代碼、國名、洲名等國家主檔欄位，polygons 則內含個國家的疆界經緯度資料，分別萃取處理如下。

```
library(geojsonio)  # 載入處理 GeoJSON 資料套件
path<- 'data/world.geo.json'
world.sp <- geojson_read( # 將下載之縣市 GeoJSON 圖資讀入變數
  x= path,      # GeoJSON 資料來源(檔案路徑)
  what = "sp" # 指定回傳 Spatial class 之物件
)
world.data<-world.sp@data[ # 取出本例所需相關欄位(國別代碼、國名、洲名等)
  c('name_long','pop_est','continent','geounit','iso_a2')
  ]
options(width=180) # 將 console output 寬度調整容納長資料寬度
sink(  # 將 console output 轉向至文字檔
  file="E:/temp/world_data.txt",
  type="output"
)
head(world.data)    # 列印前六筆
writeLines("\n")    # 輸出跳行符號
tail(world.data)    # 列印倒數六筆
sink()  # 關閉轉向
```

```
                     name_long pop_est      continent                  geounit iso_a2
1                     Anguilla   14436 North America                  Anguilla    AI
2                       Belize  307899 North America                    Belize    BZ
3 Bajo Nuevo Bank (Petrel Islands)   -99 North America Bajo Nuevo Bank (Petrel Is.)   -99
4                      Bermuda   67837 North America                   Bermuda    BM
5             Saint-Barthelemy    7448 North America          Saint Barthelemy    BL
6                        Aruba  103065 North America                     Aruba    AW

                   name_long   pop_est continent  geounit iso_a2
240                 Slovakia   5463046    Europe Slovakia     SK
241                   Sweden   9059651    Europe   Sweden     SE
242                  Ukraine  45700395    Europe  Ukraine     UA
243                  Vatican       832    Europe  Vatican     VA
244                   Norway   4676305    Europe   Norway    -99
245       Russian Federation 140041247    Europe   Russia     RU
```

⋂圖 2-19 國家主檔自圖資所提取相關欄位結果

5. 解析上述 4 之圖資，首先使用 broom 套件提供的 tidy 函式，可將
   SpatialPolygonsDataFrame、SpatialPolygons 等幾何物件轉換格式為
   tbl_df 物件（data frame 的擴充類別），再與上述 WHO 取得之疫情資
   料依國別整合，使得嚴重程度均可明確依經緯度區分，唯整合依據之
   國名欄位與字串內容不盡相同吻合，故採用於 data frame 模擬 SQL
   之 sqldf 套件與函式，分次更新盡其可能整合來自跨不同機構的開放
   資料來源。

```
library(broom) # 載入轉換 tibble(data.frame 的擴充物件)資料套件
world_map <- tidy( # 將 sp 物件轉換為 data.frame 物件
  world.sp,  # SpatialPolygonsDataFrame 資料對象
  region = "geounit" # 群(group)欄位的依據
)
##### 參照 world.data 於 world_map 增加 name_long 欄位#####
# world_map 及 world.data 的連結(join)欄位
world_map$name_long<-world.data$name_long[
  match(world_map$id,world.data$geounit)
  ]
# world_map 增加一欄位 severity 並設其預設值
world_map$severity<-'white'
library(sqldf)
# 使用 SQL 指令更新 world_map 的 severity 欄位值(注意其 join 欄位)
world_map<-
```

```
    sqldf(c("UPDATE world_map
       SET severity = (SELECT recent_data.severity
                          FROM recent_data
                          WHERE world_map.id = recent_data.country
                          )
       WHERE EXISTS (SELECT 1
                       FROM recent_data
                       WHERE world_map.id = recent_data.country
                       )",
       "select * from world_map")
    )
# 使用 SQL 指令更新 world_map 的 severity 欄位值（注意其 join 欄位）
world_map<-
    sqldf(c("UPDATE world_map
       SET severity = (SELECT recent_data.severity
                          FROM recent_data
                          WHERE world_map.name_long = recent_data.
                             country
                          )
       WHERE EXISTS (SELECT 1
                       FROM recent_data
                       WHERE world_map.name_long = recent_data.
                          country
                       )",
       "select * from world_map")
    )
options(width=180) # 將 console output 寬度調整容納長資料寬度
sink(   # 將 console output 轉向至文字檔
    file="E:/temp/world_map.txt",
    type="output"
)
head(world_map)     # 列印前六筆
writeLines("\n")    # 輸出跳行符號
```

```
tail(world_map)      # 列印倒數六筆
sink()   # 關閉轉向
```

```
        long     lat order hole piece       group      id name_long severity
1 71.04980 38.40866    1 FALSE     1 Afghanistan.1 Afghanistan Afghanistan        3
2 71.05714 38.40903    2 FALSE     1 Afghanistan.1 Afghanistan Afghanistan        3
3 71.06494 38.41182    3 FALSE     1 Afghanistan.1 Afghanistan Afghanistan        3
4 71.07698 38.41218    4 FALSE     1 Afghanistan.1 Afghanistan Afghanistan        3
5 71.08939 38.40985    5 FALSE     1 Afghanistan.1 Afghanistan Afghanistan        3
6 71.11740 38.39864    6 FALSE     1 Afghanistan.1 Afghanistan Afghanistan        3


            long      lat  order   hole piece     group      id name_long severity
521517 29.77325 -15.63806 521517 FALSE     1 Zimbabwe.1 Zimbabwe  Zimbabwe        3
521518 29.81428 -15.61967 521518 FALSE     1 Zimbabwe.1 Zimbabwe  Zimbabwe        3
521519 29.83733 -15.61481 521519 FALSE     1 Zimbabwe.1 Zimbabwe  Zimbabwe        3
521520 29.88177 -15.61884 521520 FALSE     1 Zimbabwe.1 Zimbabwe  Zimbabwe        3
521521 29.96750 -15.64147 521521 FALSE     1 Zimbabwe.1 Zimbabwe  Zimbabwe        3
521522 30.01065 -15.64623 521522 FALSE     1 Zimbabwe.1 Zimbabwe  Zimbabwe        3
```

⋒圖 2-20　地圖資訊與疫情嚴重狀況資料整合結果

6.　將已可分辨新冠疫情嚴重程度的世界地圖資料以 ggplot2 套件繪出 COVID-19 疫情地圖（圖 2-21）。

```
library(ggplot2) # 載入繪圖套件
colors<-c('red','yellow','green','white')   # 嚴重度顏色區分
sev.label<-c('High','Medium','Low','Normal') # 嚴重度圖示文字
g <- ggplot(      # 使用繪圖函式產生繪圖物件
  data=world_map # 繪圖資料
  )+
  geom_polygon(   # 繪出多邊形資料
    mapping=aes(  # 外觀設定
      x = long,   # x 軸的經度欄位
      y = lat,    # y 軸的緯度欄位
      group = group, # 封閉區塊(polygon)同群欄位
      fill=severity), # 依據 severity 欄位值對應 colors 變數內顏色填入
    colour="black", # 國界線條顏色
    show.legend = TRUE # 將圖例繪出
  )+
  labs(title='世界 COVID-19 疫情地圖',  # 設定圖表名稱及 xy 各軸標籤
      x ="經度", y = "緯度")+
```

```
    scale_fill_manual( # 圖例指定內容
      name='Severity', # 圖例標題名
      values =colors,  # 圖例及填入顏色依據 colors 這 vector
      labels=sev.label  # 圖例值依據 sev.label 這 vector 的位置對照
    )
ggsave(    # 繪出至檔案(存檔目錄需存在,否則會有錯誤拋出)
  file="E:/temp/covid-19_map.svg",  #存檔目錄需存在,否則會有錯誤拋出
  g,              # ggplot 繪圖物件
  scale = 1.5  # 繪圖板尺規範圍擴增倍數
)
```

∩圖 2-21　2020/8/7 世界疫情地圖

7. 將 1 之各日期 COVID-19 疫情資料依 WHO 地區區分（6+1 區），以 ggplot2 套件繪出條狀堆疊圖，首先，將 WHO 的每日疫情依ＷＨＯ的地區別彙總各國新增死亡病例（圖 2-22）。

```
covid.sum<-aggregate(    # 依日期及 WHO 地區別彙總新增死亡病例
  x=list(New_deaths=covid$New_deaths), # 彙總欄位，及彙總後欄位名稱
  by=list(        # 彙總依據，及彙總後欄位名稱
    Date_reported=as.Date(covid$Date_reported),
    WHO_region=covid$WHO_region),
  FUN=sum)    # 彙總使用加總(sum)函式
options(width=180) # 將 console output  寬度調整容納長資料寬度
sink(   # 將 console output  轉向至文字檔
  file="E:/temp/covid_sum.txt",
  type="output")
head(covid.sum)    # 列印前六筆
writeLines("\n")   # 輸出跳行符號
tail(covid.sum)    # 列印倒數六筆
sink()   # 關閉轉向
```

```
  Date_reported WHO_region New_deaths
1    2020-02-25      AFRO          0
2    2020-02-26      AFRO          0
3    2020-02-27      AFRO          0
4    2020-02-28      AFRO          0
5    2020-02-29      AFRO          0
6    2020-03-01      AFRO          0


     Date_reported WHO_region New_deaths
1358    2020-08-02       WPRO         27
1359    2020-08-03       WPRO         34
1360    2020-08-04       WPRO         65
1361    2020-08-05       WPRO         35
1362    2020-08-06       WPRO         28
1363    2020-08-07       WPRO         49
```

∩圖 2-22　WHO 的地區別每日新增死亡病例

將圖 2-22 地區彙整資料依顏色繪出條狀堆疊圖如下（圖 2-23）。

```
g<-ggplot(          # 使用繪圖函式產生繪圖物件
  data=covid.sum,      # 繪圖資料
  aes(         # 外觀設定
    x= as.Date(factor(Date_reported)),    # x 軸為日期
    y= New_deaths,      # y 軸為新增死亡人數
    fill = WHO_region)       # 填色依據欄位
)+
ggtitle('COVID-19 Daily Deaths')+ # 圖標題
xlab('Date')+                        # x 軸標題
ylab('New deaths')+                     # y 軸標題
theme(   # 繪圖樣式主題設定
  axis.title.x= element_text(  # x 軸標題文字
    color = "#111111",            # 文字顏色
    size = 10,                    # 文字大小
    face = "bold"                 # 文字粗細
  ),
  axis.text.x= element_text(  #x 軸文字
    angle = 45 # 逆時鐘旋轉角度
  )
)+
scale_x_date(  # 設定日期格式之 x 軸尺規
  breaks=scales::date_breaks(width="1 month"), # 按月分隔
  labels=scales::date_format("%Y-%m"))+          # 尺規標示文字
geom_bar(  # 疊加條狀圖層
  stat = "identity",  # 條狀高度依 y(New_deaths)值
  position = "stack"  # 依 x 軸將 y 軸值相加堆疊條狀高度
)
ggsave(    # 繪出至檔案(存檔目錄需存在,否則會有錯誤拋出)
  file="E:/temp/covid-19_sum.svg",   #存檔目錄需存在,否則會有錯誤拋出
  g,              # ggplot 繪圖物件
  scale = 1.5   # 繪圖板尺規範圍擴增倍數
)
```

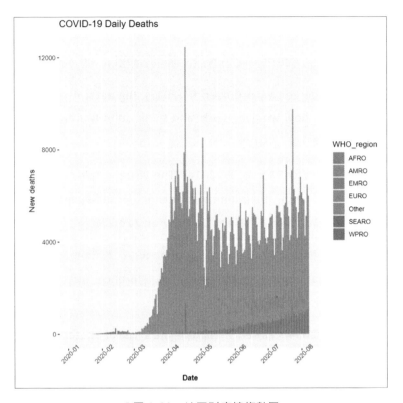

∩圖 2-23 地區別疫情趨勢圖

參考文獻

1. 劉光盛，陳振誠（2018）。從五感設計談生活設計化。科學發展 546 期。

2. Mayer-Schönberger, V., & Cukier, K. (2013). Big data: A revolution that will transform how we live, work, and think. John Murray. 或見林俊宏（2014）。大數據。台北市：天下文化。

3. Tufte, E., & Graves-Morris, P. (2014). The visual display of quantitative information.; 1983. Diagrammatik-Reader. Grundlegende Texte aus Theorie und Geschichte. Berlin: De Gruyter, 219-230.

4. O'Connor, S., Waite, M., Duce, D., O'Donnell, A., & Ronquillo, C. (2020). Data visualization in health care: The Florence effect. Journal of Advanced Nursing.

5. Brasseur, L. (2005). Florence Nightingale's visual rhetoric in the rose diagrams. Technical Communication Quarterly, 14(2), 161-182.

6. 鍾金湯，劉仲康（2004/02/03），提燈的天使南丁格爾－現代護理學的奠基者，科技大觀園（Sci-Tech Vista）https://scitechvista.nat.gov.tw/c/sWnS.htm

7. Wainer, H. (2013). *Visual revelations: Graphical tales of fate and deception from Napoleon Bonaparte to Ross Perot*. Psychology Press.

8. Fienberg, S. E. (1975). Perspective Canada as a social report. *Social Indicators Research*, *2*(2), 153-174.

9. Ashford, J. R., & Sowden, R. R. (1970). Multi-variate probit analysis. *Biometrics*, 535-546.

10. 胡維平（2017），105 年度科技部科普活動計畫，站上巨人的肩膀 偉大科學家傳記讀本輔助講義，第五部：費曼的故事

11. Fisher, C. W., & Kingma, B. R. (2001). Criticality of data quality as exemplified in two disasters. Information & Management, 39(2), 109-116.

12. 胡維平（2017），105 年度科技部科普活動計畫，站上巨人的肩膀 偉大科學家傳記讀本輔助講義，第五部：費曼的故事

13. Dalal, S. R., Fowlkes, E. B., & Hoadley, B. (1989). Risk analysis of the space shuttle: pre-Challenger prediction of failure. Journal of the American Statistical Association, 84(408), 945-957.

14. Maier, M. (2002). Ten years after a major malfunction... Reflections on "The Challenger Syndrome". Journal of Management Inquiry, 11(3), 282-292.

15. Fisher, C. W. (1993). NASA's Challenger and decision support systems. The Journal of Computing in Small Colleges, 9(2), 145-152.

16. Janis, I. L. (2008). Groupthink. IEEE Engineering Management Review, 36(1), 36.

17. 陳順宇（2000），迴歸分析（三版），華泰書局。

18. Tappin, L. (1994). relating to the Challenger disaster. The Mathematics Teacher, 87(6), 423.

19. 楊維寧（2007），統計學（二版），台北：新陸書局。

20. Feynman, R. P., & Leighton, R. (2001). " What do you care what other people think?": further adventures of a curious character. WW Norton & Company.

市場區隔的選擇

方以類聚，物以群分，吉凶生矣。在天成象，在地成形，變化見矣。

《周易‧繫辭上》

早期的行銷人員在行銷產品時，經常忽略了市場的異質性（market heterogeneity），亦即，他們很可能只生產一種產品，以一套行銷組合策略，試圖滿足所有消費者的需求。今日，行銷人員必須瞭解消費者的需求是有所不同的，因此在擬訂行銷策略之前，常會先將整個市場，劃分成幾個小區隔，然後以不同的**行銷組合**（marketing mix）策略，去滿足其中一個或數個區隔市場的消費者需求，所謂行銷組合就是俗稱的 4P，由產品（product）、價格（price）、通路（place）和推廣（promotion）四個 P 所構成，是企業在推展行銷活動時的重要工具。這就是市場區隔（market segmentation）概念的應用。

市場區隔的概念源自於十八世紀的工業革命，當時的英國社會階級分明，火車會根據貴族與平民的需求將車廂分成「商務車廂」與「標準車廂」。而這同時也是經學上差別取價（price discrimination）概念的由來。現在許多航空公司更將此概念發揮得淋漓盡致，客機區分為頭等艙、商務艙和經濟艙，其中還可以再分從櫃檯、網站、旅行社售出的不同票種你可以想像到那一個行程賣出的票價差額竟然可達數倍。[1]

採行市場區隔與目標行銷的行銷策略，至少具有下列三項好處：

1. 銷售者易於發展行銷的機會。

2. 銷售者可以發展符合各區隔市場需求之產品。

3. 銷售者可以正確的調整價格、配銷通路與廣告等**行銷組合**（marketing mix），以**有效的打入目標市場**，而不必分散其行銷力量，（即所謂「散彈槍」方式）("shotgun" approach)；而把力量集中在哪些有較大購買興趣的顧客身上（即所謂「來福槍」方式）("rifle"approach)。[1,2]

經營有聲書和電子書的瑞典 Storytel 公司，使用 APP 的不同方式，做了初步的群集分析[3]，馬丁（Martin）任職於有聲書（audiobook）和電子書的 Storytel 公司，負責領導一個快速增長中的資料分析（data analytics）部門。Storytel 的顧客只要繳交固定（flat）訂閱費就可以無限量閱讀有聲書和電子書，Storytel 目前的顧客人數已經超過 700,000 人，而且還在持續快速成長，因此，Storytel 取得大量資料，而每一筆的數位互動都會按照個別顧客，依顆粒度般（on a granular level）詳細記錄下來。

馬丁在這家公司進行的第一個專案是發展與建立「書籍評分」，主要用於研判最適合每位顧客的書籍，它考量的不僅是書籍與顧客的攸關性（relevanve），也包括篇幅長短、成本與其他因素，這種做法除了能顯著降低成本，也足以提高顧客忠誠度。比起顧客自行尋找書籍，選自這些推薦書籍中的書，他們更可能讀完，因此從那時起，資料分析變成為 Storytel 事業經營的重要部分。

馬丁的團隊針對人們使用 App 的不同方式，做了初步的群集（clustering）分析，接著，他們使用演算法，來了解群集中不同資料點，透過這些資料，他們就能辨識及分類服務的使用情形。其中有個資料群集顯示：人們在通勤時以及收聽者在移動時會重度使用（heavy usage）電子書或有聲書；另外一個資料群集則顯示：人們在**晚上閱讀**電子書或聆聽有聲書的時間較長；還有一個資料群集是只是**睡前使用** App 朗讀童書給 5 到 10 歲小孩聽的人。

馬丁指示團隊持續對所有顧客進行評分，標記（tagging）最相似的客群 並根據這個洞察，充實自動系統裡每位顧客的紀錄，藉由這種做法，CRM（顧客關係管理）團隊就能變得更加迎合顧客的需求。

下一個大專案將會使用資料分析，確定對每個客戶下一個最好的行動（next best action），該資料會將某一客戶通溝的選擇，合併在一起，演算法將會告訴公司要做什麼事情最好，也確保最高**滿意度**而且低**取消訂閱**。

3-1 市場區隔的基礎與統計意涵

所謂市場區隔（segmentation）係指依據消費者的**某種特質**將整個市場分為數個「組內同質、組間異質」的區隔市場，目標行銷則是這些不同區隔市場中選擇一個或數個市場當作目標市場，由於各區隔市場的消費者各有**不同的**需求，故應以**不同的**行銷組合策略滿足其需求。

1. 市場區隔的基礎

市場區隔需要有創造力地**尋找最有效的區隔變數**，即下面所提某種特質，才能發揮最大的效果。由於市場區隔沒有唯一或是絕對正確的方法，廠商可以採用不同的**變數**，用許多不同的方法區隔市場，以尋找最佳的行銷機會。

一般而言，用來劃分市場的變數，可大略分為**地理性**變數（Geographic variable）、**人口統計及社會經濟**變數（Demographic and Social economic variable）、**心理性**變數（Psychographic variable）及**行為性**變數（Behavior variable）等四大類。

1.1 地理性變數

有地區、氣候、人口密度、城市大小。譬如必勝客（Pizza Hut）來說，消費者的偏好，因地區而不同：美國東部人喜歡加很多的乳酪、美國西部的人喜歡添加多種不同的內餡、而美國中西部的人這兩者都喜歡，因此它必須依地區而改變**義大利脆餅**的製作方法，以符合顧客的需求。

1.2 人口統計及社會經濟變數

有年齡、家庭人數、家庭生命週期、性別、所得、職業、教育程度、宗教、種族、國籍、社會階層等變數。

譬如玩具業、化妝品業者常利用「年齡」來區隔市場。又如建築業者就經常以「家庭生命週期」階段的觀念作為市場區隔的依據，推出不同坪數、格局的房屋，以滿足目標市場需求者的需要。對香水、珠寶、雜誌等產品及個人服務業來說，「性別」乃是一種主要的區隔變數

1.3 心理性變數

最常見的有個性、生活型態兩種。心理變數為未發生行為的內在因素。個性（Personality）是一個語意廣泛的心理變數，也是一種相當有用的區隔變數。許多產品在廣告訴求及產品設計中都會反映出個性導向的作風，如酒商、汽車等產品。

生活型態（Life style）是指消費者的生活以及花費時間和金錢的型態。可用 AIO 量表來衡量，量表中的每一道題目都是與消費者的活動（activities）、興趣（interests）、意見（opinions）有關的敘述。不但可據以區隔市場，對於廣告製作、產品定位、通路設計等行銷活動亦有幫助。

1.4 行為性變數

行為性變數為已發生之外在行為。有產品使用率、消費者忠誠度、追尋的利益（Benefit sought）、購買準備階段、對產品的態度、購買或使用場合、行為因素感受性等多項變數可供深入研究。

利益區隔（Benefit Segmentation）係依消費者期望，由產品中獲得的利益來區隔市場。利益區隔法最著名的實例之一，就是就 Haley 牙膏市場所做的研究。[1,4] 如表 3-1 所示，Haley 的研究結果將牙膏市場分成四個區隔，他們分別是追尋不同的利益：

1.　感官享受型（The Sensory segment），主要追尋的利益:味道。

2.　社交頻繁型（The sociables segment），主要追尋的利益:牙齒潔白。

3.　憂慮型（The worries segment），主要追尋的利益:防止蛀牙。

4.　獨立自主型（Independent segment），主要追尋的利益:低價。

每一利益區隔在人口統計變數、心理及購買行為上均各有其特徵。(4)

表 3-1　牙膏市場的利益區隔

市場區隔名稱 （Segment Name）	感官享受型 （The sensory segment）	社交頻繁型 （The sociables Segment）	憂慮型 （The worries segment）	獨立自主型 （Independent segment）
主要追尋的利益 （Principal benefit sought）	味道、產品外觀	牙齒潔白	防止蛀牙 （Decay prevention）	低價
人口統計特徵	孩童	年輕人	大家庭	男性
特殊行為特徵	使用綠薄荷味牙膏 （spearmint flavored）	吸菸者	經常使用者 （Hevvy users）	經常使用者
喜好的品牌	Colgate，Stripe	Macleans, Plus White, Ultra Brite	Crest	促銷品 （Brands on sales）
個性特徵	自我享受 （High Self-Involvement）	行善於交際的（High Sociability）	憂鬱的 （High hypochondriasis）	自主 （High autonomy）
生活型態特徵	快樂主義 （Hedonistic）	活躍 （Active）	保守	價值導向 （Value-oriented）

　　當使用不同變數加深對一個區隔的理解時，我們稱之為**深度劃分**。當有足夠多的信息清楚地描述一個區隔裡的一個典型成員的時候，我們稱之為**購買者概況**。當這個概況只包括人口統計數據時，我們稱之為**人口統計概況**（或簡稱為「人口統計」）。

　　事實上，在**市場區隔**的研究中就是涉及到分幾個區隔（集群）的問題，市場區隔是將**需求**相似的人們集群在一起的過程。在行銷上有效區隔的考慮因素，要包括市場區隔的**同質性**、**異質性**、**足量性**（Sufficient size）、**適切性**及**可衡量性**（Measurability）。(1,4) 所謂「同質性」（Homogeneous）是指在市場區隔內的顧客，對行銷組合變數，**做出類似的反應**，而所謂「異質性」（Heterogeneous）指在不同市場區隔內的顧客，必須對行銷組合變數，做出不同的反應。一旦行銷人員確認**目標市場與企業的目標與資源相一致**，即可進行操作。

行銷人員尋找相似之處，而不是需求的基本差異。其想法是每個人都是一個人，但是有可能將一些相似的人聚集到一個產品 - 市場中。

行銷人員將這些類型的人視為具有獨特的構面集合。例如考慮一個產品 - 市場，其中客戶的需求在兩個重要的**區隔構面 - 對地位（status）**的需求和**對可靠性（dependability）**的需求上有所不同。如下圖 3-1 上每個點都顯示一個人在二個構面上的位置。儘管每個人所在的位置都是獨特的，但在他們想要的**地位和可靠性**方面，很多人都是相似的。因此，行銷人員可以將它們彙總為三個（任意數目）相對同質的子市場 - A，B 和 C 組。A 群組可稱為「**地位導向**」（status -oriented），C 群組可稱為「**可靠性導向**」（dependability -oriented），B 群組兩者都想要，可以被稱為「**求全者**」（demanders）(5) 可以將它們彙總為三個（任意數目）相對同質的子市場 - A，B 和 C 組。當然行銷人員可以將它們彙總為六個（任意數目）相對同質的子市場 - A，B，C，D，E 和 F 組。

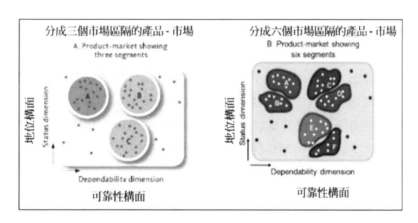

⋔圖 3-1　每個人在市場中都有自己獨特的位置 - 位置相似的人
可以彙總到潛在的目標市場中(5)

行銷人員希望將個別的客戶，彙總到一些可行的相對同質的目標市場，能夠對每一個目標市場有相同對待。

再看一下圖 3-1(A) 記得我們能夠有 3 個市場區隔，但是這是任意選定數目，就像圖 3-1(B) 所示，有可能分成有 6 個市場區隔，廣泛的產品市場應該被分成是 3 個還 6 個市場區隔，您會怎麼樣來看呢？

市場區隔**另外困難是**：一些潛在的客戶並不適合放到任何一個市場區隔中，如圖 3-1(B) 所示，強迫他們放到區隔中，將使得該區隔更為非同質性，更難於取悅他們。更有進者，將他們成立其他的區隔，可能並不具有獲利性。畢竟他們太少數了，而且看來與這兩個構面並不相似；這些人真的太獨特了，要迎合他們，可能必須要**有所取捨**，除非他們對特殊的對待，願意付出更高價格。

2. 市場區隔的統計意涵

進行市場區隔工作時，行銷研究者常會借重電腦軟體，如 SPSS、Stata、SAS、BMDP、S-PLus、MATLAB、Statistica、R 語言等的協助，說明如下：

統計分析可以使用多種技術，根據多變量調查訊息將個別物件（objects）（在此使用「物件」一詞來指記錄測量結果的事物、人物、事件或一般實體。在應用實務中，包括個體、產品、品牌、國家、城市等）分組到區隔市場，其中以**集群分析**（Cluster analysis）仍然是最流行和應用最廣泛的方法。[5] 儘管集群分析經常被使用，但關於現有集群分析方法的特點或者應該如何使用集群分析方法鮮為人知。[7] 為補強這些疏漏，本章第 2 節、第 3 節將有較深入的介紹。

集群分析目的在於將物件，加以集結成群，使得在**群體內**的個體的**同質性很高**，**群體之間**的**異質**性很高，這個技術在進行市場區隔時特別有用。[6] 集群分析方法是**事後**（post-hoc）描述性**市場區隔**中最受歡迎的工具。

集群分析與區別分析（Discriminant analysis）的差別在於：**區別分析**是以界定清楚的二群或以上來檢視甚麼變數最能區分這些群，而**集群分析**是將未經區別化（Undifferentiated group）的一群個人、事件或物體重新組合成同質性的次群體。亦即集群分析是按照**自然類別**（Natural grouping）將分佈於某一計量空間（metric space）的點予以分類，使**分類後的集群**具有同質性。集群是分類（classification）的同義字，集群分析有時亦稱「分類分析」。

集群分析是人工智慧（AI）在機器學習演算法上常見的**非監督式學習**（Unsupervised learning），將已知的問題資料輸入，透過模型的自我訓練產生結果，而對於釋出的結果無法預測，也就是**模型自己產生答案**。常見的機器學習演算法，以「非監督式學習」與「監督式學習」兩大類進行分類，前者如本章實例一，其他應用如分類消費者以優化行銷活動或是避免客戶流失，或判斷信用交易、保險金融等活動是否有詐欺類異常；後者如第五章實例一決策樹，其他應用如基於客戶償還貸款的可能性做各群分類。

一般而言，集群分析衡量**物件之間的「相似性」**（similarity），是根據樣本出象（outcome）在幾何空間上的「**距離**」來判斷的。出象樣本「相對距離」愈近的，我們說他們的「**相似程度**」就愈高，於是就可以歸併成為同一組。

衡量成對物件相似性的方法不一而足，其中以歐幾里得距離（Euclidean distance），簡稱「**歐氏距離**」最為常用。一般軟體大多有歐氏距離（Euclidean distance）選項作為集群分析距離的計算基礎。進一步介紹，請見第 1 章第 2 節集群分析（Cluster analysis）的說明。

距離衡量還有區塊距離其 $Distance(X,Y) = \sum |X_i - Y_i|$ 等多種，在此從略。

建立集群的方法可分為**階層式集群法**（Hierarchical Methods）及非階層式集群法（Nonhierarchical Methods）兩種，結合兩種方法的集群分析則稱為兩階段法（Two Step）。前兩者分別介紹如下兩節：

3-2 階層式集群法(Hierarchical method)

階層式法常見的方法有：凝聚法（Agglomerative method）以及連結法（Linkage method），前者首先是把每個觀察值各自看成一群，先把距離最近的兩群合併，直到合併成一大群為止。如本章[實例一]所示。

連結法又分為使用最小距離的單一連結法（Single linkage），又稱為最近鄰法（nearest neighbor）、使用最大距離的完全連結法（Complete linkage）又稱為最遠鄰法（farthest neighbor）、使用平均距離的平均連結法（Average linkage）、重心法（Centroid clustering）、中位數法（Median clustering）。如圖 3-2。本章[實例一]採用平均連結法，計算集群距離。這幾個方法的最大問題是沒有一個適當的衡量標準，無法決定應分為幾個集群才是最恰當，通常是由研究者主觀判定。

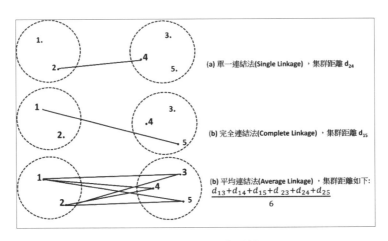

(a) 單一連結法(Single Linkage)，集群距離 d_{24}

(b) 完全連結法(Complete Linkage)，集群距離 d_{15}

(b) 平均連結法(Average Linkage)，集群距離如下：
$$\frac{d_{13}+d_{14}+d_{15}+d_{23}+d_{24}+d_{25}}{6}$$

⋂圖 3-2　集群間的距離

還有一種最小變異法（Minimum variance method ）是 J.E.Ward 在 1963 年所提出，故又稱之為華德法（Ward's method）：其作法是同一群內觀察值的「變異數加總」應該較少，不同群之間觀察值的「變異數加總」應該較大。

要求觀察值之間的距離必須採用**歐氏距離**。最小變異法和使用平均距離的平均連結法，**是分群效果較好**，在社會科學領域應用較廣泛的集群方法。[6] 以下[實例一]即採用平均連結法，作為群集分析演算法。

【實例一】

行銷研究者希望在一個小的社群中，根據他們對品牌及商店忠誠度的型態，決定市場區隔。[8]

選擇 7 個受測者的小樣本作為集群分析方法的前導測試。對於每個受測者，測量了兩個忠誠度衡量標準 - V_1（商店忠誠度）和 V_2（品牌忠誠度）；以 0 到 10 量表表示。如下表 3-2 顯示 7 個受測者的受測值。

表 3-2 7 個受試者就商店及品牌忠誠度兩個變數的不同反應

群集變數	受測者（Respondents）或稱物件（Objects）						
	A	B	C	D	E	F	G
V_1	3	4	4	2	6	7	6
V_2	2	5	7	7	6	7	4

R軟體的應用

首先將上表 3-2 之觀察值建構 data.frame 資料物件如下，需注意行向量表示同一屬性（變數）在各受測物件的值，列向量則是受測物件的屬性值：

```
ob<- data.frame(      # 將觀察值建構 data frame 物件
  v1=c(3,4,4,2,6,7,6),      # 第一行行名與向量值
  v2=c(2,5,7,7,6,7,4),      # 第二行行名與向量值
  row.names=LETTERS[1:7])   # 列名為字母大寫 A ~ G 共 7 個
print(t(ob))   # 列印觀察值(轉置矩陣)
```

```
> print(t(ob))   # 列印觀察值
   A B C D E F G
V1 3 4 4 2 6 7 6
V2 2 5 7 7 6 7 4
```

⋂圖 3-3　觀察值

　　繪製觀察值散佈圖（scatterplot）：

```
plot(                 # 繪製資料散佈圖
  x=ob$v1,            # x 軸表示集群變數 V1
  y=ob$v2,            # y 軸表示集群變數 V2
  type='n',           # 點狀圖
  ylab='v2',          # y 軸文字標籤
  xlab='v1',          # x 軸文字標籤
  main='觀測值散佈圖',     # 標題文字
  ylim=c(0,10),           # y 軸尺標範圍
  xlim=c(0,10))           # x 軸尺標範圍
text( # 於繪圖物件標示學生代號
  x=ob$v1,      # 同上
  y=ob$v2,      # 同上
  labels=rownames(ob))    # 學生代號
```

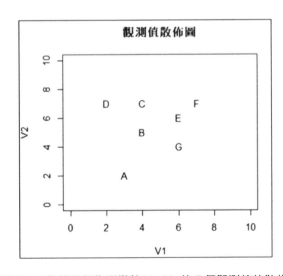

⋂圖 3-4　基於兩個集群變數 V_1,V_2 的 7 個觀測值的散佈圖

群集分析的主要目的在定義資料的結構，根據最相近的觀測值形成集群，但是為了達成這個任務，我們必須要**回答二個基本問題：**

第一、衡量相似性（Measuring Similarity）

我們需要一個方法能夠同時比較兩個集群變數的相似性，有很多可能的方法包括兩個物件之間的關聯，而整體相似性度量（Overall similarity measure）係指群內距離之平均數（Average within-cluster distance）。

例如對於受測者 A 與 B 而言（圖 3-3），其**歐氏距離**的計算方式為：

$$d_{AB} = [(3-4)^2 + ((2-5)^2]^{\frac{1}{2}} = 3.162$$

對於受測者 A 與 C 而言，其歐氏距離的計算方式為：

$$d_{AC} = [(3-4)^2 + ((2-7)^2]^{\frac{1}{2}} = 5.099$$

依此類推，計算其他受測者之間的歐氏距離，可求得受測者兩兩之間歐氏距離的**接近矩陣**（Proximity matrix），簡稱距離矩陣。下列 R 程式將受測者兩兩之間依其集群變數計算的接近矩陣可得如下圖 3-5，距離數字越小表示其越相似，當相似兩者組成群則可使得該群內距離之平均數得到最小：

```
distance <- dist(  # 計算交互之歐氏距離並產生距離物件
   x=ob,            # 觀察值物件
   method = "euclidean",    # 計算歐氏距離
   diag = TRUE      # 對角線是否含值
)
distance<-round(distance,digits=3)   # 距離精度小數點三位
print(distance)    # 列印距離物件
```

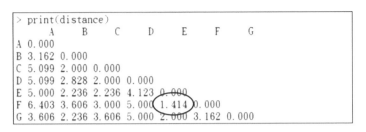

```
> print(distance)
       A       B       C       D       E       F       G
A  0.000
B  3.162  0.000
C  5.099  2.000  0.000
D  5.099  2.828  2.000  0.000
E  5.000  2.236  2.236  4.123  0.000
F  6.403  3.606  3.000  5.000  1.414  0.000
G  3.606  2.236  3.606  5.000  2.000  3.162  0.000
```

∩圖 3-5　各受測物件之歐氏距離，受測者 E 及 F 最相近

在尚未有任何群組時，**整體相似性度量**（平均群組內距離）為 0 作為開始。由圖 3- 6 觀察到受測者 E 及 F 最相近（1.414），A 及 F 最不相近（6.403）。

第二、形成群集(Forming Clusters）

一旦有了相似性衡量，下一步的程序就是要形成群集，有很多方法被推薦，如前面所提的單一連結法、完全連結法、平均連結法、華德法等，在此使用**平均連結法**（Average linkage），先確認兩個最接近的觀測值，不在同一個集群的觀測值，將他們合併成一個集群，這是一個**階層**的程序（Hierarchical procedure），因為它以逐步的方式移動，以形成整個集群解決方案。

首先將最近的兩個物件合併，從上圖 3-5 因 d_{EF} 為最小，故得一集群(E,F)，然後計算(E,F)到其他集群（或尚未集群的單一物件）的**平均距離**：

d(E,F)A = $(d_{EA} + d_{FA})$/(2 x 1) = (5.000 + 6.403)/2 = 5.7015

d(E,F)B = $(d_{EB} + d_{FB})$ /(2 x 1) = (2.236 + 3.606)/2 = 2.921

d(E,F)C = $(d_{EC} + d_{FC})$ /(2 x 1) = (2.236 + 3.000)/2 = 2.618

d(E,F)D = $(d_{ED} + d_{FD})$ /(2 x 1) = (4.120 + 5.000)/2 = 4.5615

d(E,F)G = $(d_{EG} + d_{FG})$ /(2 x 1) = (2.000 + 3.162)/2 = 2.581

上述採用**平均法**，有了新的距離，重新構成距離接近矩陣亦可再尋其數字最小（即距離最近者）繼續組群，如此迴圈處理至最終合併成單一集群（無新的距離）為止。

　　為了重新計算群組後之新距離，以及群組整體相似性度量（平均群組內距離），自訂下列函式於其後迴圈式的程式內使用：

```
d<-as.matrix(distance)    # 距離物件轉成距離矩陣
dist.func<- function(x,y,method){ # 傳入 x,y cluster 元素重新計算距離
  if (method %in% c('average')){          # 使用平均法
    return (sum(d[x,y])/length(d[x,y]))
  }else if(method %in% c('single')){    # 使用單一法
    return (min(d[x,y]))
  }else if(method %in% c('complete')){ # 使用完全法
    return (max(d[x,y]))
  }
}
avg.sim<- function(mtx){  # 計算平均群組內距離，mtx: 群組後的 matrix
  sim<- 0   # 分群之組內歐氏距離加總
  num<- 0   # 平均的母數
  for (clust in rownames(mtx)){
    x<- unlist(strsplit(clust,'-')) # 解構 gpn 群組名稱為 vector
    if (length(x)>=2){  # 單一成員無群組內距離，不列入計算
      combn.m<-combn(x,2)   # x 元素的兩兩歐氏距離的組合矩陣
      for (i in 1:ncol(combn.m)){   # 將組內歐氏距離加總
        sim<- sim+d[combn.m[1,i],combn.m[2,i]]
      }
      num<-num+choose(length(x),2)
    }
  }
  return (ifelse(num==0,0,sim/num))
}
```

迴圈開始之前，下列指令先宣告二初始變數，前者為距離物件內容如上圖 3-5 共有 7*(7-1)/2=21 個矩陣元素（不含對角線元數），後者為矩陣物件為一對稱矩陣如下圖 3-6：

```
dis<- distance  # 距離矩陣物件，於下列迴圈內使用
m<- as.matrix(distance)  # 矩陣物件指定予另一變數，於下列迴圈內使用
print(m)  # 列印初始距離矩陣
```

```
> print(m)  # 列印初始距離矩陣
      A     B     C     D     E     F     G
A 0.000 3.162 5.099 5.099 5.000 6.403 3.606
B 3.162 0.000 2.000 2.828 2.236 3.606 2.236
C 5.099 2.000 0.000 2.000 2.236 3.000 3.606
D 5.099 2.828 2.000 0.000 4.123 5.000 5.000
E 5.000 2.236 2.236 4.123 0.000 1.414 2.000
F 6.403 3.606 3.000 5.000 1.414 0.000 3.162
G 3.606 2.236 3.606 5.000 2.000 3.162 0.000
```

⋒圖 3-6 初始距離矩陣

從初始距離矩陣經過下列迴圈程式之處理，將產生的新集群重算距離矩陣如下圖 3-7 ~ 圖 3-11，同時也彙整迴圈各步驟整體相似性度量如下圖 3-12。

```
######迴圈處理距離矩陣所有元素(element)直到完成最後一個####
steps<- data.frame()  # 每 step 結果存放之變數
step.num<-0           # 每 step 編號
steps<- rbind(steps,data.frame(  # 加入完成的 step
  步驟='初始解決方案',最小距離=NA,成對觀測值=NA,
  集群成員=paste0(sprintf('(%s)',rownames(m)),collapse=''),
  集群數=nrow(m),整體相似性=0
))
while (length(dis)>=1) {  # 處理距離矩陣至最後一個
  step.num<- step.num+1  # step 編號序碼
  ##### 步驟1 選出矩陣內最近距離者組成一新的 cluster #####
```

```r
dis.min<-min(dis)  # 選出 dis 物件裡物件歐氏距離最小值
rowcol<-which(
  m==dis.min,
  arr.ind=TRUE)[1,]  # 傳回符合最小值位置的列、行位置
rname<-rownames(m)[rowcol['row']]  # 傳回列、行位置對應的列名
cname<-colnames(m)[rowcol['col']]  # 傳回列、行位置對應的行名
gpn<- paste0(c(cname,rname),collapse='-')  # 新 cluster 名稱
##### 步驟 2 計算新 cluster 與其它本身以外之距離(本例示範平均法)###
x<- unlist(strsplit(gpn,'-'))  # 解構 gpn 群組名稱為 vector
newRow<- c()  # 宣告變數(新 cluster 的新距離 vector)
for ( c in 1:ncol(m)){
  if (c %in% rowcol['col'] ||
      c %in% rowcol['row']){
    newRow[c]<- 0
    next        # 新 cluster 的元素除外
  }
  y<- unlist(  # 解構 rownames(m)[c]群組名稱為 vector elements
    strsplit(rownames(m)[c],'-'))
  avg.d<-dist.func(  # 呼叫 dist.func 依平均法重新計算歐氏距離
    x=x,
    y=y,
    method='average')   # 本例指定平均法
  newRow[c]<- round(avg.d,digits=4)   # 取小數點以下 4 位
}
##### 步驟 3 依計算的新距離產生新距離矩陣###
m<-cbind(m,newRow)  # 合併重新計算之歐氏距離
newRow[length(newRow)+1]<- 0
m<-rbind(m,newRow)
if (nrow(m)>3){
  m<- m[  # 從 m 矩陣同時去除已入 cluster 的行與列
    -c(rowcol['row'],rowcol['col']),
    -c(rowcol['col'],rowcol['row'])
    ]
```

```
    rownames(m)[nrow(m)]<-gpn # 正式命名新增的 rowname
    colnames(m)[ncol(m)]<-gpn # 正式命名新增的 colwname
  }else{
    m<- matrix(0,nrow=1,dimnames=list(gpn,gpn))
  }
  dis<- as.dist(m,diag=TRUE) # 將新的陣列轉為 dist 物件
  print(dis)    # 列印新的距離矩陣
  writeLines('\n')
  dis.w<-avg.sim(m) # 計算此 step 為止的平均群組內距離
  steps<- rbind(steps,data.frame(  # 加入完成的 step
    步驟=step.num,最小距離=dis.min,成對觀測值=gpn,
    集群成員=paste0(sprintf('(%s)',rownames(m)),collapse=''),
    集群數=nrow(m),整體相似性=dis.w
    ))
  print(steps[nrow(steps),])    # 列印每一 step 重新計算的歐氏距離
  writeLines('\n');writeLines('\n')
}
print(steps,row.names = FALSE) # 列印最後每 step 之結果
```

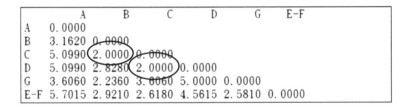

◐圖 3-7　E-F 組成後之新距離矩陣

迴圈開始之 (E-F) 集群後新距離計算如上述。

　　接著在此一新的距離矩陣，如上圖 3-7，因 d(B,C) 及 d(C,D) 皆為其中最小值 2.0000，任取其一，設若將 B 與 C 合併得一集群 (B,C)，然後重新計算(B,C)到其他集群的平均距離，得一新距離矩陣如圖 3-8：

以手動計算 (B,C) 與 D 的距離以及 (B,C) 與 (E,F) 的距離驗證如下，依此類推，可得其他點之間的距離。

$$d_{(B,C)A} = (d_{BA} + d_{CA})/(2 \times 1) = (3.162 + 5.099)/2$$

$$= 4.1305$$

. . . .

$$d_{(B,C)(E,F)} = (d_{BE} + d_{BF} + d_{CE} + d_{CF})/(2 \times 2)$$

$$= (2.236 + 3.606 + 2.236 + 3.000)/4 = 2.7695$$

```
         A      D      G     E-F    B-C
A     0.0000
D     5.0990 0.0000
G     3.6060 5.0000 0.0000
E-F   5.7015 4.5615 2.5810 0.0000
B-C   4.1305 2.4140 2.9210 2.7695 0.0000
```

∩圖 3-8　增加 B-C 組成後之新距離矩陣

同樣的處理集群過程在迴圈裡產生下列各步驟之結果（圖 3-9~圖 3-11）。因 (B-C) 與 D 最相近(2.4140)，將 B-C 與 D 合併得一集群 (D-B-C)。

```
           A      G     E-F   D-B-C
A       0.0000
G       3.6060 0.0000
E-F     5.7015 2.5810 0.0000
D-B-C   4.4533 3.6140 3.3668 0.0000
```

∩圖 3-9　增加 D-B-C 組成後之新距離矩陣

因 (E-F) 與 G 最相近 (2.5810)，將 E-F 與 G 合併得一集群 (G-E-F)。

```
           A    D-B-C  G-E-F
A       0.0000
D-B-C   4.4533 0.0000
G-E-F   5.0030 3.4492 0.0000
```

∩圖 3-10　增加 G-E-F 組成後之新距離矩陣

因 (G-E-F) 與 (D-B-C) 之間唯一的距離選擇 (3.4492)，將 (G-E-F) 與 (D-B-C) 合併得一集群 (D-B-C-G-E-F)。

```
                    A D-B-C-G-E-F
A                0.0000
D-B-C-G-E-F    4.7282      0.0000
```

♠圖 3-11　增加 D-B-C-G-E-F 組成後之新距離矩陣

凝聚層次集群過程，如下圖 3-13。

```
> print(steps, row.names = FALSE) ＃ 列印最後每step之結果
       步驟 最小距離     成對觀測值                   集群成員 集群數 整體相似性
初始解決方案      NA         <NA> (A)(B)(C)(D)(E)(F)(G)      7  0.000000
          1  1.4140          E-F (A)(B)(C)(D)(G)(E-F)       6  1.414000
          2  2.0000          B-C (A)(D)(G)(E-F)(B-C)        5  1.707000
          3  2.4140        D-B-C (A)(G)(E-F)(D-B-C)         4  2.060500
          4  2.5810        G-E-F (A)(D-B-C)(G-E-F)          3  2.234000
          5  3.4492  D-B-C-G-E-F (A)(D-B-C-G-E-F)           2  2.963133
          6  4.7282 A-D-B-C-G-E-F (A-D-B-C-G-E-F)           1  3.467429
```

♠圖 3-12　凝聚層次集群過程（Agglomeration Hierarchical Clustering Process）

圖 3-12 整體相似性度量（Overall similarity measure）在步驟 1：集群成員 (E-F)

$d_{(E,F)} / 1 = 1.414 / 1 = 1.414$

整體相似性度量在步驟 2：集群成員 (E-F)(B-C)

$(d_{(E,F)} + d_{(B,C)}) / (1+1) = (1.414 + 2) / 2 = 1.707$

整體相似性度量在步驟 3：集群成員 (E-F)(D-B-C)

$(d_{(E,F)} + d_{(D,B)} + d_{(D,C)} + d_{(B,C)}) / (1+3)$

$= (1.414 + 2.828 + 2 + 2) / 4 = 2.0605$

依此類推，整體相似性度量在步驟 6：集群成員 (A-B-C-D-E-F-G)

三角距離矩陣除去對角為 0 的個數= 21

三角距離矩陣距離合計=72.816

整體相似性度量=72.816 / 21 = 3.467429

將圖 3-12 依集群數，繪出肘部法折線圖：

```
plot(
  x=steps$集群數,
  y=steps$整體相似性,
  type='l',
  xlab='集群數',
  ylab='整體相似性',
  main='集群數的整體相似性度量')
abline(v=3,col='blue',lty=2)
```

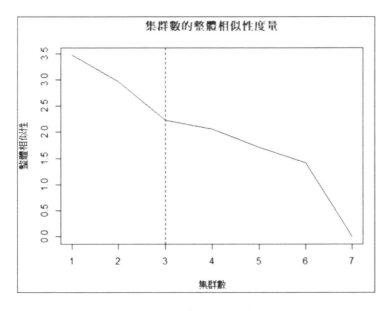

● 圖 3-13　集群數與平均群組內距離

上圖 3-13 集群數 = 3 與 6 均位於折線肘部，設決定以較少的 3 來分群，則從圖 3-12 此 3 個集群分別為 (A)、(D-B-C)、(G-E-F)。

以上是以歐氏距離採**平均連結法**的多階集群法分群細部說明，下述則運用 R 套件直接產生分群結果，如圖 3-14 的平均連結法的**樹形圖**（dendrogram）、圖 3-15 觀察值 A~G 分成 3 個集群的結果，可參照圖 3-13：凝聚層次集群過程的步驟 4。

```
cluster.e <- hclust( # 以平均方式進行群組分析
  distance,
  method = "average")  # 使用平均法
plot(  # 繪出以歐氏距離分析的多階群組圖
  x=cluster.e,
  xlab='Cluster',
  ylab='Euclidean distance',
  main='Hierarchical cluster Analysis')
cutree(cluster.e,k=3)    # 依 k=3 組列印分組結果
```

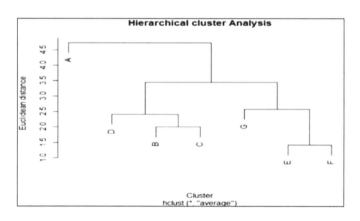

♀圖 3-14　平均連結法的樹形圖（dendrogram）

```
> cutree(cluster.e,k=3)     # 依k=3組列印分組結果
A B C D E F G
1 2 2 2 3 3 3
```

◖◗圖 3-15　觀察值 A~G 分 3 個集群的結果

連結法有多種方法，如單一連結法、完全連結法等。平均連結法是其中之一。連結法最大問題是沒有一個適當的衡量標準，無法決定應分為幾個集群才是最恰當，通常是由研究者主觀判定。圖 3-15 是研究者主觀判定 3 個集群的結果。也可由圖 3-14 來目視判定。

必要時也可將分群成員以顏色區分，更有助於判定，如圖 3-16 依顏色區分的平均連結法樹形圖。

```
library(dendextend)
den <- as.dendrogram(cluster.e)     # 轉成樹狀物件
den_color <- color_branches(den,h = 3)     # 分成 3 組顏色
plot(den_color)     # 繪出樹狀圖
```

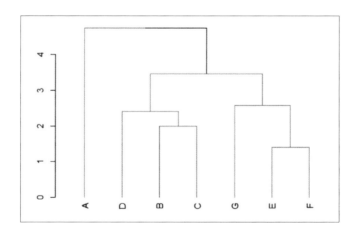

◖◗圖 3-16　依顏色區分的平均連結法樹形圖

【實例二】

1996 年馬理蘭州立大學（U. of Maryland）入學申請資料庫中，有 15 筆樣本如下。以入學申請的 TOFLE 與 GMAT 成績爲例。將這些資料轉換成幾何空間圖像及分群多階圖。(9)

　　1996 年馬理蘭州立大學入學申請資料庫中，包含 GPA（Grade Point Average，大學在學成績指標）、TOEFL（Test Of English as Foreign Language，留美英文能力測驗）、GMAT（Graduate Management Admission Test，留美商業傾向智能測驗）、WORK（工作年資）、OTHER（其他申請資格，比如財力證明、推薦信、競賽獎狀、各種認證與考試合格資格、才藝表演與比賽紀錄、發明與專利權等）、SF（成功評量），依畢業後一年的年資估計。1：高於平均，2：合乎預期，3：不如預期。

R軟體的應用

　　程式開始分析前需至本書 Github 資料夾下載 R 專用資料檔 enrol.rds，如下連結：https://github.com/hmst2020/MS/tree/master/data/

　　再將檔案放置於 readRDS 函式讀取路徑下予以載入 R 之變數

```
library(data.table)
enrol<- readRDS(file = "data/enrol.rds")    # 載入本例資料
print(as.data.table(enrol),5)   # 列印資料內容前後各 5 筆
```

```
> print(as.data.table(enrol),5)    # 列印資料內容前後各5筆
     GPA TOEFL GMAT Work
 1: 3.0   580  550    2
 2: 3.2   530  550    0
 3: 3.4   570  570    6
 4: 3.7   600  580    1
 5: 3.8   630  600    0
---
11: 3.4   570  570    0
12: 3.5   550  520    4
13: 3.6   550  530    4
14: 3.4   580  640    0
15: 3.0   550  540    1
```

∩圖 3-17　學生入學申請資料

圖 3-17 其中：

GPA：大學在學成績指標

TOFEL：留美英文能力測驗

GMAT：商業傾向智能測驗

Work：工作年資

例如對於申請人#1 與#2 而言，其**歐氏距離**在僅依 TOFLE 及 GMAT 的計算方式為：

$$d_{12} = [(580 - 530)^2 + ((550 - 550)^2]^{\frac{1}{2}} = 50$$

R軟體的應用

```
> sqrt((580-530)^2 +(550-550)^2)
[1] 50
```

使用內建函式繪出入學申請成績（TOEFL、GMAT）分佈圖

```
plot(     # 產生繪圖物件
  x=enrol$TOEFL,  # x 軸資料欄
  y=enrol$GMAT,    # y 軸資料欄
  type='n',  # 資料不繪出
  xlab='TOEFL',     # x 軸標籤文字
  ylab='GMAT',      # y 軸標籤文字
  main="Student's TOEFL & GMAT")    # 標題文字
text( # 於繪圖物件標示學生代號
  x=enrol$TOEFL,   # 同上
  y=enrol$GMAT,    # 同上
  labels=rownames(enrol))    # 學生代號
```

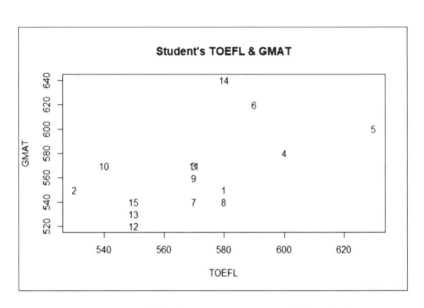

∩圖 3-18　大學申請 TOFLE vs. GMAT 成績分佈圖

　　上圖 3-18 其中 3，11 **共點而發生重疊現象**，吾人可改用外掛套件 ggplot2 及 ggrepel 的繪圖函式解決文字重疊現象：

```
library(ggplot2) # 載入繪圖套件
library(ggrepel)
ggplot(
  data=enrol,
  mapping=aes(
    x=TOEFL,
    y=GMAT
    )
  )+
labs(title="Student's TOEFL & GMAT",
     x ='TOEFL',
     y ='GMAT'
  )+
geom_point()+
geom_label_repel( # 疊加文字於圖
```

```
data=enrol, # 文字資料來源
mapping=aes(
    x=TOEFL,
    y=GMAT,
    label=row.names(enrol)),
show.legend =FALSE,
hjust=-0.1, # 文字位置水平向右幾個字寬
vjust=-0.1  # 文字位置垂直向上調整幾個字高)
```

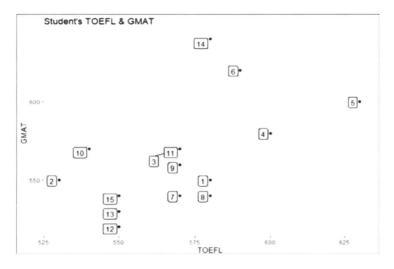

◑圖 3-19　大學申請 TOFLE vs. GMAT 成績分佈圖- 克服文字重疊現象

接下來探討階層集群法分群時資料尺度差異，及採用之距離估算方法差異造成之分群結果不同。

由於歐氏距離將會被大數據變異較大的變量，即入學申請如 TOFLE與 GMAT 成績所左右，而忽略小數據變量較小的變量，如大學在學成績指標（GPA）、工作年資（Work）。這時候適用**馬氏距離**（Mohanlanobis distance）。(8)

馬氏距離（Mohanlanobis distance）的定義如下，對於有 X、Y 變量的二點：

$$d_{(x,y)} = |X_2 - X_1| + |Y_2 - Y_1|$$

馬氏距離與歐氏距離類似，但須經過**變異共變數**的修正，即是一般統計觀念當中「**標準化**」的程序。這個時候，由於馬氏距離也同時考慮到變異與共變數的數大小，所以對於距離的衡量，與**未經過標準化的歐氏距離**作比較時，當然會有差異。正因為如此，利用馬氏距離或歐氏距離，來作集群分析的結果就應該有所不同。(8)

入學申請資料**標準化**之前的分布情形：

```
summary(enrol)    # 標準化之前分布概要
```

```
> summary(enrol)  ＝ 標準化之前分布概要
     GPA             TOEFL            GMAT            Work
 Min.   :3.00    Min.   :530.0    Min.   :520.0    Min.   :0.0
 1st Qu.:3.30    1st Qu.:550.0    1st Qu.:540.0    1st Qu.:0.0
 Median :3.50    Median :570.0    Median :560.0    Median :1.0
 Mean   :3.46    Mean   :570.7    Mean   :565.3    Mean   :1.8
 3rd Qu.:3.65    3rd Qu.:580.0    3rd Qu.:575.0    3rd Qu.:3.5
 Max.   :4.00    Max.   :630.0    Max.   :640.0    Max.   :6.0
```

♠圖 3-20　標準化之前資料分布

上圖 3-20 GPA、Work 顯與 TOEFL、GMAT 的衡量尺度大為不同，若同時採用此 4 項集群變數進行分群，則分析結果勢將幾乎以 TOEFL、GMAT 分數決定分群結果，將來自不同的度量單位的觀察值標準化的結果，一致地以 0 為中心（zero centering）且以**標準差**為單位，如此方能消彌前述受制於**大數字**的觀察值決定性的影響。

將入學申請資料**標準化**，並將**標準化**後的各變數（學生成績及工作資歷）分布作一概略了解（圖 3-21、圖 3-22）：

```
enrol.std<- scale(   # 標準化觀察值
  x=enrol,
  center=TRUE,       # 一致位移以 0 為中心
  scale=TRUE)        # 以標準差為一致之單位
print(enrol.std) # 列印標準化之結果
print(summary(enrol.std)) # 列印彙總之結果
```

```
> print(enrol.std) # 列印標準化之結果
             GPA        TOEFL        GMAT        Work
 [1,] -1.5738243  0.3703126 -0.4568134  0.1014599
 [2,] -0.8895529 -1.6135050 -0.4568134 -0.9131394
 [3,] -0.2052814 -0.0264509  0.1390302  2.1306586
 [4,]  0.8211257  1.1638397  0.4369520 -0.4058397
 [5,]  1.1632615  2.3541302  1.0327956 -0.9131394
 [6,]  1.8475329  0.7670761  1.6286392 -0.9131394
 [7,] -1.2316886 -0.0264509 -0.7547352  0.1014599
 [8,]  0.8211257  0.3703126 -0.7547352 -0.9131394
 [9,]  0.4789900 -0.0264509 -0.1588916  1.1160592
[10,]  0.1368543 -1.2167415  0.1390302  0.6087596
[11,] -0.2052814 -0.0264509  0.1390302 -0.9131394
[12,]  0.1368543 -0.8199779 -1.3505788  1.1160592
[13,]  0.4789900 -0.8199779 -1.0526570  1.1160592
[14,] -0.2052814  0.3703126  2.2244827 -0.9131394
[15,] -1.5738243 -0.8199779 -0.7547352 -0.4058397
```

∩圖 3-21　已標準化的觀察值（學生註冊資料）

```
> print(summary(enrol.std)) # 列印彙總之結果
     GPA               TOEFL              GMAT               Work
 Min.   :-1.5738   Min.   :-1.61350   Min.   :-1.3506   Min.   :-0.9131
 1st Qu.:-0.5474   1st Qu.:-0.81998   1st Qu.:-0.7547   1st Qu.:-0.9131
 Median : 0.1369   Median :-0.02645   Median :-0.1589   Median :-0.4058
 Mean   : 0.0000   Mean   : 0.00000   Mean   : 0.0000   Mean   : 0.0000
 3rd Qu.: 0.6501   3rd Qu.: 0.37031   3rd Qu.: 0.2880   3rd Qu.: 0.8624
 Max.   : 1.8475   Max.   : 2.35413   Max.   : 2.2245   Max.   : 2.1307
```

∩圖 3-22　標準化之下觀察值的四分位分布

比較同樣使用**歐氏**距離的資料標準化前與後的分群結果，下列程式 dist 函式之 x 引數分別用 enrol 與 enrol.std 帶入（圖 3-23、圖 3-24）：

```
dist.e.n <- dist( # 計算交互之歐氏距離
  x=enrol,              # 未標準化資料
  method = "euclidean", # 計算歐氏距離
  diag = TRUE,          # 含對角線(對應自身距離)之數字
  upper = TRUE          # 為閱讀方便上半部數字亦印出
)
cluster.e.n <- hclust( # 以全階方式進行群組分析
  dist.e.n,
  method = "complete")
cutree(cluster.e.n,k=3)
```

```
> cutree(cluster.e.n,k=3)   ＃ 未標準化資料的分群結果
 [1] 1 1 1 2 2 3 1 1 1 1 1 1 3 1
```

♠圖 3-23　資料標準化前歐氏距離分成 3 組

```
> cutree(cluster.e.s,k=3)   ＃ 標準化資料的分群結果
 [1] 1 1 2 3 3 3 1 1 2 2 1 2 2 3 1
```

♠圖 3-24　資料標準化後歐氏距離分成 3 組

再比較同樣使用**馬氏**距離的資料標準化前與後的分群結果，下列程式 dist 函式之 x 引數分別用 enrol 與 enrol.std 帶入：

```
dist.e.m <- dist( # 計算交互之馬氏距離
  x=enrol,              # 標準化資料
  method = "manhattan", # 計算馬氏距離
  diag = TRUE,          # 含對角線(對應自身距離)之數字
  upper = TRUE          # 為閱讀方便上半部數字亦印出)
cluster.e.m <- hclust(  # 以全階方式進行群組分析
  dist.e.m,
```

```
    method = "complete")
cutree(cluster.e.m,k=3)    # 未標準化資料馬氏距離的分群結果
```

```
> cutree(cluster.e.m,k=3)  = 未標準化資料馬氏距離的分群結果
[1] 1 1 1 2 2 3 1 1 1 1 1 1 3 1
```

∩圖 3-25 資料標準化前馬氏距離分成 3 組

```
> cutree(cluster.e.m,k=3)  = 標準化資料馬氏距離的分群結果
[1] 1 1 2 3 3 3 1 1 2 2 1 2 2 3 1
```

∩圖 3-26 資料標準化後馬氏距離分成 3 組

　　比較分別採用歐氏距離與馬氏距離之上圖 3-23 與圖 3-25 標準化資料前的結果均相同，同樣若將資料標準化之後上圖 3-24 與圖 3-26 結果亦相同，足見**資料標準化**的重要性，尤其是在集群變數中有不同的計量單位時，先將資料標準化已是必要程序。

　　至於**適當的分群數**有利於行銷策略，以下程式可觀其折線圖肘部位置：

```
library(factoextra)
optimal.clust<-fviz_nbclust(
  x=enrol,
  method='silhouette',
  FUNcluster=hcut,
  k.max=14,   # 受測者數
  nstart = 5)
print(optimal.clust)   # 列印肘部法折線圖
```

市場區隔的選擇

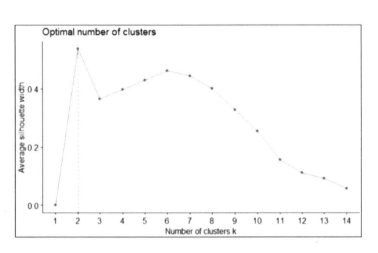

♦圖 3-27　肘部法折線圖

設依上圖 3-27 的建議分為 2 個集群並比照上述 cluster.e.n 改以標準化距離為參數值（請見本書 Github 原始碼專區之 R 程式），則歐氏距離下的分類將如下程式結果：

```
plot(   # 繪出以歐氏距離分析的多階群組圖
  x=cluster.e.s,
  xlab='Cluster',
  ylab='Euclidean distance',
  main='Hierarchical cluster Analysis',)
abline(h=4,col='red',lty=2)
cbind(    # 標準化資料歐氏距離的分 2 群結果
  enrol,
  cluster=cutree(cluster.e.s,k=2))
```

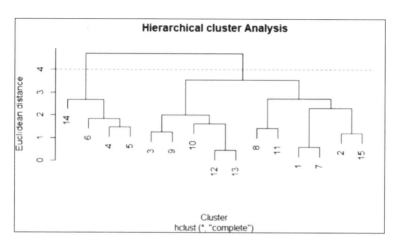

● 圖 3-28 歐氏距離分析的多階群組圖

```
   GPA TOEFL GMAT Work cluster
1  3.0  580   550   2      1
2  3.2  530   550   0      1
3  3.4  570   570   6      1
4  3.7  600   580   1      2
5  3.8  630   600   0      2
6  4.0  590   620   0      2
7  3.1  570   540   2      1
8  3.7  580   540   0      1
9  3.6  570   560   4      1
10 3.5  540   570   3      1
11 3.4  570   570   0      1
12 3.5  550   520   4      1
13 3.6  550   530   4      1
14 3.4  580   640   0      2
15 3.0  550   540   1      1
```

● 圖 3-29 標準化資料歐氏距離的分成 2 個集群結果

　　從圖 3-29 在分析上就產生一個疑問：究竟應該合併到什麼程度或者說合併到剩下幾個集群，對資料才算是合適的？可惜的是，由於集群分析是一個**無母數**方法，我們無法使用任何的統計分配，做最適群組數的檢定。所以在實務上，也許可以根據(1)事實的出像資料，(2)合併「距離」的長短差異，或者(3)分析者的主觀做個案的分析判斷。就這一部分而言，並沒有一致公認的客觀判定標準。(9)

集群分析並不是一種統計推論技術，而是將一組觀察值的結構特性予以數量化的一種客觀方法。因此，在其他方法中非常重要的常態性、直線性以及變異數相等性等要求，對集群分析來說幾乎沒有什麼作用；但是**複共線性**（multicollinearity）則有影響，因為具有複共線性的那些變數會有較大的權重，**複共線性有如一種加權過程**，會影響分析的結果。[8,10]

因此，研究人員在做集群分析之前，應該檢查一下所有的變數，避免變數間具有高度複共線性的現象。如果發現有明顯複共線性的情形，可剔除部分具有高度複共線性的變數。如果複共線性結果檢查結果，發現原始變數可分為若干集群，各群內的變數均具有高度複共線性，此時可分別剔除各組內的部分變數，使各組的變異數目相等。複共線性現象也可利用**馬氏距離**來處理，因為利用**馬氏**距離來衡量相似性時，已考慮了變數間的相關問題。[8,10]

集群分析的結果會受到所選擇變數的限制，集群分析導出的集群，只反應出由變數所界定的資料的原有結構。變數的選擇必須兼顧理論、觀念和實務的考量，不應該毫無選擇的把不相關的變數納進來。集群分析技術無法區別相關和不相關的變數，把研究目的不相關的變數選進來，將會增加產生離群值（outliers）的機會，對於集群分析的結果會有重大的影響，研究人員應該以研究目的作為選擇變數的準則。[8,10]

3-3 非階層式集群法（Nonhierarchical method）

非階層式集群法最常被用的方法為 K-means 集群法，即 K 平均數法。該方法是動物學家於 1960 年代所發明，原本的目的是為了將動物分類成不同「門」別。早期此演算法是由 EW Forgy, RC Jancey, Anderberg 等人在 1960 年代聯手設計，但直到 1967 年，James MacQueeb 才發明了「K-means」一詞。所謂 K-means，K 代表集群數，核心則是集群的平均數。一開始，這些動物學家試著根據動物（確切來說是蝴蝶）的特性，決定其屬於那個門。他們的目標是建立一套分類學演算法。[11]

相對於來說，K-means 集群法佔用記憶體少、計算量少、且處理速度快，特別適合大樣本集群分析。K 即其組數，假定有 K 組，就得先安排 K 個種子點（seed points），然後依下步驟處理：

1. 將各物件點分割成 K 個原始集群。

2. 計算某一物件點到各集群重心，即平均數的距離（歐氏距離），然後將一些物件點分派到距離最近的那個集群。重新計算得到新物件點的那個集群和喪失該物件點的那個集群的重心。

3. 重複第 2 步驟，直到各物件點都不必重新分派到其他集群為止。

吾人也可以不必先將各物件點。分割成 K 個原始的集群步驟 1，而 可先設定 K 個重心（種子點），然後進行步驟 2。

【實例三】

將四個物件點 1，2，3，4，分成 k=2 個集群（Clustering using the K-means method）[10]

表 3-3　四個物件點 1，2，3，4，其 x_1 和 x_2 的觀察值

變數(屬性)	物件			
	1	2	3	4
x_1	6	-4	2	-4
x_2	4	2	-1	-3

吾人要將這四個物件點分成 k=2 個集群，使集群內的物件點較為接近。為便於想像，吾人將此四個物件點 1，2，3，4 以 X、Y 座標表示，X 表示 x_1，Y 表示 x_2。

市場區隔的選擇

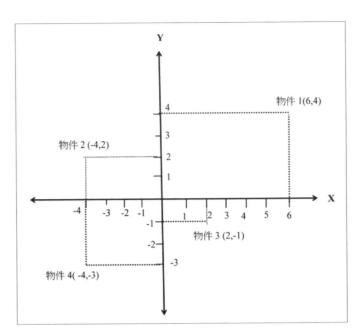

↑圖 3-30　四個物件點 1，2，3，4 以座標表示

　　而**非階層式**集群法，必須事**先訂定群數**，且其分群結果也因起始群之不同而有變化。首先任意將這四個物件點分割成兩個集群，

1.　如 (1,3) 和 (2,4) 為初始分群，然後計算這兩個集群的重心（即平均數）的座標（$\bar{x}_1$，$\bar{x}_2$）如下：

　　集群(1,3)：$\bar{x}_1 = \dfrac{6+2}{2} = 4$,　$\bar{x}_2 = \dfrac{4-1}{2} = 1.5$

　　集群(2,4)：$\bar{x}_1 = \dfrac{-4-4}{2} = -4$,　$\bar{x}_2 = \dfrac{2-3}{2} = -0.5$

2.　若 (1,2) 和 (3,4) 為初始分群，然後計算這兩個集群的重心（即平均數）的座標（$\bar{x}_1$，$\bar{x}_2$）則如下：

　　集群(1,2)：$\bar{x}_1 = \dfrac{6-4}{2} = 1$,　$\bar{x}_2 = \dfrac{4+2}{2} = 3$

　　集群(3,4)：$\bar{x}_1 = \dfrac{2-4}{2} = -1$,　$\bar{x}_2 = \dfrac{-1-3}{2} = -2$

比較上述兩個初始分群，何者較接近 k-means 集群法之目的？即分群最終使得**組內平方和**（within-cluster sum of squares 簡稱 WCSS）達到最小：

$$\min(\sum_i^k \sum_{x \in S_i} (x - \mu_i)^2) \quad\text{..}\quad (3.1)$$

其中，k：集群數，S_i：第 i 集群，x：集群之成員變數（屬性）值

μ_i：集群成員屬性平均值

接著計算比較上述二種初始分群的 WCSS：

1. (1,3) 和 (2,4) 各屬性與其**各重心距離**平方和

$(x_1-\mu_1)^2+(x_3-\mu_1)^2+(x_2-\mu_2)^2+(x_4-\mu_2)^2$

$=[(6-4)^2+(4-1.5)^2+(2-4)^2+(-1-1.5)^2]+[(-4+4)^2+(2+0.5)^2+(-4+4)^2+(-3+0.5)^2]$

$= 33$

2. (1,2)和(3,4) 各屬性與其各重心距離平方和

$(x1-\mu_1)^2+(x2-\mu_1)^2+(x3-\mu_2)^2+(x4-\mu_2)^2$

$=[(6-1)^2+(4-3)^2+(-4-1)^2+(2-3)^2]+[(2+1)^2+(-1+2)^2+(-4+1)^2+(-3+2)^2]$

$= 72$

(1,3) 和 (2,4) 的初始分群的**組內平方和** WCSS 比 (1,2) 和 (3,4) 的初始分群的組內平方和（WCSS）要小，顯示**初始(1,3)和(2,4)的分群較佳**，唯與其他的組合例如 (1,4) 和 (2,3) 比較又如何？當物件（object）對象增多則需比較的組合將成**等比級數**上升；因此需要借助良好的**演算法**以快速處理，本章往下實例將陸續就 R 軟體的應用來說明。

R軟體的應用

使用內建函式 data.frame 建構上表 3-3 之觀察值：

```
ob<- data.frame(      # 將觀察值建構 data frame 物件
  x1=c(6,-4,2,-4),    # 第一行行名與向量值
  x2=c(4,2,-1,-3),    # 第二行行名與向量值
  row.names=1:4)       # 列名為 1~4 代表分群對象的 4 個 object
```

以上述方程式 (3.1) 計算整體群組成員各屬性與其各平均值距離平方總和（WCSS）以比較分群效果：

(1,2)、(3,4) 分群：

```
means<-rbind(      # 計算初始分群(1,2)、(3,4)的平均值
  colMeans(ob[c(1,2),]),
  colMeans(ob[c(3,4),]))
print(means)       # 初始分群(1,2)和(3,4) 的平均數
sum((ob - means[c(1,1,2,2),])^2)   # 依方程式(3.1)計算 WCSS
```

```
> means<-rbind(      # 計算初始分群(1,2)、(3,4)的平均值
+   colMeans(ob[c(1,2),]),
+   colMeans(ob[c(3,4),]))
> print(means)       # 初始分群(1,2)和(3,4) 的平均數
     x1 x2
[1,]  1  3
[2,] -1 -2
> sum((ob - means[c(1,1,2,2),])^2)   # 依方程式(3.1)計算WCSS
[1] 72
```

�圖 3-31 (1,2)、(3,4) 分群的 WCSS

(1,3)、(2,4) 分群：

```
means<-rbind(       # 計算初始分群(1,3)、(2,4)的平均值
  colMeans(ob[c(1,3),]),
  colMeans(ob[c(2,4),]))
print(means)        # 初始分群(1,3)和(2,4) 的平均數
sum((ob - means[c(1,2,1,2),])^2)   # 依方程式(3.1)計算 WCSS
```

```
> means<-rbind(       # 計算初始分群(1,3)、(2,4)的平均值
+   colMeans(ob[c(1,3),]),
+   colMeans(ob[c(2,4),]))
> print(means)        # 初始分群(1,3)和(2,4) 的平均數
     x1   x2
[1,]  4  1.5
[2,] -4 -0.5
> sum((ob - means[c(1,2,1,2),])^2)   # 依方程式(3.1)計算WCSS
[1] 33
```

∩圖 3-32　(1,3)、(2,4) 分群的 WCSS

上圖 3-31、圖 3-32 的比較顯然(1,3)、(2,4)的**分群爲佳**。

　　由於集群分析根據實際的樣本資料，作「距離」的估算。吾人可從當中**主觀判斷**出最適宜的物件分群與解釋的方式。如果物件的初始分配確實不準確，則可以重新分配物件。

那種集群法較佳？

　　到這裏爲止，本章介紹兩種集群法，即階層式**集群法**及非階層式**集群法**。階層式是**不必事先知道集群數**，但在各種分群法則（如 Single Linkage、Complete Linkage、Average Linkage 等）中那一種較理想，則沒有肯定的答案，可以說結果不盡相同。而非階層式集群法，**必須事先訂定群數**，且其分群結果也因起始集群之不同而有變化。若將兩種集群法合併使用，可得相輔相成的效果，先以初步探測訊息，將其分群結果，提供給非階層式集群法當作起始群，以改善其分群效果。

【實例四】

k-means 均值演算法說明了六種魚類中包含的三種營養素。

數據示於下表 3-4。矩陣中的元素可以由 A(I, j) 表示,其中 1 ≤ i ≤6 和 1 ≤ j ≤3,分別是案例數和變量數。(12)

表 3-4:六種魚類中的三種營養素

	能量(Energy)	脂肪(Fat)	鈣質(Calcium)	總和營養素(i)
鯖魚 (Mackerel, MC)	5	9	20	34
鱸魚(Perch, PR)	6	11	2	19
鮭魚(Salmon, SL)	4	5	20	29
沙丁魚 (Sardines, SD)	6	9	46	61
鮪魚(Tuna, TN)	5	7	1	13
蝦(Shrimp, SH)	3	1	12	16

本實例雖然只有處理六種魚類中包含的三種營養素,除了在辨識視覺模式(visual patterns)時,人腦其實並不擅長處理大量資訊,心理學家實驗發現:人類同時大概只能處理約 6 種不同資訊,所以就算要比較三種產品的三種特徵,就會超出能力範圍。(13) 本實例以 K-mean 方法,找出羣組及各羣組屬性均值,則可突破此限制。

R軟體的應用

程式開始分析前需至本書 Github 資料夾下載 R 專用資料檔 fishNut.rds,如下連結:https://github.com/hmst2020/MS/tree/master/data/再將檔案放置於 readRDS 函式讀取路徑下予以載入 R 之變數

```
ob<- readRDS(file = "data/fishNut.rds")    # 本例資料載入
library(dplyr)
ob.sum<- ob %>%  # 增加 Sum 欄位
```

```
  mutate(
    Sum=rowSums(.[1:3]))
print(ob.sum)   # 列印觀察值內容
```

```
> print(ob.sum)   # 列印觀察值內容
   Energy Fat Calcium Sum
MC     5   9      20  34
PR     6  11       2  19
SL     4   5      20  20
SD     6   9      46  61
TN     5   7       1  13
SH     3   1      12  16
```

⋒圖 3-33　各魚類營養成分及其加總

方法一：使用 R 的套件 base 解題

步驟 1） 起始分群

初始分群計算依據：

$$K[Sum(i)-Min]/(Max-Min)+1 \cdots\cdots\cdots\cdots(3.4.1)$$

其中：

K：分群數

Min：總合**營養素**最小值，本例為 13（圖 3-33）

Max：**總和營養素**最大值，本例為 61（圖 3-33）

Sum(i)：每一魚類之營養素總和

```
k<-3      # 設欲分為 3 個群組
min.s<- min(ob.sum$Sum) # 營養素總和最小者
max.s<- max(ob.sum$Sum) # 營養素總和最大者
ob.sum<- cbind(   # 以初始分群依據將之分為 k 群
  ob.sum,
```

```
  cluster=unlist(lapply(
    data.frame(t(ob.sum$Sum)),
    function(x){
      y<-floor(k*(x-min.s)/(max.s-min.s)+1) #公式(3.4.1)
      ifelse(y>k,k,y)
    })
  )
)
clust.l<- vector('list',k) # 宣告一 list 物件做分群紀錄
for (i in 1:nrow(ob.sum)){ # 計算初始各群組的成員
  x<-ob.sum[i,]
  clust.l[[x$cluster]]<-append(
    clust.l[[x$cluster]],rownames(ob.sum)[i])
}
print(ob.sum)   # 列印初始分群
print(clust.l) # 列印初始分群
```

```
> print(ob.sum)  # 列印初始分群
    Energy Fat Calcium Sum cluster
MC       5   9      20  34       2
PR       6  11       2  19       1
SL       4   5      20  29       2
SD       6   9      46  61       3
TN       5   7       1  13       1
SH       3   1      12  16       1
> print(clust.l) # 列印初始分群
[[1]]
[1] "PR" "TN" "SH"

[[2]]
[1] "MC" "SL"

[[3]]
[1] "SD"
```

⋔圖 3-34　k=3 初始群組

圖 3-34 經公式 (3.4.1) 計算將 6 種魚類，依 k=3 初始分成三組分別為 1~3，將繼續下列程式嘗試將各種魚類變更組別，首先須計算目前初始群組的中心值以及目前的內部距離平方總和（within-cluster sum of squares，WCSS），自訂一函式 clust.m 如下：

```
clust.m<- function(grp.l){   # 計算群之的各觀察維度中心值
  result<- data.frame()
  for (e in grp.l){
    mean<-colMeans(ob[e,])
    result<- rbind(result,t(mean))
    rownames(result)[nrow(result)]<-
      paste0(sprintf('(%s)',e),collapse='')
  }
  return (result)
}
```

步驟 2）計算各群組之的各觀察維度（營養素）中心值

```
clust.means<-clust.m(clust.l)
print(clust.means)   # 列印初始分群之各觀察維度平均值
```

```
> print(clust.means)   # 列印初始分群之各觀察維度平均值
                  Energy      Fat Calcium
(PR)(TN)(SH) 4.666667 6.333333       5
(MC)(SL)     4.500000 7.000000      20
(SD)         6.000000 9.000000      46
```

⋒圖 3-35　各魚類群組之營養素平均值

步驟 3）計算初始分群內部距離平方總和

```
tot.withinss<-sum((ob - clust.means[ob.sum$cluster,])^2)
print(tot.withinss)   # 列印群組內部距離平方總和
```

```
> print(tot.withinss)    # 列印群組內部距離平方總和
[1] 137.8333
```

∩圖 3-36　初始的 WCSS

步驟 4）迴圈找出是否有魚類必要變更歸屬之群組，以助於降低分群內部距離平方總和，直至在無需變更為止，對於判斷是否必要變更歸屬群組，則有賴於預先計算轉移群組後造成的內聚貢獻，也就是原群組與新群組各有一新均值點，能否使 WCSS 更小：

$$R_{l(i),l} = \frac{n(l)D(i,l)^2}{n(l)+1} - \frac{n(l(i))D(I,l(i))^2}{n(l(I))-1} \quad\text{...(3.4.2)}$$

其中：

　　l：表示新群組

　　I：表示舊群組

　　$n(l)$：表示在群組 l 裡的原成員數

　　$l(i)$：表示第 i 個 object 所在的群組

　　$D(i,l)^2$：表示第 i 個 object 與群組 l 裡各屬性的平均值之差計算其平方和

　　$R_{l(i),l}$ 值若小於 0 表示轉移群組有利

　　自訂一函式 change 用來記錄魚類組群的更新，如下：

```
change<- function(el,fid,tid,grp.l){ # 向量元素 el 從群 fid 轉至
tid
  grp.l[[fid]]<-grp.l[[fid]][!grp.l[[fid]] %in% c(el)]
  grp.l[[tid]]<- append(grp.l[[tid]],el)
  ob.sum[which(rownames(ob.sum)==el),]$cluster<-tid
  return (list(clust.l=grp.l,ob.sum=ob.sum))
}
```

```
repeat{
  el<-NULL
  for (i in 1:nrow(ob.sum)){
    r<-ob.sum[i,]
    cid<-r$cluster
    n.li<-nrow(ob.sum[    # 計算原群組的成員數
      which(ob.sum$cluster==cid),]
    )
    decrease<-ifelse( # 計算移轉至新的群組可能的 WCSS 的遞減（正貢獻）
      (n.li-1)==0,    # 若原群組只剩本身一個成員
      sum((ob[i,]-clust.means[cid,])^2),
      n.li/(n.li-1)*sum( # 計算均值差之平方和之影響值
        (ob[i,]-clust.means[cid,])^2)
      )
    for (k in (1:nrow(clust.means))[-cid]){
      n.l<-nrow(ob.sum[    # 計算新群組的成員數
        which(ob.sum$cluster==k),]
      )
      increase<- n.l/(n.l+1)*sum(   # 計算均值差之平方和之影響值
        (ob[i,]-clust.means[k,])^2
      )
      var<- increase-decrease    # 即判斷公式(3.4.2)裡的 R 值
      if (var<0){     # 若轉移群組有利
        el<-rownames(ob.sum[i,])
        l<-change(el,cid,k,clust.l)
        clust.l<- l$clust.l
        ob.sum<- l$ob.sum
        clust.means<-clust.m(clust.l)
        break
      }
    }
    if (length(el)!=0){
      break
    }
```

```
  }
  if (length(el)==0){
    break
  }
}
```

步驟 5） 列出最後分群之結果

```
tot.withinss<-sum(    # 群組內部距離平方總和
  (ob - clust.means[ob.sum$cluster,])^2
)
mean<-colMeans(ob)    # 觀察值依各欄（營養素）計算平均
totss<-sum(         # 各觀察值至各營養素平均值的距離平方總和
  mapply('-', ob, mean)^2
)
betweenss<- totss-tot.withinss    # 計算群組間距離平方總和
summaries<-list(    #分群指標值彙總
  totss=totss,
  tot.withinss=tot.withinss,
  betweenss=betweenss
)
print(ob.sum[order(ob.sum$cluster),]) # 列印各 object 歸屬之群組
print(clust.means) # 列印各群組平均值
print(summaries)   # 列印分群彙總指標
```

```
> print(ob.sum[order(ob.sum$cluster),]) # 列印各object歸屬之群組
   Energy Fat Calcium Sum cluster
PR      6  11       2  19       1
TN      5   7       1  13       1
MC      5   9      20  34       2
SL      4   5      20  29       2
SH      3   1      12  16       2
SD      6   9      46  61       3
```

♠圖 3-37　各魚類最終的歸群結果

```
> print(clust.means)  # 列印各群組平均值
            Energy Fat Calcium
(PR)(TN)      5.5   9  1.50000
(MC)(SL)(SH)  4.0   5 17.33333
(SD)          6.0   9 46.00000
```

○圖 3-38　各群組的平均值

```
> print(summaries)   # 列印分群彙總指標
$totss
[1] 1435.667

$tot.withinss
[1] 85.66667

$betweenss
[1] 1350
```

○圖 3-39　各 sum–of-square 值

對照圖 3-36 初始值 137.8333 圖 3-39 顯示迴圈結束後得到最小值的 WCSS 為 85.66667。

方法二：以 R 套件 stats 的 kmeans 函式解題

通常使 K-means 的使用需先決定分幾群與分群組的目的一併考慮，處理過程成員組成會不斷更新各群組 sample mean（中心點），如下 R 程式 km$centers 提供此一思路的實現。

```
#############以 R 套件 stats 解題##################
km<-kmeans(    # 產生 kmeans 物件
  x=ob,        # 觀察值物件
  centers=3,   # 指定分群數
  iter.max = 10,   # 限制迴圈次數免於落入無窮迴圈
  nstart = 25) # 依分群數隨機取 object 歸入之起始套數，此值可讓分群加速穩定
cluster.center<- round(as.data.frame(t(km$centers)),digits=3)
colnames(cluster.center)<- paste0(paste0('group',1:2),'(n=',k
m$size,')')
print(cluster.center)  # 列印各群組平均值(中心值)
```

```
newob<-cbind(ob,Cluster=km[["cluster"]])
print(newob[order(newob$Cluster),])    # 列印各 object 歸屬之群組
print(km$totss) # 列印合計的 sum of square
print(km$tot.withinss)    # 列印群組內部距離平方總和
print(km$betweenss)        # 列印群組間距離平方總和
```

```
> print(cluster.center)  # 列印各群組平均值（中心值）
         group1(n=2) group2(n=3) group1(n=1)
Energy      5.5         4.000          6
Fat         9.0         5.000          9
Calcium     1.5        17.333         46
```

⌒圖 3-40　各群組的平均值（同上圖 3-38）

```
> print(newob[order(newob$Cluster),])   # 列印各object歸屬之群組
   Energy Fat Calcium Cluster
PR     6  11       2       1
TN     5   7       1       1
MC     5   9      20       2
SL     4   5      20       2
SH     3   1      12       2
SD     6   9      46       3
```

⌒圖 3-41　各魚類最終的歸群結果（同上圖 3-37）

```
> print(km$totss) # 列印合計的sum of square
[1] 1435.667
> print(km$tot.withinss)   # 列印群組內部距離平方總和
[1] 85.66667
> print(km$betweenss)         # 列印群組間距離平方總和
[1] 1350
```

⌒圖 3-42　各 sum–of-square（同上圖 3-39）

　　圖 3-42 顯示各群組之間 SS 達總體 SS 之 94%(=1350/1435)，亦即群內聚 WCSS 達總體 SS 之 6%，k=3 為一理想的分群結果，如何事前預知最佳分群數請見下一實例。

　　以上兩個方法，當以**方法二**最為簡便，唯**方法一**旨在提供 K-means 分群過程，得以檢視其分群之合理性與說服力。

本實例雖然只有處理六種魚類（鯖魚、鱸魚、鮭魚、沙丁魚、鮪魚、蝦）中包含的三種營養素，以人工計算，已經招架不住，若加上更多魚類，如鯡魚（herring）、虱目魚（milkfish）、白鯧魚（White pomfret）等三種魚類，當然有更多魚類；此外也更多營養素如維生素 D、B2、鋅、鐵質、牛磺酸、DHA、EPA 等等。當然是超出人類能力範圍。本實例以 K-mean 方法，找出羣組及各羣組屬性均值，則可突破此限制。

【實例五】

32 名大學生品嚐 10 種不同品牌的啤酒，以集群分析求出市場區隔(14)

在定位產品時，我們不僅必須確保目標客戶將其與現有產品充分區分開，而且還必須確保它在知覺空間（perceptual space）中佔據有吸引力的位置。

選擇市場區隔，可從消費者就有關產品主觀維度偏好的資訊，進行抽樣，要求每個人對他或她可取得產品的偏好進行排名（或評分）。

為了便於說明，本實例就一項大學生對 10 種不同品牌啤酒的知覺和偏好的研究結果，如表 3-5。每 32 名大學生（從較大的研究中隨機選擇的一個子集合）對以下每個品牌進行 10 點計分法。藉用同一資料集，本實例在探討市場區隔，至於同一資料集探討品牌知覺圖，請見第 4 章[實例四]。

表 3-5　大學生對不同品牌的啤酒的偏好資料

學生編號	啤酒品牌									
	Anchor	Bass	Becks	Corona	Gordon	Guinnes	Heinken	Petes	Sam	Sieera
S001	5	9	7	1	7	6	6	5	9	5
S008	7	5	6	8	8	4	8	8	7	7
S015	7	7	5	6	6	1	8	4	7	5
S022	7	7	5	2	5	8	4	6	8	9
S029	9	7	3	1	6	8	2	7	6	9
S036	7	6	4	3	7	6	6	5	4	9

學生編號	啤酒品牌									
	Anchor	Bass	Becks	Corona	Gordon	Guinnes	Heinken	Petes	Sam	Sieera
S043	5	5	5	6	6	4	7	5	5	6
S050	5	3	1	5	5	5	3	5	5	9
S057	9	3	2	6	4	6	1	5	3	6
S064	2	6	6	5	6	4	8	4	4	3
S071	7	7	7	5	7	8	6	7	7	8
S078	8	3	3	9	9	2	1	9	7	8
S085	6	5	3	7	6	5	8	6	7	5
S092	5	6	3	8	6	7	6	7	6	7
S099	4	7	2	8	5	9	8	3	8	8
S106	3	3	4	5	6	5	9	7	5	5
S113	2	4	5	7	6	6	8	1	7	4
S120	9	3	7	4	2	4	6	3	8	6
S127	5	3	4	7	7	7	6	6	6	6
S134	2	4	4	8	5	5	5	4	6	6
S141	5	7	6	7	5	8	8	7	5	7
S148	8	9	6	7	7	8	6	8	8	8
S162	5	6	6	7	5	3	7	3	4	3
S169	5	5	6	7	7	4	6	3	7	6
S176	5	5	7	8	7	6	7	5	4	7
S183	3	5	4	7	3	1	2	6	6	5
S190	4	3	6	8	6	1	8	2	7	7
S197	3	8	4	8	6	2	8	4	6	1
S204	3	5	1	5	5	3	4	6	7	5
S211	3	8	5	8	7	5	5	3	7	8
S218	8	8	5	7	9	9	7	7	6	8
S225	7	6	2	2	6	6	2	7	5	5

其偏好以 1~9 點表示：

其中 9 = 最喜歡的，依次類推，1 表示喜好度最低，因為我們主要對相對偏好感興趣，所以我們以每個學生的評分為中心，以消除學生對產品類別總體偏好的差異。（在較大的研究中，只有不到 10% 的學生表示他們對產品類別沒有偏好，任何品牌的啤酒；該特定子樣本中均未包含任何受訪者。）然後，我們使用 K-means 集群對數據區分。

還顯示了我們的 k-means 群集分析中的兩個群集分區（我們還檢查了三個群集和四個群集解決方案，發現從下述的 Silhouette method 計算**平均組間距離**最大，k=2,3,4 為主要可能選項，但仍屬 k=3 為最佳，而非 k=2，另外，再用 K-means 比較其分組之品質效益，如下述均建議 k=3 為佳，但與 K=2 的差距有限，如下圖：

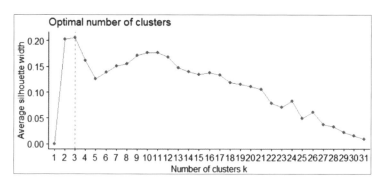

○圖 3-43　群組效益曲線

學生對不同品牌的啤酒[注1]的偏好資料矩陣的維度為 32×10，無法以人工計算，本實例以 K-mean 方法。

（注1）

　　無論是什麼啤酒，都是由水、麥芽（malts）、啤酒花（hops）和酵母（yeast）釀造而成。拉格啤酒（lagers）約攝氏 2 至 13 度低溫環境下的下層發酵酵母（bottom-fermenting yeast）所釀造。愛爾（Ale）啤酒約攝氏 15 至 24 度的溫度下釀製，且使用上層發酵酵母

（top-fermenting yeast）進行發酵。這類的酵母和釀造溫度使得愛爾啤酒有更豐富的水果香和香料風味。和艾爾啤酒（Ales）相比，拉格啤酒最終成品酵母味較淡，且口感清新冷冽，以啤酒花和麥芽風味為主。(14)

R軟體的應用

1. 同上實例的下載區下載 preferences_32.csv 檔案，接著載入學生對啤酒喜好度之問卷調查資料，整理資料使學生為列（row）名，啤酒品牌為行（column）名。

2. 使用內建套件 stats 之 kmeans 函式將學生區分三群組

3. 使用外掛套件 factoextra 之 fviz_cluster 函式繪出群組分析圖至路徑檔案

4. 將 1 之問卷資料使用轉置函式 t，使行與列置換，即列為啤酒品牌，行為學生，進行如上 2~3 步驟對啤酒品牌分群

載入資料：

```
#### 讀取學生的酒類喜好問卷調查資料########
path<- 'data/preferences_32.csv' # 資料檔案指定於工作目錄之相對路徑
q<-read.csv(path)   # 讀取問卷調查資料
q<-data.frame(
  q[,2:length(q)],   # 資料第二欄起為酒類喜好值
  row.names=q[,1]   # 擷取資料第一欄為 rownames)
head(q) # 列印前六筆
tail(q) # 列印倒數六筆
```

```
> head(q)  # 列印前六筆
     Anchor Bass Becks Corona Gordon Guinnes Heineken Petes Sam Sieera
S001      5    9     7      1      7       6        6     5   9      5
S008      7    5     6      8      8       4        8     8   7      7
S015      7    7     5      6      6       1        8     4   7      5
S022      7    7     5      2      5       8        4     6   8      9
S029      9    7     3      1      6       8        2     7   6      8
S036      7    6     4      3      7       6        6     5   4      9
> tail(q)  # 列印倒數六筆
     Anchor Bass Becks Corona Gordon Guinnes Heineken Petes Sam Sieera
S190      4    3     6      8      6       1        8     2   7      7
S197      3    8     4      8      6       2        8     4   6      1
S204      3    5     1      5      5       3        4     6   7      5
S211      3    8     5      8      7       5        5     3   7      8
S218      8    8     5      7      9       9        7     7   6      8
S225      7    6     2      2      6       6        2     7   5      5
```

∩圖 3-44　啤酒喜好的學生問卷

依學生分群：kmeans 函式的解析及說明請見本章[實例三]

```
km<-kmeans(    #   原始觀察值分群
  x=q,
  centers=3,
  iter.max = 10,
  nstart = 25)
options(width=180) # 將 console output 寬度調整容納長資料寬度
sink(   # 將 console output 轉向至文字檔
  file="E:/temp/km.txt",
  type="output")
km    # 列印 kmeans 分群結果
sink()   # 結束 console 轉向
```

```
K-means clustering with 3 clusters of sizes 6, 19, 7

Cluster means:
     Anchor     Bass    Becks   Corona   Gordon  Guinnes Heineken    Petes      Sam   Sieera
1 5.833333 4.166667 2.166667 5.666667 5.333333 3.833333 2.166667 6.333333 5.500000 6.333333
2 4.578947 5.263158 4.947368 6.947368 5.894737 4.736842 7.157895 4.473684 6.105263 5.631579
3 7.285714 7.571429 5.285714 3.714286 6.857143 7.571429 5.285714 6.428571 6.857143 7.857143

Clustering vector:
S001 S008 S015 S022 S029 S036 S043 S050 S057 S064 S071 S078 S085 S092 S099 S106 S113 S120 S127 S134 S141
   3    2    3    3    1    2    1    2    3    1    2    2    2    2    2    2    2    2    2    2    2

Within cluster sum of squares by cluster:
[1] 165.0000 467.1579 141.4286
 (between_SS / total_SS =  34.9 %)

Available components:

[1] "cluster"     "centers"     "totss"      "withinss"   "tot.withinss" "betweenss"   "size"
```

⓪圖 3-45　依學生喜好以 K-means 分 3 群的結果

上圖 3-45 說明即使區分三群組僅達 34.9% 之組間距平方和（between-cluster sum of squares），亦即依此問卷收集之資料，其各群組的區隔並非特別明顯。

```
library(factoextra)
fviz<-fviz_cluster(  # 將分群結果產生可視化物件
    object=km,          # 各 object 依 kmeans 產生的分群結果
    data=q,             # 依酒類排列的標準化觀察值
    geom=c('point','text'),  # 幾何圖形包含點標示與其文字
    repel=TRUE,         # 重疊文字是否錯開並加上引線
    show.clust.cent=TRUE,    # 是否標示各群組中心點
    pointsize=1,        # 幾何圖點標示符大小
    labelsize=10,       # 幾何圖標示之文字大小
    stand = TRUE,       # 主成份分析前是否處理標準化
    ellipse=TRUE,       # 是否繪出群組外框，形狀依 ellipse.type
    ellipse.type='norm',  # 群組外框框架型態
    main='Student cluster'  # 圖標題)
ggsave(     # 繪出至檔案(存檔目錄需存在，否則會有錯誤拋出)
    file="E:/temp/fviz.svg",  #存檔目錄及檔名
    fviz,               # ggplot 繪圖物件
    scale = 1.5         # 繪圖板尺規範圍擴增倍數)
```

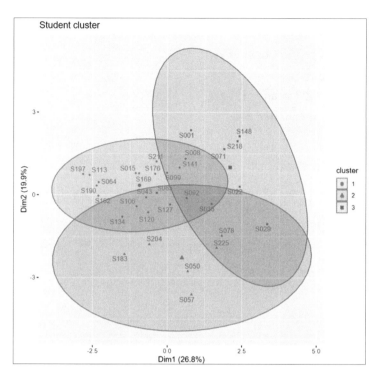

♠圖 3-46　學生(依對啤酒喜好分)群組

　　上圖 3-46 以顏色區分相似喜好啤酒品牌之學生，並以橢圓圖形標示範圍，範圍交錯處或可視為區分之模糊地帶，正也說明 K-means 區分三群組僅達 34.9%之組間距平方和（between-cluster sum of squares），可由圖 3-45 的結果來解讀。

依酒類分群：視酒類為列學生為行的 kmeans 函式分析

```
##################依啤酒品牌區分群組####################
km.beer<-kmeans(   #  原始觀察值分群
  x=t(q),
  centers=3,
  iter.max = 10,
  nstart = 25
)
options(width=180) # 將 console output 寬度調整容納長資料寬度
```

```
sink(   # 將 console output 轉向至文字檔
   file="E:/temp/km.beer.txt",
   type="output")
km.beer   # 列印 kmeans 分群結果
sink()   # 結束 console 轉向
```

```
K-means clustering with 3 clusters of sizes 4, 2, 4

Cluster means:
   S001 S008 S015 S022 S029 S036 S043 S050 S057 S064 S071 S078 S085 S092 S099 S106 S113 S120 S127 S134 S141
1  5.25  6.5 4.25 7.50  8.0 6.75 5.00  6.0  6.5 3.25  7.5 6.75 5.50 6.50  6.0  5.0 3.25  5.5  6.0 4.25 6.75
2  3.50  8.0 7.00 3.00  1.5 4.50 6.50  4.0  3.5 6.50  5.5 5.00 7.50 7.00  8.0  7.0 7.50  5.0  6.5 6.50 7.50
3  8.00  6.5 6.25 6.25  5.5 5.25 5.25  3.5  3.0 5.50  7.0 5.50 5.25 5.25  5.5  4.5 5.50  5.0  5.0 4.75 5.75

Clustering vector:
   Anchor     Bass    Becks   Corona   Gordon  Guinnes Heineken    Petes      Sam   Sieera
        1        3        2        2        3        1        2        1        3        1

Within cluster sum of squares by cluster:
[1] 270.75 111.00 249.75
 (between_SS / total_SS =  40.3 %)

Available components:

[1] "cluster"      "centers"      "totss"        "withinss"     "tot.withinss" "betweenss"    "size"
```

⊙圖 3-47   依酒類以 K-means 分 3 群的結果

```
library(factoextra)
fviz.beer<-fviz_cluster(  # 將分群結果產生可視化物件
   object=km.beer,          # 各 object 依 kmeans 產生的分群結果
   data=t(q),               # 依酒類排列的標準化觀察值
   geom=c('point','text'),  # 幾何圖形包含點標示與其文字
   repel=TRUE,              # 重疊文字是否錯開並加上引線
   show.clust.cent=TRUE,    # 是否標示各群組中心點
   pointsize=1,             # 幾何圖點標示符大小
   labelsize=10,            # 幾何圖標示之文字大小
   stand = TRUE,            # 主成份分析前是否處理標準化
   ellipse=TRUE,            # 是否繪出群組外框，形狀依 ellipse.type
   ellipse.type='norm',     # 群組外框框架型態
   main='Beer cluster'      # 圖標題)
ggsave(    # 繪出至檔案(存檔目錄需存在，否則會有錯誤拋出)
   file="E:/temp/fviz_beer.svg",   #存檔目錄及檔名
   fviz.beer,               # ggplot 繪圖物件
   scale = 1.5              # 繪圖板尺規範圍擴增倍數)
```

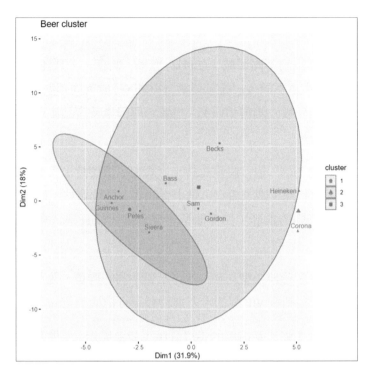

♠圖 3-48　啤酒（依學生對酒類之喜好分）群組

　　由於構成橢圓形至少需三個點，上圖 3-48 內啤酒品牌 Heineken、
Corona 雖同屬一組，但省略繪出橢圓範圍。不過，也可從圖中顏色看出
Heineken、Corona 同屬一集群。

　　基於研究人員的直覺認知分群，學生對不同品牌對啤酒的偏好，可分
為 2 個集群，在第一個集群中（大致上構成樣本的 60%）。該群學生對兩
種色澤相對清淡的啤酒 Corona 和 Heineken 表示高度偏好（平均評級分別
為 8.0 和 6.8）。這群學生通常對本研究中色澤最黑的啤酒，如 Guinness
Stout 及 Pete's Wickd Ale 表示低度偏好。

　　相較之下，第二個集群中學生則對兩種口味相對較強的啤酒，如
Anchor Stream 和 Sierra Nevada 表示高度偏愛。這些學生一般不太傾向於
色澤清淡的拉格啤酒（large beer），例如，他們給 Corona 4.3 評分和
Heineken 4.2 評分。

結語

集群分析應用到不同領域，如(1)心理學，將個人分成不同個性。(2)區域分析，將城市依不同人口統計變數及財務，分成不同類型。(3)化學 - 根據化合物的性能分類。(4)行銷研究 - 根據心理因素及產品使用基礎，將客戶分成不同區隔。

以行銷研究為例，銀行將現有持卡人資料，根據持卡人的屬性，如年齡、所得、婚姻狀況、刷卡頻次、刷卡金額等。透過這些不同屬性，對現有持卡人分成不同的集群（如停滯型、穩定型、成長型、貢獻型、超級VIP 型）。

當銀行建立了分群模型之後，就可以對不同的群體，發展不同的市場區隔策略。例如對超級 VIP 型的卡友進行尊榮行銷活動。(16)

又例如由第 1 節牙膏市場的集群分析可能會顯示，有些人會因為牙膏的口味而購買 - 感知區隔（the sensory segment），其他人關心與社會形像有關的清潔效果和清新口氣 - 注重交際區隔（the sociables segment），還有一些人擔心蛀牙和牙垢問題- 擔憂者區隔（the worriers segment），而有些人則可能最在意有沒有把錢花在刀口上 - 價值追求者區隔（the value seekers）。雖然部分的 4P 組合可能大同小異，但每一種市場區隔都需要不同的行銷組合。

集群分析如同其他多變量技術，可有 6 階段模型建立方法。從研究目的，可為探索性或確認性研究，到設計集群分析，處理資料集，以形成集群，驗證結果。如圖 3-49、圖 3-50(8)

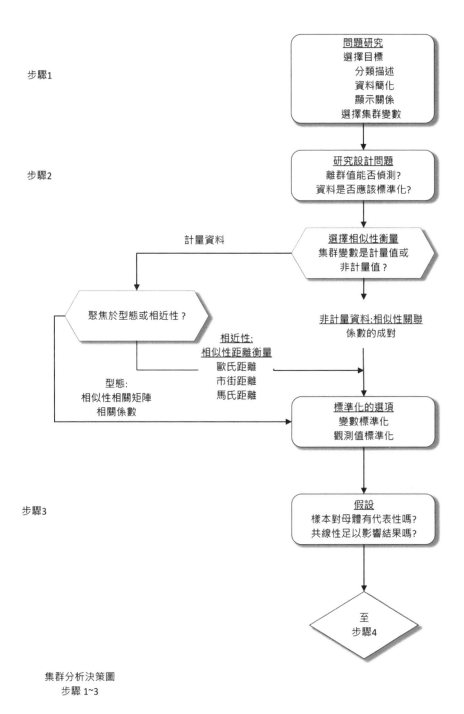

步驟1

步驟2

計量資料

步驟3

問題研究
選擇目標
分類描述
資料簡化
顯示關係
選擇集群變數

研究設計問題
離群值能否偵測?
資料是否應該標準化?

選擇相似性衡量
集群變數是計量值或
非計量值?

聚焦於型態或相近性?

相近性:
相似性距離衡量
歐氏距離
市街距離
馬氏距離

型態:
相似性相關矩陣
相關係數

非計量資料:相似性關聯
係數的成對

標準化的選項
變數標準化
觀測值標準化

假設
樣本對母體有代表性嗎?
共線性足以影響結果嗎?

至
步驟4

集群分析決策圖
步驟 1~3

❶圖 3-49　集群分析決策圖（步驟 1~3）

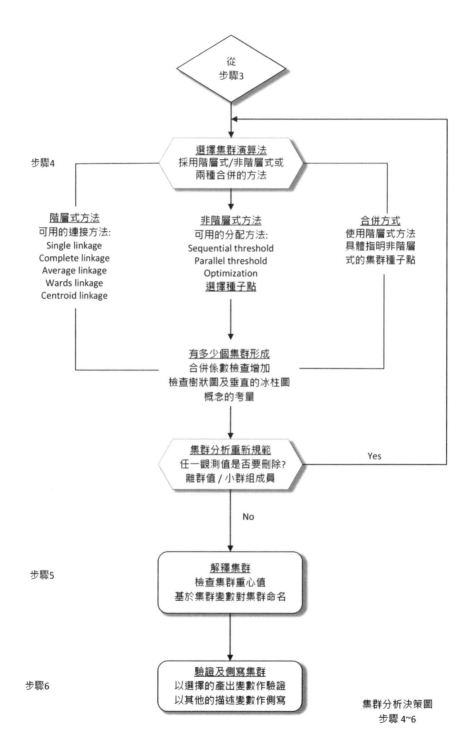

∩圖 3-50　集群分析決策圖（步驟 4~6）

參考文獻

1. 王志剛，陳正男 & 陳麗秋（1987），行銷學。台北：國立空中大學.

2. Kotler, P., & Armstrong, G. (2010). Principles of marketing. Pearson education.

3. Houlind, R., & Shearer, C.(2019). Make it all about me: Leveraging omnichannel personalization and AI for marketing success. LID Publishing. 或見李芳齡（2020）。AI 行銷學：為顧客量身訂做的全通路轉型策略。台北市：天下文化。

4. Haley, R. I. (1968). Benefit segmentation: A decision-oriented research tool. Journal of marketing, 32(3), 30-35.

5. Perreault Jr, W., Cannon, J., & McCarthy, E. J. (2013). Basic marketing. McGraw-Hill Higher Education. 或見瞿玉鳳譯（2005）。行銷管理：全球化觀點。台北：美商麥格羅‧希爾。

6. Green, P. E., Frank, R. E., & Robinson, P. J. (1967). Cluster analysis in test market selection. Management science, 13(8), B-387.

7. Punj, G., & Stewart, D. W. (1983). Cluster analysis in marketing research: Review and suggestions for application. Journal of marketing research, 20(2), 134-148.

8. Hair, J. F., Black, W. C., Babin, B. J., Anderson, R. E., & Tatham, R. L. (1998). Multivariate data analysis (Vol. 5, No. 3, pp. 207-219). Upper Saddle River, NJ: Prentice hall.

9. 鄧家駒（2004）。多變量分析，台北：華泰文化事業股份有限公司。

10. 黃俊英（2000）。多變量分析（七版）。台北：華泰文化。

11. Grigsby, M. (2018). Marketing Analytics: A Practical Guide to Improving Consumer Insights Using Data Techniques. Kogan Page Publishers. 或見張簡守展譯（2019）。消費者行為市場分析技術：數據演算如何提供行銷解決方案。台北市：本事出版社。

12. Dillon, W. R., & Goldstein, M. (1984). Multivariate analysis methods and applications.

13. Mayer-Schönberger, V., & Ramge, T. (2018). Reinventing capitalism in the age of big data. Basic Books. 或見林俊宏譯（2018）。大數據資本主義。台北市：天下文化。

14. Lattin, J., Carroll, J. D., & Green, P. E. (2003). Analyzing Multivariate Data. Thomson Learning. Inc., Toronto, Canada.

15. Emma Christensen (2010). What's the Difference? Ale vs. Lager Beers Beer Sessions 或見 Kitchn; Ann Yeh(2017)。解惑精釀啤酒酒單：Ale 和 Lager 到底是什麼？NOM Magazine。

16. 羅凱揚，蘇宇暉，鍾皓軒（2019），行銷資料科學。台北：碁峰資訊股份有限公司。

知覺圖的確認

目標市場行銷策略的最後一塊拼圖，就是要決定企業的價值主張，也就是必須決定產品/品牌定位（positioning），亦即確認企業所提供的產品或服務在消費者心目中相對於競爭者產品或服務的印象或地位為何。此即行銷學裡面著名的「STP 理論」，指的是目標市場的選擇過程，它的程序包括市場區隔（Segmentation）、目標市場選擇（Targeting）以及產品定位（Positioning）。STP 理論最早由學者 Wended Smith 在 1956 年提出「行銷活動策劃的成功，需要精準運用產品差異化和市場區隔，這些是行銷策略的組成部分。」的論述[1]，再經由行銷大師菲利浦·科特勒（Philip Kotler）進一步發展而成。

一個成功的產品定位，是消費者可以明確地感受到本公司所提供的產品與競爭者有所差異，而感受到的差異可能是來自於品牌形象、價格、品質、服務及設計等屬性的複雜組合。

4-1 知覺定位圖的描繪與統計意涵

對競爭性品牌在這些屬性上的看法，以顯示在空間的圖形方式，使企業決策者了解競爭者是誰？本公司與競爭者比較之下孰優孰劣？在何種程度上做比較？進而思考本公司應採取何種定位策略。亦即建立品牌知覺圖（Perceptual map）。所謂知覺圖就是在這些屬性所反應的向度（或象限）上，各競爭產品或品牌的位置（座標）。

了解顧客對產品真正的看法並不容易，不過有些方法或許可行，其中大多數需要進行正式的行銷研究，並將調查結果繪製成圖表，以便看出顧客對產品的看法。通常產品定位與 2-3 種對目標顧客很重要的產品特色有關。[2]

經理人或行銷研究者可詢問顧客對不同品牌（包括「理想」品牌）的意見，將結果輸入電腦繪製成圖表，做為定位的參考。如圖 4-1 列出一些可能性。[3]

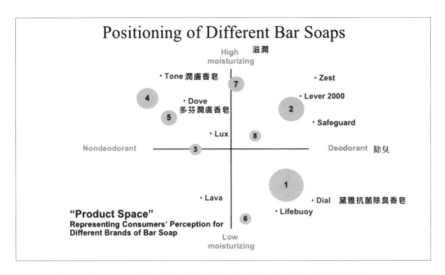

⋒圖 4-1　「產品空間」描繪出消費者對不同品牌香皂的認知(3)

　　圖 4-1 以對皮膚除臭（deodorant）和滋潤（moisturzing）兩種因素為座標，描繪出不同品牌香皂的「產品空間」（Product space），例如認為多芬（Dove）的滋潤效果不錯，但除臭力差，Dove 和 Tone 潤膚香皂很接近，表示消費者認為它們的這些特質相當雷同。消費者對黛雅（Dial）抗菌除臭香皂的觀感與前述兩者有所不同，在圖上的位置也與它們離得很遠。定位圖（Positioning maps）是以消費者認知（Consumer's perception）為基礎，這些產品的實際特性（如化學測試結果）很可能並非如此！

　　當原來的地位受到侵蝕，企業就必須重新拾回它的吸引力，這種作法稱為重新定位（Repositioning）。以具有半世紀以上歷史的名牌歐蕾（Oil of Olay）為例，歐蕾源於二戰期間為英國皇家空軍研發，用於治療燒傷的淡粉紅色的保濕霜乳液美容產品，在 2000 年初期，P&G 邀請年輕女性族群對美容產品作評估時，發現她們對於「油」（oil）都有負面的解讀，「許多消費者認為 oil 意味著油膩的（greasy）產品，雖然歐蕾從來都不油膩。」P&G 北美護膚總經理 Virginia Coleman Drosos 如是說。之後 Oil of Olay 重新定位，改名稱為較簡單的 Olay。改名之後，不僅使得消費者感覺不「油」了，而且在全球護膚及化妝品市場上，為公司帶來五億美元的銷售量。為了不疏遠既有的顧客，P&G 並沒有公開宣布名稱的改變，只是在包裝及商標上做更動。(4)

福斯汽車（Volkswagen）在 2021 年愚人節前夕的 3 月 29 日在官方網站發布一則新聞稿，表示將把公司名稱改為 Voltswagen（伏斯），貼文隨後又遭移除。該公司的美國事業接著在 30 日張貼類似的更名聲明，標題為「Voltswagen：電動車新時代的新名字」，同時解釋此名是福斯正式宣告對電動車的前瞻投資（future-forward investment in e-mobility）。不過隨後又撤除，結果證實只是一場愚人節玩笑。可見更名，在產品對市場定位及承諾，是有相當的意義，不是視為兒戲。

知覺定位圖的統計意涵

品牌知覺圖的統計分析最常用的有多元尺度法（Multidimensional scaling，MDS），MDS 的方法非常強烈的依靠資料的特性，以反應兩個物件的相近性，MDS 發展簡史如下：

表 4-1　MDS 發展簡史(5)

MDS techniques	Author	Years
Foundation for MDS	Eckart & Young	1936 - 1938
Classical MDS (CMDS)	Torgerson	1952
Principal corordinate principle	Gower	1966
Non-metric MDS	Shepard and Kruskal	1962 - 1964

1. 首先，Eckart and Young(1936- 1938) 提出 Foundation for MDS。(6)

   指出與特徵值分解（eigen decompositions）密切相關的分解，在代數及計算的目的上甚為有用的矩陣稱為奇異值分解（Singular value decomposition，SVD）。故 SVD 也稱為 Eckart-Young 定理，SVD 被譽為矩陣分解的「瑞士刀」（Swiss Army Knife）和「勞斯萊斯」（Rolls Royce）(7)，前者說明它的用途非常廣泛，後者意味它是值得珍藏的精品。該 SVD 的主要想法是：**任何每一個 m x n 矩陣 A 都可以分解為**：

   $$A = U\Sigma V^{T}$$ .... (4-1)

其中 U 為 m x m 階的正交矩陣（orthogonal matrix），V 為 n x n 階的正交矩陣，Σ 為 m x n 階非負實數對角線非增量的元素的對角矩陣（diagonal matrix），Σ 具有（i,i）項 $\lambda_i \geq 0$ ，$i = 1,2,\dots,\min(m,n)$，以及其他項為零。正值常數項 λ_i 稱為 A 的奇異值（singular values）。

當相近資料性質為計量（metric）時，例如，實際物件之間距離為比率（ratio）或區間尺度（interval）時，吾人可用計量多元尺度法（Metric MDS）獲得基礎構形。

奇異值分解通常用於資料分析中，例如透過相關的主成份分析（Principle component analysis，PCA）方法，這是因為透過僅保留 Σ 對角線中，k 個最大項目，截斷 SVD 為 A 提供「最佳」秩 (rank)- k 的近似值。

奇異值分解也應用在對應分析法（Conrespondence analysis，CA）。主成份分析（PCA）以及對應分析（CA）的進一步統計分析將在本章第 3 節第 4 節介紹。

2. 接著 Torgerson(1952) 提出古典多維尺度（Classical MDS，CMDS），建立了 MDS 與主成份分析（principal component analysis，PCA）之間的關係。

古典多維尺度定義 MDS 問題並提供第一個計量尺度解。Torgerson 是站在 1930 年代 C. Young, Householder 等人，以及 1950 年代 Abelson, Messick, B.Green, Tucker 及 Gulliken 等前人的肩膀上，它涉及相對簡單的矩陣分解（matrix decomposition），並且表現特別好。

古典多維尺度也被稱為 Torgerson 尺度或 Torgerson-Gower 尺度。因為基於 Eckart and Young 前人理論，出現了第一個實用技術。古典多維尺度的基本想法是將**距離矩陣**轉換成**外積**（cross-product）矩陣，然後找到其特徵分解（eigen decomposition），從而得出**主成份分析**（PCA）。[8]

3. 為了與古典多維尺度有所區別，Gower(1966) 建議將計量多維尺度稱為**主坐標分析**（Principal coordinate analysis，PCoA）。主坐標分析的計量多維尺度將依 MDS 發展次序的時軸，在本章第 2 節[實例一]介紹。

4. Shepard and Krukkal (1962 – 1964) 探討非計量多維尺度（Nonmetric multidimensional scaling）。

大部分有趣的問題，譬如，那些涉及對不同刺激的**感知相似性**（perceived similarity）的了解的量度，我們可以合理地假設，其本質上僅是**順序**尺度；因此，我們不能假設鄰近的資料具有**計量**尺度性質。又比如評估品牌商品的相似性，一位受試者可能說品牌 A 跟 B 的相似性更甚於品牌 A 跟 C 的相似性，但不是有多大的相似性。雖然分析的**目的相同**，但是**順序**尺度鄰近的資料，**需要有全然不同的方法**，這就是牽涉到非計量多維尺度。將依發展次序的時軸在本章第 2 節[實例二]介紹。

以下第 3 節以非計量方法的數學分析，就各成對物件間的相似程度（距離）S_{ij}以及找出一個 q 構面的構形，使得成對事物在此構形中的距離d_{ij}，與S_{ij}相配合的壓力係數等數學分析進一步說明。

4-2　多元尺度法（MDS）與知覺圖繪製

多元尺度法（Multidimensional scaling，MDS）是行銷研究人員發展知覺圖的一種主要方法，可用來決定一組物件（如公司、商店、產品、國家、候選人等）在受測者心目中的相對應印象。

多元尺度法的目的在將受測者（subjects）的相似（similarity）及偏好（preference）判斷轉化成在一多構面空間（即知覺圖）的方法。

在使用 MDS 所呈現的圖形新形式當中，經常會將**多維**的複雜資訊投射到二維的平面當中來做分析。簡言之，MDS 利用**知覺投射**（perceptual mapping）的平面圖重新整理多維資訊，進而分析該資訊。

像這樣圖像化的資訊投射與濃縮的技巧,早在幾千年前的人類社會當中就已經存在。古代許多不同文化與人種的社會,就已經學會使用類似的手法來記錄以保存資訊,比如遠古時代美洲印地安人在山洞當中留下狩獵與圖騰的壁畫。現代人對於這樣的資訊記錄以資訊傳達方式當然更加的倚重,也因此設計與保存的大量的圖畫、相片、地圖、設計圖等等。(9)

多元尺度分析亦是一種**降低維度**方法,能將**多維空間**的變數簡化到低維空間,並保留原始資料的相對關係。

自 1952 年 Torgerson 提出 MDS 以來,Shepher, Kruskal 及其他人踵事增華,MDS 需要使用到電腦,並且為此目的,好幾種電腦程式被提出來。

1. 多元尺度法(MDS)的基本概念及最適構面數目的選擇(10)

發展知覺圖的方法有**兩**大類,即屬性基礎的方法(Attribute-based approaches)與非屬性基礎的方法(Nonattribute-based approaches)。如圖 4-2。前者以相似(距離)的實際數值為投入資料,後者則以順序尺度的資料為投入資料。不論是計量的和非計量的多元尺度法都能導出**計量**的產出結果。

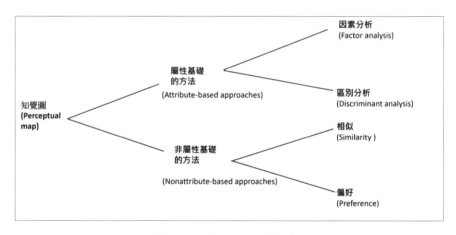

♪圖 4-2　發展知覺圖的方法(10)

前者，即**屬性基礎**的方法，又稱為**計量**多元尺度法（Metric MDS），係先找出相關的屬性，利用李克特尺度（Likert-scale）與語意差異法（Semantic differential）或其他尺度在各屬性上對各物件進行評等，然後利用因素分析（Factor analysis）^{（注1）}和區別分析（Discriminant analysis）來分析各物件在各屬性上的評點，以找出人們用來區別物件的關鍵構面。

而後者，即**非屬性基礎**的方法又稱為**非計量**多元尺度法（Non-Metric MDS），則不要求受試者在指定的屬性上對各式物件進行評點，而是要求受測者**根據他們自己選定的特徵**對各物件的相似性做整體的判斷，然後試圖在一多元的空間中找出各物件的位置，此一多元空間的構面數目與受測者用來判斷時所用的特徵數目相同。

非計量多元尺度法（Non-Metric MDS）的價值在於它能夠從非計量的**順序尺度**資料中，導出計量多元尺度法的結果，乃因順序尺度限制了個體與個體間的相對關係，根據研究：只要 8 個的個體點，兩者所產生的空間構形圖中的點距間的距離**相關係數**即達到 0.99。(10)

非計量多元尺度法，它要求受測者，指出他們對各物件間相似程度的知覺以及他們對這些物件的偏好。MDS 不需要先找出相關的屬性，而能推斷（infer）出知覺的構面，這是他的一大特點和優勢。另外 MDS 在資料的類型和變數間的關係型態方面並**沒有任何拘束性**的假定。

因素分析假定樣本單位在某一變數上的反應（即觀測值或分數），是由兩個部分所組成：一個是各變數共有的部分，稱為共同因素（common factor），另外一個是各變數所獨有的部分，稱為獨特因素（unique factor），獨特因素與共同因素無關聯，與其他變數的獨特因素亦無關聯。應用實例如求職人員的面試評估、創業家生活型態的分析等，本書從略。

（注1）

　　因素分析（Factor analysis，FA）主要的目的在以較少的為維數來表示原先的資料結構，而又能保存住原有的資料結構所提供的大部分資訊。

---

2. 資料矩陣（data matrix）表示法及矩陣內元素 X_{ij} 四種可能尺度

不管是計量多元尺度法的量測，如銷售、所得、城市距離，或是非計量多元尺度法的次序表示，如相似或偏好，所有的投入資料，都會以多維的資料矩陣（data matrix）來呈現。

資料矩陣是進行同時分析**兩個以上變數**（variables）間的關係的所謂「多變量分析」的起點。資料矩陣包括 n 個物件（i= 1, 2, 3,...,n），m 個變數（j= 1, 2, 3,...,m），X_{ij} 代表第 i 個物件在第 j 個變數上的數值，如下圖 4-3。

物件 (I)	變數 (j)				
	1	2	3	......	m
1	X_{11}	X_{12}	X_{13}	......	X_{1m}
2	X_{21}	X_{22}	X_{23}	......	X_{2m}
3	X_{31}	X_{32}	X_{33}	......	X_{3m}
4	X_{41}	X_{42}	X_{43}	......	X_{4m}
.	.	.	.		.
.	.	.	.		.
.	.	.	.		.
n	X_{n1}	X_{n2}	X_{n3}	......	X_{nm}

⋒圖 4-3　資料矩陣（data matrix）

該元素 X_{ij} 可能是名目尺度（nominal scale）、順序尺度（ordinal scale）、區間尺度（interval scale）以及比率尺度（ratio scale），如下圖 4-4

知覺圖的確認

尺度	尺度類別	基本比較	例子	平均數	顯著性檢定
名目 (nominal scale)	非計量尺度 (non-metric scale)	本身	男-女 使用者-非使用者 職業。	眾數	卡方(x2) McNemar Cochran Q
順序 (ordinal scale)		次序	偏好次序 社會階層	中位數	Mann- Whitney U 檢定 Kruskal – Wallis 檢定 等級相關
區間 (interval scale)	計量尺度 (metric scale)	區間的比較	溫度 平均成績(GPA) 對品牌的態度分數	算術平均數	z 檢定 t 檢定 變異數分析 相關
比率 (ratio scale)		絕對大小的比較	銷售數量 購買者人數 購買機率 所得 重量	幾何平均數 調和平均數	z 檢定 t 檢定 變異數分析 相關

🔊圖 4-4　四種尺度的比較：從非計量尺度到計量尺度

Ordinal 尺度與 interval 尺度分辨，有一思潮認為，只要（且僅）當資料「足夠接近」常態分佈時，才能對 ordinal 資料進行參數分析。這個爭議從上個世紀延續到晚近，圖 4-4 有助於釐清。

MDS 演算法步驟[10]：

利用相似判斷資料來導出知覺圖為例，說明 MDS 的基本運算步驟如下：

1. 求得各成對物件間的相似程度（距離）作為基本的投入資料。

假設有 n 個物件，可得 m = n(n-1)/2 成對物件間的**相似**（similarity）程度（距離）S_{ij}。設若沒有相似程度（距離）相等的情事，可則可將各成對物件的相似程度依**由小而大**（ascending）的順序排列如下：

$$S_{i,j(1)} < S_{i,j(2)} < \cdots S_{i,j(m)} \quad\quad\quad\quad\quad\quad (4\text{-}2)$$

上式中$S_{i,j(1)}$ 表示 m 相似程度最小的那對物件，依此類推，$S_{i,j(m)}$表示相似程度最大。

2. 找出一個 n 個物件 q 構面的**構形**（q-dimensional configuration），使得 d_{ij}（成對物件在此構形中的距離）與 S_{ij} 相配合。

   如果 d_{ij} 與 S_{ij} 完全配合，則各成對物件距離的關係為：

   $$d_{ij(1)} > d_{ij(2)} > \cdots > d_{ij(m)}$$ .... (4-3)

3. 計算壓力係數（stress），衡量 d_{ij} 與 S_{ij} 相配合程度。壓力係數是一種將實際距離資訊加以壓縮，轉換成知覺距離時的相對差異分數。該分數愈低，表示**資訊的適合度**（Goodness of fit）愈高，於是推論其結果愈有效。

4. 再決定模型的適合度（Goodness of fit），由 J.Kruskal(1964)所提出的**壓力係數**最常被使用，公式如下：

$$S = \sqrt{\frac{\sum\sum\left(d_{ij} - \hat{d}_{ij}\right)^2}{\sum\sum\left(d_{ij}\right)^2}}$$

式中， d_{ij} = 受訪者提供的原始距離（original distance）

$\hat{d}_{ij}$ = 從相似性數導出的距離（derived distance）

$\hat{d}_{ij}$ 能夠**滿足**原投入相似（距離)次序關係，而又使壓力係數 Stress(q) 的**數值為最小**的參考數字。通常可用**單調迴歸**（monotone regression）[注2] 的方法來求得 $\hat{d}_{ij}$。

（注 2）

單調迴歸（monotone regression）[7]

如前所述在計算**壓力係數**時，通常用**單調迴歸**的方法來求得 $\hat{d}_{ij}$。假定投入的相似次序(S_{ij})及距離 (d_{ij})資料，如下表 4-2 所示。

表 4-2　相似次序及距離

相似次序(S_{ij})	距離 (d_{ij})
1（最相似）	0.5
2	0.8
3	1.2
4	1.9
5	1.5
6	2.5
7	4.5
8	4.0
9	3.5
10	6.0
11	7.5
12	9.2
13	9.0
14	10.5
15（最不相似）	15.0

　　我們要找出 $\hat{d}_{ij}$ 使之與 d_{ij} 相接近，而其次序又與投入的相似次序 (S_{ij}) 相同。但表 4-2 中，第 1、第 2 和第 3 個相似組而言，因為其 d_{ij} 的次序和 S_{ij} 相同，因此可將 $\hat{d}_{ij}$ 之值設定為與 d_{ij} 的值相等。但第 4 和第 5 個相似組的 d_{ij} 值的次序和 S_{ij} 正好相反，根據**平方誤差**（squared-error）的準則，最好是以這兩個 d_{ij} (1.9 和 1.5) 的平均值 (1.7) 作為第 4 和第 5 個 $\hat{d}_{ij}$ 的值。利用同樣的程序，可得到所有 15 個 $\hat{d}_{ij}$ 的數值，如下表 4-3 所示。

表 4-3　S_{ij}、d_{ij}、$\hat{d}_{ij}$及 S 的計算

S_{ij}	d_{ij}	$\hat{d}_{ij}$	$\left(d_{ij}\right)^2$	$\left(d_{ij}-\hat{d}_{ij}\right)^2$
1	0.5	0.5	0.25	0
2	0.8	0.8	0.64	0
3	1.2	1.2	1.44	0
4	1.9	1.7	3.61	0.04
5	1.5	1.7	2.25	0.04
6	2.5	2.5	6.25	0
7	4.5	4.0	20.25	0.25
8	4.0	4.0	16.00	0
9	3.5	4.0	12.25	0.25
10	6.0	6.0	36.00	0
11	7.5	7.5	56.25	0
12	9.2	9.1	84.64	0.01
13	9.0	9.1	81.00	0.01
14	10.5	10.5	110.25	0
15	15.0	15.0	225.00	0
		合計	656.08	0.6

如表 4-3 的資料，可求得**壓力係數**為：

$$S=\left[\frac{\sum\sum\left(d_{ij}-\hat{d}_{ij}\right)^2}{\sum\sum\left(d_{ij}\right)^2}\right]^{\frac{1}{2}}=\left[\frac{0.6}{656.08}\right]^{\frac{1}{2}}=0.0302$$

根據 Kruskal 的解釋（見表 4-3），S = 0.0302 介於 0.0302 與 0.05 之間，故其配合度可解釋為「**良好**」（good）。

MDS 的壓力係數和複迴歸的判定係數 R^2 很類似。迴歸式中的變數增加時，R^2 也會隨著增加；當構面數增加時，壓力係數也會改善。因此，研究人員必須在配合度和構面數之間做一取捨。譬如從陡坡圖 4-5，其手肘（elbow）表示當**構面數目**從 1 增加到 2 時，**配合度**有了很大改善。肘部右側不會以任何實質性方式影響壓力係數。因此，使用相對較小的構面數目 2 可獲得最佳配合度。[10]

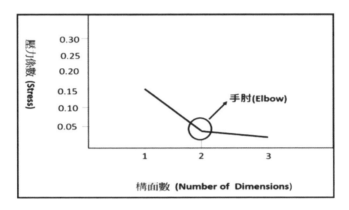

⋔圖 4-5　使用陡坡圖(Scree plot)以決定適當的構面數

參考在不同構面數時的最小壓力係數，以選擇最適當的構面數。根據 Kruskal 的解釋，不同壓力係數水準所代表的配合度如下表 4-4 所示。

表 4-4　Kruskal 壓力係數的解釋準則

壓力係數	配合度（Goodness of fit）
20 %	不好（Poor）
10%	還可以（Fair）
5%	良好（Good）
2.5%	非常好（Excellence）
0%	完全配合（Perfect）

配合度是指相似度和最終距離之間的單調關係（ monotonic relationship）。

除了適用在非比率尺度的 Kruskal 的壓力係數衡量指標外，評估 MDS 模型適用性的另一種診斷工具是皮爾森相關性平方（squared Pearson correlation coefficient）指標，即一般所謂的 correlation coefficient（RSQ）指標，多數時候兩者可視為相同，與 Kruskal Stress 做為適切度的衡量指標。

$$\rho_{ik}^2 = \left(\frac{\sigma_{ik}}{\sqrt{\delta_{ii}}\sqrt{\delta_{kk}}} \right)^2 = cor(i,k)^2 \quad \cdots\cdots\cdots\cdots\cdots\cdots\cdots\cdots (4\text{-}4)$$

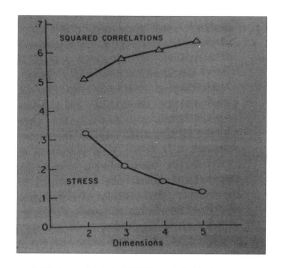

∩圖 4-6　壓力和相關性平方隨維度的變化

公式(4-4) 從兩個變量推廣到多個變量。通常，將變異數 δ_{ii} 中包含的資訊與相關性衡量（measurs of association），尤其是相關性衡量（稱為母體相關係數 ρ_{ik}）中包含的資訊分開是很有幫助的，特別是根據共變異數 σ_{ik} 和變異數 σ_{ii} 和 σ_{kk} 定義相關係數 ρ_{ik}。

壓力係數越低，ρ^2 值越高，配合度越好。在大多數情況下，隨著維度的增加，壓力係數減小，ρ^2 值增加。通常，RSQ 值比壓力係數，就適當的維度來說是一個更好的指標，因為 ρ^2 值是一個由 MDS 模型直接衡量變異數的比例。[11]

通常，ρ^2值大於 0.60 表示可接受的配適度。壓力係數及ρ^2衡量指標在坊間流行的套裝軟體 SPSS 中，最常被引用的應用程式 ALSCAL 皆有提供。本章將在[實例一]中會使用到ρ^2作為適合度指標。

至於 MDS 的呈現如何由距離矩陣繪製二維構面有建構比率尺度的 MDS 解（Constructing Ratio MDS Solutions），以及建構順序尺度的 MDS（Constructing Ordinal MDS Solutions）兩種，就以前者說明如下：

3. 建構比率尺度的 MDS 二維知覺圖解 (Constructing Ratio MDS Solutions)[12]

實務上 MDS 的呈現，通常是透過適當的電腦程式，然而電腦程式就像一個黑盒子，會產生結果，希望會是一個好的結果，但電腦程式並沒有揭露如何找到此答案。

對電腦程式如何執行，一個好方法是用手工來進行，借助標尺及圓規，建立一個直覺的理解，考慮下表 4-5 歐洲 10 個城市的距離範例：

以手工「尺規作圖法」（Ruler-and-Compass）求解比率尺度 MDS (Ratio MDS)

為了方便繪製地圖，我們首先確定彼此相距最遠的城市。表 4-5 顯示了 2 和 3 兩個城市，其距離為 d_{23} = 1,212 個單位。我們希望將兩個點放置在一張紙上，以使它們的距離與 d_{23} = 1,212 個單位成比例。為此，我們選擇尺度因子（scale factor）s，以重建方便的整體大小的地圖。例如，如果我們希望地圖中的最大距離等於 5cm，則尺度因子 s = 0.004125。因為 5/1212 = 0.004125，因此 s 是等同一般地圖標示的比例關係，例如 1:200 表示為縮小 200 倍的意思。

然後將表 4-5 中的所有距離值乘以 s，使表 4-5 中資料的比例或比率保持不變。將尺度因子固定後，我們在一張紙上繪製一條長度為 s·1212 cm 的線段。它的端點稱為 2 和 3。如下圖 4-7 所示：

🎧圖 4-7　表 4-5 以距離表示 MDS 建構的第一步

現在，我們就其餘的城市之一，選擇下一點，詳細說明兩點間構形。假設我們選擇城市 9，則點 9 必須相對於點 2 和點 3 位於何處？在表 4-5 中，我們看到原始地圖上的城市 2 和 9 之間的距離為 787 個單位。因此，點 9 必須位於點 2 周圍半徑為 s·787cm 所畫的圓弧上的任何位置。同時，點 9 與點 3 之間的距離必須為 s·714cm。因此，點 9 也必須位於以點 3 為中心，以 s·714cm 為半徑的圓弧上。如圖 4-8 所示。

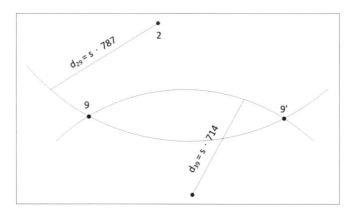

🎧圖 4-8　定位點 9 於地圖上

因此，對於點 9，正好有兩個解決方案（分別在圖 4-8 中分別標記為 9 和 9'）滿足 d_{29} = s·787cm 和 d_{39} = s·714cm 的條件。我們任意選擇點 9。

繼續在 MDS 構形（configuration）中增加更多點。接下來選擇哪個城市都沒關係。假設選擇城市 5，相對於點 2、3 和 9，點 5 應該位於哪裡？它應位於(a)圍繞點 2，半徑為 s·d$_{25}$ 的圓弧，(b)圍繞點 3，半徑為 s·d$_{35}$ 的圓弧，以及(c)圍繞點 9，半徑為 s·d$_{95}$ 的圓弧，如圖 4-9。

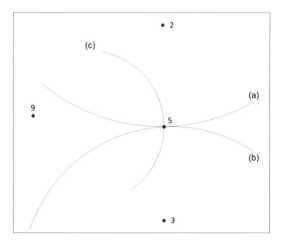

☊圖 4-9　定位點 5 於圖上

點 5 滿足所有三個條件，與上述圖 4-8 有兩個點（點 9 及點 9'）的建構相反，在此只有一個解決方案點。一旦考慮了所有城市，便獲得了圖 4-10 中的構形。該構形解決了圖的呈現問題，s 這個整體的縮圖（5:1212）因子除外，它的點之間的距離已對應於表 4-5 中的距離。

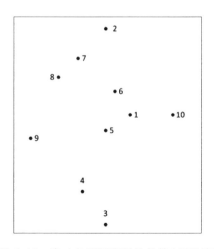

☊圖 4-10　表 4-5 距離資料的最終 MDS 表示

在我們用城市名稱替換數字後，圖 4-11 顯示重建的地圖具有別緻的
方向。

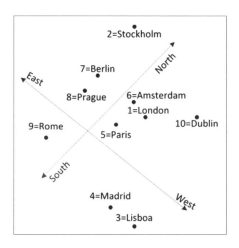

∩圖 4-11　具備點識別和地圖指北針

但這很容易調整，我們首先沿水平方向反映地圖，使 West 在左側，
而 East 在右側（圖 4-12）。

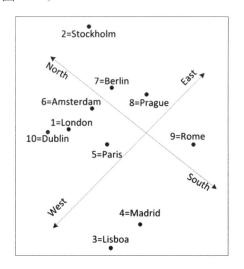

∩圖 4-12　地圖指北針水平方向調整

其次，我們按順時針方向旋轉地圖，使南 - 北箭頭，一如平常的擺在垂直方向。如圖 4-13 所示。

●圖 4-13　地圖指北針旋轉調整北在上南在下

將圖 4-13 配置在歐洲地圖上。

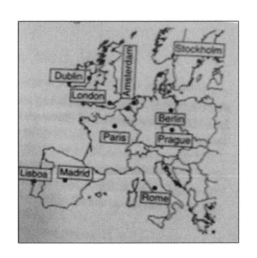

●圖 4-14　將圖 4-13 配置在歐洲地圖上

MDS 構形的最終「美容的」轉換（"cosmetic"transformation）- 旋轉（rotation）和反射（reflection）- 顯然不會對重建問題造成任何影響，因為它們使距離保持不變。因此，旋轉和反射被稱為**剛性**運動（Rigid motions）。剛性運動的另一種形式是**平移**（displacement），即整個構形相對於固定點的位移。例如，圖 4-12 構形轉換將使所有點向左移動相同的距離，並使指南針保持原樣。

上述人工繪圖的實現僅限於平面，從第三個點之後的相交點便開始複雜起來，雖可解釋及「**意會**」距離的意義或相關位置的意義，比如圖 4-8 任意選擇點 9，但在後續程式撰寫上無法「**言傳**」及實現地圖上 10 個城市的實際位置。因此，本章[實例一]，以線性代數與向量空間的幾何意義為本題的解方，來產生地圖上 10 個城市的實際位置。

[實例一]

已知歐洲 10 大城市距離，試解析其相關位置

下表 4-5，1-10 分別表示歐洲 10 個城市：London、Stockholm、Lisbo、Madrid、Paris、Amsterdam、Berlin、Prague、Rome、Dublin

表 4-5　歐洲 10 個城市的距離（單位：公里）

	1	2	3	4	5	6	7	8	9	10
1	0	569	667	530	141	140	357	396	570	190
2	569	0	1212	1043	617	446	325	423	787	648
3	667	1212	0	201	596	768	923	882	714	714
4	530	1043	201	0	431	608	740	690	516	622
5	141	617	596	431	0	177	340	337	436	320
6	140	446	768	608	177	0	218	272	519	302
7	357	325	923	740	340	218	0	114	472	514
8	396	423	882	690	337	272	114	0	364	573
9	570	787	714	516	436	519	472	364	0	755
10	190	648	714	622	320	302	514	573	755	0

🎧圖 4-15　歐洲地圖上 10 個城市的實際位置

　　如上表 4-5 為一已知歐洲 10 個城市之距離資料，即數字為實際直線距離，上圖 4-15 則是地圖上實際之位置，實際位置為**比率尺度**（ratio scale），屬**計量**尺度，請參閱圖 4-4。本實例將以**計量多維尺度法**（Metric MDS）解析此 10 個城市之相關位置，程式開始之前先至 Github 資料夾下載本例 R 專用資料檔 eurocities.rds，如下連結：https://github.com/ hmst2020/MS/tree/master/data/

　　再將下載之檔案放置於 readRDS 函式讀取路徑下予以載入 R 之變數：

```
D<-as.matrix(readRDS(file = "data/eurocities.rds"))
isSymmetric(D)   # 檢查是否為對稱矩陣
print(as.dist(D))   # 列印距離矩陣
```

```
> isSymmetric(D)    # 檢查是否為對稱矩陣
[1] TRUE
> print(as.dist(D))    # 列印距離矩陣
          London Stockholm Lisbo Madrid Paris Amsterdam Berlin Prague Rome
Stockholm    569
Lisbo        667     1212
Madrid       530     1043   201
Paris        141      617   596    431
Amsterdam    140      446   768    608   177
Berlin       357      325   923    740   340       218
Prague       396      423   882    690   337       272    114
Rome         570      787   714    516   436       519    472    364
Dublin       190      648   714    622   320       302    514    573  755
```

◖圖 4-16　距離物件的內容

　　載入變數 D 的距離資料為一內容同上表 4-5 的對稱矩陣，經轉成距離物件（dist）則成為下三角矩陣，如上圖 4-16。

　　使用古典 MDS（Classical MDS）進行降低維度於平面（二維），使各點相關位置仍然保持其原距離的 cmdscale 函式：

```
CMDSCALE<-cmdscale(      # 計量(Metric)多元尺度分析函式
  d=as.dist(D),          # 距離物件(dist)
  eig=TRUE               # 是否計算特徵空間資料)
print(CMDSCALE$GOF)      # 列印適合度(Goodness-of-fit)
print(CMDSCALE$eig)      # 列印特徵值
points<-CMDSCALE$points
print(points)            # 列印維度座標
```

```
> print(CMDSCALE$GOF)  # 列印適合度(Goodness-of-fit)
[1] 0.9984206 0.9991195
> print(CMDSCALE$eig)  # 列印特徵值
 [1]  1.099011e-06  3.634814e-05  8.726683e-02  3.103374e-02  1.058168e-02
 [6] -5.024958e-11 -5.922494e+01 -6.650600e+01 -3.276887e+02 -5.712465e-02
```

◖圖 4-17　適合度與特徵值

```
> print(points)           # 列印維度座標
                  [,1]         [,2]
London        19.771325   163.72330
Stockholm    574.820324    39.53071
Lisbo       -637.234815    48.22595
Madrid      -463.897164   -52.80900
Paris        -41.866640    36.88912
Amsterdam    130.257596    77.16528
Berlin       275.602731   -86.07345
Prague       214.152081  -181.83305
Rome         -79.570908  -397.38100
Dublin         7.965469   352.56214
```

∩圖 4-18　cmdscale 函式產出的維度座標

　　cmdscale 函式的 input data 為距離物件，依據指定的維度數（預設= 2）產出計算後的維度座標（圖 4-18），其過程經過**特徵值分解**取其>0 的特徵值為其最大維度，本例只取地圖所需 2 維度，圖 4-17 之適合度（Goodness-of-fit, GoF）則依此計算其佔比：

$$GOF.1 = \frac{\sum_{i=1}^{k}|\lambda_i|}{\sum_{i=1}^{n}|\lambda_i|}$$

$$GOF.2 = \frac{\sum_{i=1}^{k}\max(\lambda_i,0)}{\sum_{i=1}^{n}\max(\lambda_i,0)}$$

```
sum(abs(CMDSCALE$eig[1:2]))/sum(abs(CMDSCALE$eig)) # GOF.1
sum(CMDSCALE$eig[1:2])/sum(pmax(CMDSCALE$eig,0)) # GOF.2
```

```
> sum(abs(CMDSCALE$eig[1:2]))/sum(abs(CMDSCALE$eig)) # GOF.1
[1] 0.9984206
> sum(CMDSCALE$eig[1:2])/sum(pmax(CMDSCALE$eig,0)) # GOF.2
[1] 0.9991195
```

∩圖 4-19　使用 cmdscale 的 GOF 計算結果

接著以下程式依據產出的維度座標（圖 4-18）繪製各點之散佈圖（圖 4-21）：

```
theta<- pi/3    # 旋轉角度
rottheta<-matrix(       # 60 度逆時鐘旋轉矩陣各向量
  c(cos(theta),sin(theta),-sin(theta),cos(theta)),
  nrow=2)
mds<-as.data.frame(  # 將旋轉後座標點資料轉成 data frame 物件
  t(rottheta%*%t(points))
)
rownames(mds) <- rownames(D)      # 賦予列名
colnames(mds) <- c("Dim.1", "Dim.2") # 賦予欄位名稱
print(mds)   # 列印旋轉後座標
library(ggpubr)
g<-ggscatter(     # 產生散佈圖
  data=mds,  # 知覺資料
  x="Dim.1", # x 軸對應於資料之欄位
  y="Dim.2", # x 軸對應於資料之欄位
  label=rownames(mds), # 文字標示資料依據
  shape=18, # 標示點之形狀
  size=2,    # 點的大小
  repel=TRUE # 避免臨界資料其文字標示於圖外)+
  geom_hline(    # 於 y 軸 0 處畫一橫虛線
    yintercept=0,linetype="dashed", color = "#5634AE")+
  geom_vline(    # 於 x 軸 0 處畫一直虛線
    xintercept=0,linetype="dashed", color = "#6543AF")
ggsave(   # 繪出至檔案(存檔目錄需存在，否則會有錯誤拋出)
  file="E:/temp/eurocities.svg", #存檔目錄需存在，否則會有錯誤拋出
  g,            # ggplot 繪圖物件
  scale = 1     # 繪圖板尺規範圍擴增倍數)
```

```
> print(mds)  # 列印旋轉後座標
                Dim.1        Dim.2
London     -131.902871      98.98412
Stockholm   253.175562     517.57436
Lisbo      -360.382306    -527.74856
Madrid     -186.214644    -428.15123
Paris       -52.880239     -17.81301
Amsterdam    -1.698292     151.38903
Berlin      212.343161     195.64224
Prague      264.548079      94.54462
Rome        304.356585    -267.60093
Dublin     -301.345036     183.17937
```

◑圖 4-20　城市地圖二維座標

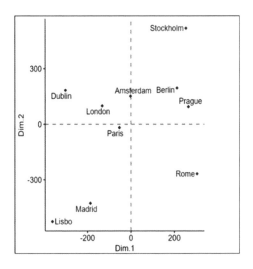

◑圖 4-21　各城市散佈圖

　　程式中視需要透過旋轉矩陣的處理產生旋轉角度（如前述的**剛性**運動）的新座標使與真實地圖（圖 4-15）一致，繪圖時須注意橫軸、縱軸的尺規比例需一致方能與實際之地圖位置契合。

　　計量多維尺度法（Metric MDS）若以 Kruskal 壓力係數來檢定上述模型的適合度（圖 4-22）為 0.008429611%屬**完全配合**（Perfect）：

```
stress<- function(D,points){
  ord.f<-order(    #距離矩陣(input data) 由小而大順序位置
```

```
    as.dist(D)
  )
  ord.d<-order(    #dij 由小而大順序位置
    dist(points)
  )
  iso<-isoreg( #單調遞增迴歸函式(isotonic regression)
    x=as.dist(D)[ord.f],    # 將 input data 依大小順序排序
    y=dist(points)[ord.d]   # 將 dij 依大小順序排序
  )
  d<-iso[["yf"]][order(ord.f)] # 將單調遞增迴歸資料還原順序同距離
                                      矩陣(input data)順序
  ed<-dist(points)              # 將 output data 產生距離矩陣
  result<-sqrt(sum((d-ed)^2)/sum(d^2)) # 依 Kruskal Stress-1 公式
  return (result)
}
print(stress(D,points)*100)  # 列印 Stress 係數
```

```
> print(stress(D,points)*100)   # 列印Stress 係數
[1] 0.008429611
```

⌕圖 4-22　使用 cmdscale 的 Kruskal 壓力係數

　　或以公式（4-4）ρ^2 來檢定上述模型的適合度（圖 4-23）高達 0.9999982
接近 1 的飽和值：

```
RSQ<- function(od,nd){ #od: 原距離矩陣    nd: 主座標分解後之距離矩陣
  return (cor(c(od), c(nd))^2)      # 公式(4-4)
}
rsq<-RSQ(as.dist(D), dist(points))
print(rsq) # 列印 squared correlation 係數
```

```
> print(rsq) # 列印squared correlation 係數
[1] 0.9999982
```

∩圖 4-23　cmdscale 函式的座標計算的ρ^2值

　　CMDS 亦為一主座標分析（PCoA，Principal Coordinates Analysis），進行探索資料相異度（距離）視覺化方法，使高維度（本例為 10）的距離關係，**降維**於低維空間（2~3）表達，同時維持各點的距離關係儘量不變，下列程式以 ape 套件之 pcoa 函式解題。

```
library(ape)
PCOA<-pcoa(# 主座標分解(principal coordinate decomposition)函式
    D=as.dist(D),        # 距離物件(dist)
    correction="none"    # 是否調整負特徵值
)
k<- 2    # 指定二維主座標
points <- PCOA$vectors[, seq_len(k), drop = FALSE]
sum(abs(CMDSCALE$eig[1:2]))/sum(abs(CMDSCALE$eig)) # GOF.1
sum(CMDSCALE$eig[1:2])/sum(pmax(CMDSCALE$eig,0)) # GOF.2
print(stress(D,points)*100)
```

```
> sum(abs(CMDSCALE$eig[1:2]))/sum(abs(CMDSCALE$eig)) # GOF.1
[1] 0.9984206
> sum(CMDSCALE$eig[1:2])/sum(pmax(CMDSCALE$eig,0)) # GOF.2
[1] 0.9991195
> print(stress(D,points)*100)
[1] 0.008429611
```

∩圖 4-24　PcoA 的 G.O.F 與 Stress

　　圖 4-24 顯示結果與 cmdscale 結果相同，需注意兩者函式的第一個參數值皆需為 dist 物件或對稱矩陣。Stress 即壓力係數，G.O.F 同圖 4-19。

這裡繼續介紹 Classical multidimensional scaling（又稱 Torgerson-Gower scaling，簡稱 CMDS）的細部處理過程。

步驟 1）計算 Gower's centered similarity matrix

使列、行以其均值為中心計算各點與均值之距離，即列、行的各自和，同時均為 0（圖 4-25）

```
DD<- -0.5*D^2
# 雙中心化矩陣(double-centred matrices)
# 方法 1
n<-nrow(DD)
idp <- diag(n) - matrix(1,n,n)/n # 從 I-1/n*11T 計算冪等(idempotent)矩陣
B <- idp %*% DD %*% idp
# 方法 2
B <- scale( # 使用 scale 函式，center 引數設為 TRUE，scale 引數設為 FALSE
  t(scale(t(DD),center=TRUE,scale=FALSE)),
  center=TRUE,
  scale=FALSE
)
# 方法 3
R = DD*0 + rowMeans(DD)
C = t(DD*0 + colMeans(DD))
B<-DD - R - C + mean(DD)
# 方法 4
library(MDMR)
B<-gower(d.mat=D) # 使用 MDMR 套件的 gower 函式

# 上述各方法
print(round(rowSums(B),8))   # 各列加總(檢查中心化)
print(round(colSums(B),8))   # 各行加總(檢查中心化)
```

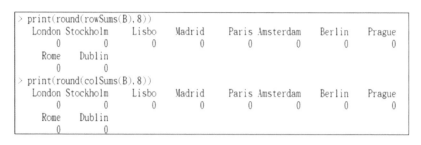

♠圖 4-25　雙中心化之後各列、行之總和

步驟 2）求算特徵值及特徵向量

　　CMDS 採用投射方式將高維度的點（雖然本例實際地圖只有二維），其中經過移動、旋轉及映射的線性變換（linear transformation）至低維度的向量空間即是此處特徵分解的目的。

$$AV = V\lambda \quad\cdots\cdots\cdots\cdots\cdots\cdots\cdots\cdots\cdots\cdots\cdots\cdots\cdots\cdots\cdots\cdots\cdots\cdots\cdots \text{(4.4)}$$

　　此處 V 為特徵向量（行）所構成之矩陣，λ 為特徵向量對應之特徵值所構成之對角矩陣，經過雙中心化之矩陣（上述程式的 B）為實數（R）對稱矩陣設為上述 A 矩陣，其特徵向量矩陣 V 亦為實數正交矩陣（各向量互為線性獨立），正交矩陣存在多組解，其中使得各向量長度為 1 者，即稱為標準正交基（或稱單範正交基底，orthonormal basis），為構成該特徵向量空間（Vector Space）之基底，以下特徵分解方法 1 即是採用此原理求解。

```
### 特徵分解方法 1 ######
library(pracma)
o<-orth(B)  # 求算行(column)之標準正交基(又稱單範正交基底,orthonor
mal basis)
rn<-ncol(B)-qr(B)$rank  # 測試 A 矩陣的 Rank value(列秩),亦即存在
共線向量(collinear vectors)
SQ<-1-rowSums(o^2)
for (i in 1:rn){
```

```
    f<- 1/(rn*2-1)
    o<-cbind( # 補上 column 使 rank 與行數差異，使列亦為單位典範
      o,
      sqrt(SQ*f)
      )
}
eigvalue<-diag(solve(o)%*%B%*%o)    # 取對角矩陣之對角為特徵值
eigvector<-o[,order(    # 將特徵列向量與特徵值排序(由大而小)同步
    eigvalue,
    decreasing=TRUE
)]
eigvalue<-sort(eigvalue,decreasing=TRUE) # 將特徵值排序(由大而小)
ex<- list(values=eigvalue,vectors=eigvector)
```

　　R 語言亦提供更方便的特徵分解函式如下：

```
### 特徵分解方法 2 ######
ex <- eigen(B)  # 對稱矩陣特徵值分解
```

　　上述兩個方法可透過下列程式驗證：

```
print(ex) # 列印分解結果
V<-ex$vectors
all(round(B%*%V,6)==
      round(V%*%diag(ex$values),6))  # 印證 BV=Vdiag(λ)
round(V%*%t(V),8)  # 是否為正交
all(round(V%*%t(V),8)==round(t(V)%*%V,8)) # 是否為正交
rowSums(V^2)  # 是否模長為 1
colSums(V^2)  # 是否模長為 1
```

```
> V<-ex$vectors
> all(round(B%*%V,6)==
+        round(V%*%diag(ex$values),6))   # 驗證方程式4.1.1
[1] TRUE
```

● 圖 4-26　驗證方程式 (4-4)

```
> round(V%*%t(V),8)   # 是否為正交
      [,1] [,2] [,3] [,4] [,5] [,6] [,7] [,8] [,9] [,10]
 [1,]    1    0    0    0    0    0    0    0    0     0
 [2,]    0    1    0    0    0    0    0    0    0     0
 [3,]    0    0    1    0    0    0    0    0    0     0
 [4,]    0    0    0    1    0    0    0    0    0     0
 [5,]    0    0    0    0    1    0    0    0    0     0
 [6,]    0    0    0    0    0    1    0    0    0     0
 [7,]    0    0    0    0    0    0    1    0    0     0
 [8,]    0    0    0    0    0    0    0    1    0     0
 [9,]    0    0    0    0    0    0    0    0    1     0
[10,]    0    0    0    0    0    0    0    0    0     1
> all(round(V%*%t(V),8)==round(t(V)%*%V,8))  # 是否為正交
[1] TRUE
```

● 圖 4-27　驗證正交矩陣

步驟 3）計算座標

　　投射後的向量空間，各向量為特徵矩陣各單位向量方向不變的長度延展，此長度擴展倍數即是其對應維度之特徵值。

```
k<-2
ev <- ex$values[seq_len(k)]   # 取特徵值前二維度
evec <- ex$vectors[, seq_len(k), drop = FALSE] # 取特徵向量前二
行為座標依據
points <- t(t(evec) * sqrt(ev))   # 將座標依長度比例擴充
sum(abs(ev))/sum(abs(ex$values)) # GOF.1
sum(ev)/sum(pmax(ex$values,0)) # GOF.2
print(stress(D,points)*100)      # 壓力係數
```

```
> rowSums(V^2)   # 是否模長為 1
 [1] 1 1 1 1 1 1 1 1 1 1
> colSums(V^2)   # 是否模長為 1
 [1] 1 1 1 1 1 1 1 1 1 1
```

♫圖 4-28　驗證列、行向量長度

```
> sum(abs(ev))/sum(abs(ex$values)) # GOF.1
[1] 0.9984206
> sum(ev)/sum(pmax(ex$values,0)) # GOF.2
[1] 0.9991195
> print(stress(D,points)*100)     # 壓力係數
[1] 0.008429611
```

♫圖 4-29　GOF 與 Stress

圖 4-29 驗證與圖 4-24、圖 4-19、圖 4-22 相同。

步驟 4）依座標繪分析後各城市的散佈圖

同前述的繪圖程式，唯需注意調整旋轉角度與映射夾角以及先後順序（先旋轉或先映射），如下程式，地圖座標（略）同上圖 4-21：

```
theta<- pi/3    # 旋轉角度
theta1<- 0      # 映射軸與水平軸之夾角
rottheta<-matrix(      #逆時鐘旋轉矩陣
  c(cos(theta),sin(theta),-sin(theta),cos(theta)),
  nrow=2)
rottheta1<-matrix(     # 映射矩陣
  c(cos(theta1*2),sin(theta1*2),sin(theta1*2),-cos(theta1*
2)),
  nrow=2)
mds<-as.data.frame(  # 將旋轉後座標點資料轉成 data frame 物件
  t(rottheta%*%(rottheta1%*%t(points)))   #先映射後旋轉
)
rownames(mds) <- rownames(D)      # 賦予列名
```

```
colnames(mds) <- c("Dim.1", "Dim.2") # 賦予欄位名稱
print(mds)      # 列印旋轉後座標
```

　　若採用台灣地圖會比較生動，則由於本島呈長條形，且城市的座標太接近，相對位置受到拉扯、扭曲，當然說不上扭曲，只能說地圖上各縣市太靠近難以正確丈量其間距離造成的，而非 MDS 的尺度法有問題，可以說，地理位置是呈現比率（ratio）尺度最好的範例。

　　有學者以台灣各大城市飛航時間距離，繪製台灣輪廓呈現的是圓形；若以台鐵旅遊距離繪製，則呈現的是橢圓形。以城市座標位置，則可拉成長方形，似可較忠實呈現真正相對距離感。(9)

　　若再加入人口數目後，執行多元尺度法分析，此時城市相對位置已經受到扭曲，不僅城市距離的差距不正確，甚至於城市位置方位也不合理。這就是多元尺度圖像，由我們所容易理解的二元平面，投射提升到三元立體的結果。

　　在二元的情況下，真實的距離與投射的圖像，在我們的知覺認知上是一致的。顯然多元尺度法的投射，並不會扭曲兩個變數的二維平面資訊。不過一旦二維資訊提升到三維時，多元尺度法將三度空間的世界投射到二維的平面圖像當中時，這樣的過程會造成資訊的扭曲。(9)

[實例二]

6 個糖果棒兩兩成對其相似度的二維構面知覺投射（Perceptual mapping）(13)

　　資料通常是透過讓受訪者（respondents）對諸如以下的陳述進行簡單的反應來收集的：

1.　就 A，B 兩個產品在 10 點量表（10-point scale）上評比其相似性

2.　產品 A 與 B 相似更甚於 A 與 C

3.　我喜歡產品 A 甚於產品 B

從這些簡單的回應中，在 6 個糖果棒之間，可以繪製出**知覺圖**（Perceptual map）。我們將說明在單一受訪者（respondent）的資料之間，建立**知覺圖**的過程，儘管該過程也可以應用於多個受訪者或一組消費者的總體回應。

首先透過建立 6 個糖果棒的 15 個唯一的配對集（6 x 5/2 = 15 配對）來收集資料。然後，要求受訪者對 15 個糖果棒配對進行排名，其中對最相似的糖果棒對賦予 1 的等級，等級 15 表示最不相似的那一配對。

表 4-6 列出了一個受訪者對所有糖果棒成對的結果，屬等級順序尺度（ordinal scale），本實例只有 6 個受測者的非計量多元尺度資料。

表 4-6 糖果棒成對的相似度資料（屬等級順序尺度）

糖果棒	A	B	C	D	E	F
A	-	2	13	4	3	8
B		-	12	6	5	7
C			-	9	10	11
D				-	1	14
E					-	15
F						-

注意：較小的值表示較高的相似性；1 表示最大相似的一對，15 表示最小相似的一對；A 與 A 的相似性以 ' - ' 表示，亦即自身的相似性，可忽略；矩陣左下角空白，因為與右上角對稱，相似度資料重覆，故省略。

表 4-6 中顯示：如果我們要說明糖果棒之間的相似性，其受訪者的排名，認為糖果棒 D 和 E 最相似，糖果棒 A 和 B 次之。依此類推，直到糖果棒 E 和 F 最不相似為止。

由 MDS 程式產生的二維構面相似度圖形如圖 4-30 所示。此構形（configuration）與表 4-6 的等級順序（rank order）完全匹配，**支持**受訪者最有可能在評估糖果棒時使用了二維**觀點**。（注：使用單一維度圖

知覺圖的確認

表示 4 個物件還可以，但當物件增加時，則難以表示，因此，建議採二維尺度。）

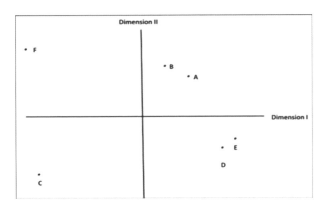

∩圖 4-30　6 個成對糖果棒二維構面知覺圖

　　至少考慮了二維構面圖的推測是基於無法在一維構面上表示受訪者的看法。如圖 4-31 所示。使用單一維度構面圖表示 4 個物件還可以，但當物件增加時，則難以表示，如當 6 個物件採用單一維度時，實際順序與受訪者的原始順序大不相同。由於數據在一維構面**無法很好地配適**（fit），因此應嘗試二維解決方案。

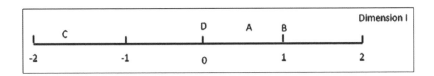

∩圖 4-31　4 個觀測值的一維構面知覺圖

　　因此，至少考慮了二維構面圖的推測是基於無法在一維構面上表示受訪者的看法。如圖 4-30。然而，我們仍然不知道受訪者在此評估中使用了什麼屬性。

　　儘管我們沒有這些構面的資訊，但是我們可以查看糖果棒的相對位置並**推斷構面代表的屬性**。例如，假設糖果棒 A，B 和 F 是組合棒的形式（例如，巧克力和花生、巧克力和花生醬），而 C，D 和 E 純粹的巧克力棒。

然後我們可以推斷出**構面 I 代表糖果棒的類型**（巧克力棒與巧克力組合棒）。當我們看糖果棒在垂直構面上的位置時，其他屬性也可能出現作為對維度的描述。

MDS 允許研究人員僅詢問整體相似度，從而了解 6 個糖果棒之間的相似度。該過程還可以幫助確定，哪些屬性實際上進入相似性的感知。儘管我們沒有將屬性評估直接納入 MDS 程序，但我們可以在後續分析中使用它們，以幫助解釋構面和每個屬性對糖果棒相對位置的影響。

R軟體的應用

本例的糖果棒之間之距離雖似區間尺度（interval scale）可視同 Metric MDS 予以分析，但此實例則在量度相似及偏好尺度，則視為順序尺度（ordinal scale）；那些涉及對不同受試者的感知相似性（perceived similarity）的了解的量度，我們可以合理地假設其本質上僅是**順序**尺度；因此，我們不能假設鄰近的資料具有計量尺度性質，因此依據圖 4-4 本例以 Non-metric MDS（簡稱 nMDS）予以分析。

首先依據表 4-6 建立 R 矩陣物件：

```
DIMNAMES<-c('A','B','C','D','E','F') # 糖果棒名稱
D<-matrix(      # 糖果棒之相似資料
  c(0,2,13,4,3,8,
    2,0,12,6,5,7,
    13,12,0,9,10,11,
    4,6,9,0,1,14,
    3,5,10,1,0,15,
    8,7,11,14,15,0),
  byrow=TRUE,
  nrow=6,
  dimnames=list(
    DIMNAMES,DIMNAMES
  )
```

```
)
print(as.dist(D))   # 列印距離矩陣
```

```
> print(as.dist(D))  = 列印距離矩陣
   A  B  C  D  E
B  2
C 13 12
D  4  6  9
E  3  5 10  1
F  8  7 11 14 15
```

∩圖 4-32　距離矩陣(物件)

使用適合 nMDS 的 R 外掛套件 MASS 的 isoMDS 函式進行資料分析：

```
library(MASS)
MDS<- isoMDS(       # 使用距離矩陣進行多元尺度分析
  d=as.dist(D),     # 距離矩陣(input data)
  k=2               # 期望的空間維度
)
print(MDS)     # 列印 MDS 物件
```

```
> print(MDS)    =  列印MDS物件
$points
         [,1]        [,2]
A -0.3435530 -4.3376574
B  0.6970874 -3.7247049
C  1.6001037  8.6923390
D -5.1625817  0.6861791
E -5.6109001 -0.3778474
F  8.8198436 -0.9383084

$stress
[1] 3.553645e-14
```

∩圖 4-33　傳回分析結果(list 類別物件內容)

圖 4-33 的 Kruskal 壓力係數同本章[實例一]自訂函式 stress 的計算結果：

```
print(stress(D,MDS$points)*100)
```

```
> print(stress(D, MDS$points)*100)
[1] 3.553645e-14
```

⋒圖 4-34　自訂 Kruskal 壓力係數計算函式結果

　　如下程式將圖 4-33 的座標可據以繪製糖果棒的定位圖：

```
mds<-as.data.frame(   # 將座標點資料轉成 data frame 物件
  MDS$points)
colnames(mds)<-c("Dim.1","Dim.2")
library(ggpubr)
g<-ggscatter(     # 產生散佈圖
  data=mds,  # 知覺資料
  x="Dim.1", # x 軸對應於資料之欄位
  y="Dim.2", # y 軸對應於資料之欄位
  label=rownames(mds), # 文字標示資料依據
  shape=18, # 標示點之形狀
  size=2,    # 點的大小
  repel=TRUE # 避免臨界資料其文字標示於圖外)+
  geom_hline(    # 於 y 軸 0 處畫一橫虛線
    yintercept=0,linetype="dashed", color = "#5634AE")+
  geom_vline(    # 於 x 軸 0 處畫一直虛線
    xintercept=0,linetype="dashed", color = "#6543AF")
print(g)
```

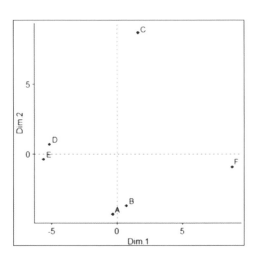

∩圖 4-35　糖果棒品牌定位

　　圖 4-35 與圖 4-30 雖不盡相同，但其相關位置只要經過如[實例一]結構不變的**剛性**旋轉，將座標資料如下程式處理再繪圖，即可產生與圖 4-30 相同角度的定位圖，如圖 4-36 所示：

```
theta<- pi/3*2.5      # 旋轉角度
rottheta<-matrix(      # 逆時鐘旋轉矩陣各向量
  c(cos(theta),sin(theta),-sin(theta),cos(theta)),
  nrow=2)
mds<-as.data.frame(   # 將旋轉後座標點資料轉成 data frame 物件
  t(rottheta%*%t(MDS$points))
)
colnames(mds)<-c("Dim.1","Dim.2")
```

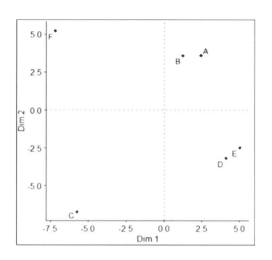

◑圖 4-36　逆時鐘旋轉 theta 角度的品牌定位

　　發展出非計量多元尺度法的 Shepard，見表 4-1，曾利用虛擬的資料，把從非計量資料得出的構形，以及從計量資料得出的構形加以比較，兩個構形中都包含相同數目的點；研究的結果指出：只要有 8 個點，兩個構形中的點際距離的相關係數高達 0.99，如果有 15 點以上，則這兩個構形根本就難以區別了。(10,14)

4-3 主成份分析（Principle Component Analysis，PCA）與知覺圖繪製

　　在定位產品時，我們不僅必須確保**目標客戶**將其與現有產品充分區隔分開，而且還必須確保它在**知覺**空間（perceptual space）中佔據有吸引力的位置。

　　因此，除了知覺圖（perceptual map）之外，我們還需要有關產品主觀維度偏好的資訊。獲取此資訊的一種方法是對消費者進行抽樣，要求每個人對他或她可取得產品的偏好進行排名（或評分）。

有了此類資料，一般都會使用**多元尺度法**（MDS）來確定每位消費者的產品空間和偏好的地圖。

本節則使用**主成分分析**，在繪製知覺定位圖（Perception map）時，一般主成分分析是用來處理問卷題目多，即變數很多，以簡化變數成較少的因素，它是因素分析的一種方法。

繪製知覺定位圖（Perception map）時，除了使用**多元尺度法**（MDS）外，我們也可以使用**主成份分析**。SPSS（version 24.0 for Windows）提供類別主成分分析（Categorical principal components analysis，CATPCA），CATPCA 是**主成份**分析（PCA）的一種變體，它不須假設數值資料之間的線性關係，也不要求假設多元常態資料，這意味著它可以處理名目變數和順序變數，以及檢測變數之間隱含的非線性關係基礎。

主成份分析的統計意涵

主成份分析（Principle Component Analysis，PCA）、因素分析（Factor Analysis，FA）與多元尺度法都是討論**資料簡化**的工作，它們的目的之一是將 P 維的資料在 k 維空間來表達，其中 k < p。

主成份分析在解釋原來一組變數的**變異數-共變異數**結構（variance-covariance structure），經由這些變數的**少數線性組合**（linear combinations），其一般的目的在**(1)降低資料，(2)解釋資料**。[15]

儘管需要 p 個成份來重現整個系統的**變異性**，但通常可以**用少量的主成份 k 來解釋這種變異性**。如果是這樣，則 k 個主成份中包含的信息幾乎與原始 p 變數中的信息一樣。然後，k 個主成份可以替換初始的 p 個變數和原始資料集，該原始資料集由對 p 個變數，n 個量測組成，降低為由 k 個主成份的 n 個量測組成。

主成份分析通常會揭露以前未曾懷疑過的關係，從而允許進行通常不會產生的解釋。例如本節實例四：就 32 名大學生對 10 種啤酒喜好的 32 x 10 維的資料矩陣，透過主成份分析，繪製知覺圖，得到 2 個主成份：其一是水平軸，從左的淺淡色、風味淡，到右側的暗深色、風味強；其二垂直軸，從下的較傳統的、保守的品牌，到上的較現代和時尚。

很多機場在登機時不必再出示護照，只要經人臉辨識即可，但人臉辨識所牽涉到的變數很多，如鼻子的長度與寬度、額頭寬度、眼睛形狀等，透過主成份分析可以萃取出少數的臉部特徵，來減少影像誤判的結果。

主成份分析統計方法進一步介紹，請參閱第 1 章第 2 節。

MDS 與因素分析（FA）相異之處(8)

上一節中的注 1，提到因素分析主要的目的，在以較少的維數來表示原先的資料結構，而又能保存住原有的資料結構所提供的大部分資訊。與 MDS 功能旗鼓相當，相異之處是：MDS 模式以**點間距離**為基礎，而 FA 模式以**向量間夾角**為基礎。

一般而言，兩種模式都用歐幾里得空間，但 MDS 有其優點，因為它解釋諸點間距離較向量間夾角容易。同時，FA 常導致相對多的維度，主要因為大部分程式是依據變數間線性相關的假設。對於**知覺資料**而言，這是嚴格的假設，而 MDS 方法不含此假設，但其結果是正常地產生更容易解釋的低維度解。(11)

[實例三]

柳橙汁品牌的產品定位：六種市場品牌的專家評估資料(16)

本實例選擇「柳橙汁」資料集，因為它的簡單，由於它僅包含六個統計的個體或觀察值。六種柳橙汁品牌由**專家小組**（panel of experts）根據七個感官變數，包括氣味、氣味強度、典型氣味、果肉含量（pulp）、味道強度、酸度、苦味、甜度，評估總結在表 4-7 中。

表 4-7　柳橙汁資料：七個感官變數

柳橙汁品牌 營養素	氣味強度	典型氣味	果肉含量	味道強度	酸度	苦味	甜度
Pampryl amb.	2.82	2.53	1.66	3.46	3.15	2.97	2.60
Tropicana amb.	2.76	2.82	1.91	3.23	2.55	2.08	3.32
Fruvita fr.	2.83	2.88	4.00	3.45	2.42	1.76	3.38
Joker amb.	2.76	2.59	1.66	3.37	3.05	2.56	2.80
Tropicana fr.	3.20	3.02	3.69	3.12	2.33	1.97	3.34
Pampryl fr.	3.07	2.73	3.34	3.54	3.31	2.63	2.90

在本實例中，除了感官（sensory）變數外，還有一些**物理化學**的變數可供我們使用，可見表 4-8 柳橙汁品牌與物理**化學**的變數的列聯表。但是，我們的立場沒有改變。即根據感官變數來描述柳橙汁**輪廓**。可以使用**補充變數**（supplementary variables）來豐富此問題，因為，我們現在可以將感官構面與物理化學的變數關聯起來。

表 4-8　柳橙汁的補充變數資料：物理化學的變數

柳橙汁品牌 營養素	Glucose（葡萄糖）	Fructose（果糖）	Saccharose（蔗糖）	Sweetening甜味	pH（酸鹼值）	Citric acid（檸檬酸）	Vitamin C（維他命 C）
Pampryl amb.	25.32	27.36	36.45	89.95	3.59	0.84	43.44
Tropicana amb.	17.33	20.00	44.15	82.55	3.89	0.67	32.70
Fruvita fr.	23.65	25.65	52.12	102.22	3.85	0.69	37.00
Joker amb.	32.42	34.54	22.92	90.71	3.60	0.95	36.60
Tropicana fr.	22.70	25.32	45.80	94.87	3.82	0.71	39.50
Pampryl fr.	27.16	29.48	38.94	96.51	3.68	0.74	27.00

在本實例中，我們又介紹保存方式變數：常溫和新鮮兩類，以及果汁的產地變數：有佛羅里達和其他兩個類別，見表 4-9 柳橙汁品牌與保存方式變數的列聯表。

表 4-9　柳橙汁的補充類別變數資料：保存方式、產地變數

類別屬性 柳橙汁品牌	Way of Origin preserving	Origin
Pampryl amb.	Ambient（常溫）	Other（其他）
Tropicana amb.	Ambient（常溫）	Florida（佛羅里達）
Fruvita fr.	Fresh（新鮮）	Florida
Joker amb.	Ambient（常溫）	Other
Tropicana fr.	Fresh（新鮮）	Florida
Pampryl fr.	Fresh　（新鮮）	Other

補充(類別)變數增加二維分析的多樣性與豐富性

　　主成份分析和對應分析是最流行的多變量方法之一。這種流行很可能是由於兩種分析類型都可以建構出有吸引力的**雙標圖**（Biplot）。Biplot 是訊息豐富的圖表，它可以在二維空間以**近似高維**多變量資料集（data set），並且可以有效地匯總資料集的主要特徵。Biplot 相對容易解釋，因為它們可以像**散布圖**（scatterplots）**一樣閱讀**。Biplot 可以看作是具有許多**非正交軸**（non-orthogonal axes）的散布圖，具有透過將點投影到軸上來恢復數據值不是精確的而是近似的特性。[17]

　　有時，我們亦對**雙標**圖中未被包含在原始分析中的案例或樣本的呈現感興趣。例如，可能會故意從分析中排除明顯的異常值，但仍要檢查其在雙標圖中相對於其他樣本的位置。或者，由於某些樣本是在不同的情況下或在不同的時間收集的，因此可以將它們視為**補充**樣本。來自 PCA 的雙標圖中此類補充點（supplementary points）的坐標計算是一個相對知名的主題。

　　一種可能情況是：有人想要在雙標圖中表示**原始分析中未使用的變數**。例如，可能會排除一些變數，因為它們代表了一種完全不同的資訊。在生態學中，這被稱為**間接梯度**分析（Indirect gradient analysis），表示它與**補充變數**問題的密切相關。[17]

在本實例中除表 4-7 柳橙汁資料，有 7 個感官（sensory）變數來描述柳橙汁輪廓，又提供表 4-8 柳橙汁 7 個物理化學上的補充變數資料，例如葡萄糖、果糖、蔗糖、甜味、酸鹼值、檸檬酸、維他命 C 等來豐富此問題；表 4-9 柳橙汁的 2 個補充類別變數資料，例如：保存方式、產地；這些補充變數在柳橙汁成份分析時相當有用，例如從柳橙汁品牌定位與其保存方法、產地之關聯圖以及柳橙汁屬性變數關聯圖，可獲得許多額外豐富的資料。

R軟體的應用

程式開始之前先至 Github 資料夾下載本例資料檔 orange_c.csv，如下連結：https://github.com/hmst2020/MS/tree/master/data/

再將下載之此資料檔案放置於 read.csv 函式讀取路徑下予以載入 R 之變數：

```
path<- 'data/orange_c.csv'    # 資料檔案指定於工作目錄之相對路徑
q<-read.csv(path,sep=';')     # 依分隔欄位符，讀取資料
rownames(q)=q[,1]             # 以資料第一行柳橙汁品牌名稱，做為資料
列名
q<- q[,-1]                    # 已有資料列名，去除第一行
ka<- 1:7    # 活性變數(active variable)
ks<- 8:14   # 補充量化變數(supplementary quantitative variable)
kc<- 15:16  # 補充類別變數(supplementary categorical variable)
kt<- c(ka,ks,kc)  # 所有變數
is<- 7      # 補充個體(supplementary individual)
q           # 列印整理後資料內容
```

循著上述 R 軟體指令列印變數 q，列印整理後柳橙汁資料內容：7 個感官變數資料內容，7 個物理化學上的補充變數資料，2 個補充類別變數資料。共 16 變數資料，如圖 4-37：

```
> q                   # 列印整理後資料內容
                氣味強度 典型氣味 果肉含量 味道強度 酸度  苦味 甜度  葡萄糖
Pampryl amb.      2.82    2.53    1.66     3.46  3.15  2.97  2.60  25.32
Tropicana amb.    2.76    2.82    1.91     3.23  2.55  2.08  3.32  17.33
Fruvita fr.       2.83    2.88    4.00     3.45  2.42  1.76  3.38  23.65
Joker amb.        2.76    2.59    1.66     3.37  3.05  2.56  2.80  32.42
Tropicana fr.     3.20    3.02    3.69     3.12  2.33  1.97  3.34  22.70
Pampryl fr.       3.07    2.73    3.34     3.54  3.31  2.63  2.90  27.16
理想柳橙汁         3.00    3.00    3.00     3.00  3.00  3.00  3.00  28.00
                果糖   蔗糖   甜味力 醒鹼值 檸檬酸 維生素C 保存方式   產地
Pampryl amb.    27.36  36.45  89.95   3.59   0.84   43.44  Ambient   Other
Tropicana amb.  20.00  44.15  82.55   3.89   0.67   32.70  Ambient   Florida
Fruvita fr.     25.65  52.12 102.02   3.85   0.69   37.00  Fresh     Florida
Joker amb.      34.54  22.92  90.71   3.60   0.95   36.60  Ambient   Other
Tropicana fr.   25.32  45.80  94.87   3.82   0.71   39.50  Fresh     Florida
Pampryl fr.     29.48  38.94  96.51   3.68   0.74   27.00  Fresh     Other
理想柳橙汁       25.00  35.00  90.00   3.00   0.80   27.00  Ambient   Other
```

🎧圖 4-37　本例取得之原始(待分析)資料

　　本例共 7 列個體（individual），其中前 6 列為現有市場品牌稱為**活躍個體**（active individual），**最後 1 列**為即**將新進市場**的產品**理想柳橙汁**稱為**補充**個體（supplement individual），各柳橙汁對應之屬性變數（variable），其中前 7 行為經**專家小組**評估給予各感官上之平均評分稱為**活躍變數**（active variable），其後各為科學量測之營養成分平均值稱為**補充變數**（supplement variable），以及各廠牌於超市貨架保鮮區、產地則稱為**類別**變數（categorical variable）等。

　　以下分析將以 6 現有市場品牌及 7 感官評分數值等**活躍**（active）品牌及活躍變數分析其定位，其餘包括 1 新品牌及 9 變數將作為補充關聯定位之描述。

方法一：使用 FactoMineR 套件進行 PCA，再以 factoextra 繪圖

```
library(FactoMineR)
library(factoextra)
res.pca<-PCA(          # 產生 PCA 物件
  X=q[,kt],            # matrix 物件(列為所有品牌，行為所有變數)
  quanti.sup=ks,       # 補充量化變數(行)
  quali.sup=kc,        # 補充類別變數(行)
  ind.sup=is,          # 補充個體(列)
```

```
ncp=ncol(q[,ka]),  # 維度數
graph = TRUE       # 是否繪圖)
```

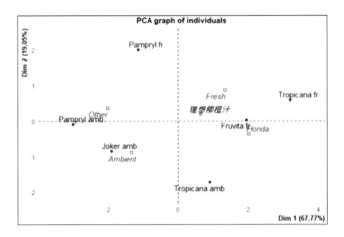

🎧圖 4-38　柳橙汁品牌定位與其保存方法、產地之關聯圖

上述程式使用的 PCA 函式其 graph 參數值給予 TRUE 因此繪出圖 4-38、圖 4-39 用來分別表示柳橙汁品牌定位、感官屬性及化學成分的關聯性。

從圖 4-38 吾人可看出第一主成份，也就是柳橙汁之間變異的主軸，將 Tropicana fr. 和 Pampryl amb. 兩種橙汁分開，從圖 4-37 或表 4-7 的資料可以看出，這些柳橙汁在典型氣味（Odour typicality）和苦味（bitterness）描述上是最極端的：Tropicana fr. 是最典型的，它最不苦；然而 Pampryl amb 是最不典型的，它最苦，第二主成份，Tropicana amb. 其氣味強度（Odour intensity）最小，而 Pampryl fr.的氣味強度最高，至於理想柳橙汁（補充之個體），則分析其與活躍品牌的關聯性一併繪出與活躍品牌 Fruvita fr. 在兩個主成份上（第一、二）均最為接近。

當有大量的個體和變數時，讀取這些資料會很乏味的。實務上，我們將更直接地使用變數來方便描述主成份。更有進者，圖 4-38 可進一步顯示保存方法、產地之關聯圖，Tropicana fr. 要保持新鮮，而 Joker amb. 要保持常溫。

PCA 函式依據活躍個體（active individual）及其活躍變數（active variable），產出分析資料，並繪出其品牌定位圖。是得自 PCA 的前兩個主成份，和對應於個體投影慣量（projected inertia）表示的最佳平面。投影到平面上的慣量是兩個特徵值（eigenvalues）之和，佔 86.82%（＝ 67.77% ＋ 19.05%）。即第一主成份其解釋能力佔 67.77%，第二主成份其解釋能力佔 19.05%。

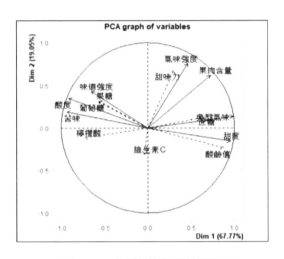

⋒圖 4-39　柳橙汁屬性變數關聯圖

為了使這些結果更容易解釋，特別是在變數的數目較多的情況下，可以在圖上表示每個變數，使用其與第一主成份 Dim 1 和第二主成份 Dim 2 的相關係數作為座標。圖 4-39，為柳橙汁資料集 7 個感官變數與物理化學等補充變數之間，相關係數的資料視覺化。**補充之變數（虛線箭頭）**，同理，也分析其與**活躍變數（實線箭頭）**的關聯性一併繪出，這裡的 Dim 1、Dim 2 **互為垂直**的座標軸代表多個活躍變數的合成（synthetic）效果，稱之為**主成份**或合成變數（synthetic variable）。

```
print(res.pca) # 列出 PCA 此 list 物件的內容
print(res.pca$eig) # 列出特徵值及其排序
```

```
> print(res.pca) # 列出PCA 此list物件的內容
**Results for the Principal Component Analysis (PCA)**
The analysis was performed on 7 individuals, described by 16 variables
*The results are available in the following objects:

   name                    description
1  "$eig"                  "eigenvalues"
2  "$var"                  "results for the variables"
3  "$var$coord"            "coord. for the variables"
4  "$var$cor"              "correlations variables - dimensions"
5  "$var$cos2"             "cos2 for the variables"
6  "$var$contrib"          "contributions of the variables"
7  "$ind"                  "results for the individuals"
8  "$ind$coord"            "coord. for the individuals"
9  "$ind$cos2"             "cos2 for the individuals"
10 "$ind$contrib"          "contributions of the individuals"
11 "$ind.sup"              "results for the supplementary individuals"
12 "$ind.sup$coord"        "coord. for the supplementary individuals"
13 "$ind.sup$cos2"         "cos2 for the supplementary individuals"
14 "$quanti.sup"           "results for the supplementary quantitative variables"
15 "$quanti.sup$coord"     "coord. for the supplementary quantitative variables"
16 "$quanti.sup$cor"       "correlations suppl. quantitative variables - dimensions"
17 "$quali.sup"            "results for the supplementary categorical variables"
18 "$quali.sup$coord"      "coord. for the supplementary categories"
19 "$quali.sup$v.test"     "v-test of the supplementary categories"
20 "$call"                 "summary statistics"
21 "$call$centre"          "mean of the variables"
22 "$call$ecart.type"      "standard error of the variables"
23 "$call$row.w"           "weights for the individuals"
24 "$call$col.w"           "weights for the variables"
```

∩圖 4-40　PCA 函式回傳物件包含內容

圖 4-40 中除了 eig 是特徵值及佔比排序（圖 4-41）以外，各分為活躍變數的 var、活躍個體的 ind、補充量化變數的 quanti.sup 以及補充類別變數的 quali.sup 等處理結果，例如：varcoord 為活躍變數的各成分座標，圖 4-39 即是依其 Dim1、Dim2 此二維主成分座標繪出。

```
> print(res.pca$eig) #  列出特徵值及其排序
       eigenvalue percentage of variance cumulative percentage of variance
comp 1 4.74369269             67.7670384                         67.76704
comp 2 1.33328986             19.0469979                         86.81404
comp 3 0.81984115             11.7120164                         98.52605
comp 4 0.08402330              1.2003328                         99.72639
comp 5 0.01915301              0.2736144                        100.00000
```

∩圖 4-41　各成分特徵值及佔比排序

將圖 4-41 之各成分特徵值累計佔比產生如下陡階圖,可見不同維度構面下,**特徵值**的解釋能力:

```
plot(   # 列印特徵值折線圖
  x=res.pca$eig[,3],
  main='特徵值折線圖',
  type='b',      # 標示點與連線
  pch=16,        # 標示點之形狀(請參閱 show_point_shapes 函式)
  xlab='特徵值維度',
  ylab='累計佔比')
```

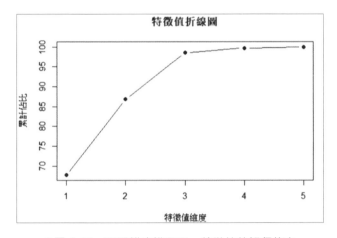

○圖 4-42 不同維度構面下,特徵值的解釋能力

雙標圖(Biplot)承載訊息豐富的圖表,它可以在二維空間以近似**高維**多變量資料集(data set),並且可以有效地匯總資料集的主要特徵。

綜合上兩圖及特徵值排序,可看出以 2 個維度的主**成份**對原始資料的解釋能力為 86.81404%,吾人可考慮以此**兩個維度**做為品牌定位圖之依據,將品牌與其屬性關係繪於一處如下圖 4-43 的**雙標圖**(Biplot),唯需注意圖 4-38 圖 4-39 尺規大小並不相同,在以下 fviz_pca_biplot 函式裡已按照**大尺規比例**自動調整使一致,調整方式於**方法二**的解析裡一併說明。

```
library(tidyr)
g<-fviz_pca_biplot(
  res.pca,            # PCA 物件
  repel=TRUE,         # 重疊文字是否錯開並加上引線
  title = 'Orange Guice Data Analysis(PCA - Biplot)',  # 標題
  ggtheme = theme_minimal(),  # 繪圖主題
  labelsize=5,        # 文字大小
  pointshape=16       # 標示點之形狀(請參閱 show_point_shapes 函式)
)
ggsave(    # 繪出至檔案(存檔目錄需存在,否則會有錯誤拋出)
  file="E:/temp/orangejuice_biplot.svg",  #存檔目錄及檔名
  g,                  # ggplot 繪圖物件
  scale = 1.5         # 繪圖板尺規範圍擴增倍數
)
```

　　柳橙汁品牌與其屬性（活耀、補充等變數）之雙標圖，呈現柳橙汁品牌如 Tropicana fr. 和 Pampryl amb. 知覺定位，以及在二維空間以**近似高維**多變量資料集（data set）表現的**雙標圖**（Biplot）。包含 7 個感官變數，如典型氣味、果肉含量、苦味等，與補充變數資料，如酸鹼值、果糖、維他命 C 等。

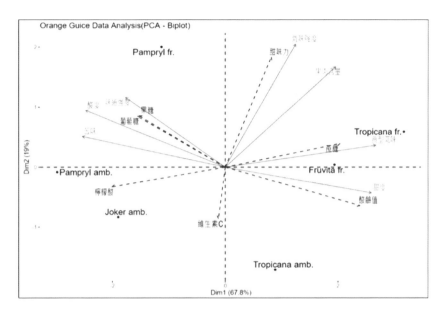

♠圖 4-43　品牌與屬性雙標圖

方法二：詳細逐步解析

引進奇異值分解（SVD）、慣量（inertia）觀念，繪製二維雙標圖。

本章第一節提到 SVD 被譽為矩陣分解的「瑞士刀」和「勞斯萊斯」。其魅力可想而知。SVD 的主要想法是：任何每一個 n x m 矩陣 A 都可以分解為：$A = U\Sigma V^{T}$，至於慣量（inertia）的完整介紹，請見第 4 節對應分析法（CA）。

以下方法二用到的方程式符號：

I：總列數（活躍個體總數），i：第 i 列，K：行數（活躍變數總數），k：第 k 行，$x_{i,k}$：資料表第 i 列第 k 行，S：有效主成份總維數，s：第 s 主成份，corr：相關係數，λ：特徵值，Φ^{2}：表示總慣量（total inertia）

分析**產品定位**意指對產品分析其所有**活躍**變數（active variable），使具相似性（similarity）者，予以表達在空間或平面相近位置，反之不相似者使遠離。

首先以**最直接的關聯**方式試圖找出各自的相似產品，試以如下範列程式觀察任意挑選之不同活躍變數（active variable）與活躍個體（active individual）之間的數值相關性（圖 4-44）：

```r
qn<- as.matrix(q[,c(ka,ks)][-is,])   # 擷取量化變數與活躍個體部分
library(ggrepel)
p1 <- ggplot(as.data.frame(qn),
             aes(x=qn[,5],y=qn[,1])) +
  labs(
    title='A',
    x =colnames(qn)[5],
    y =colnames(qn)[1]
  )+
  geom_point()+
  geom_label_repel(label=row(qn)[,1])
p2 <- ggplot(as.data.frame(qn),
             aes(x=qn[,5],y=qn[,6])) +
  labs(
    title='B',
    x =colnames(qn)[5],
    y =colnames(qn)[6])+
  geom_point()+
  geom_label_repel(label=row(qn)[,1])
p3 <- ggplot(as.data.frame(qn),
             aes(x=qn[,3],y=qn[,1])) +
  labs(
    title='C',
    x =colnames(qn)[3],
    y =colnames(qn)[1])+
  geom_point()+
  geom_label_repel(label=row(qn)[,1])
p4 <- ggplot(as.data.frame(qn),
             aes(x=qn[,3],y=qn[,1])) +
```

```
  labs(
    title='D',
    x =colnames(qn)[3],
    y =colnames(qn)[1])+
  geom_point()+
  geom_label_repel(label=row(qn)[,1])
plot_grid(p1,p2,p3,p4)
```

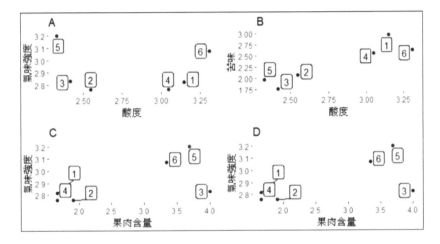

⋂圖 4-44　變數與個體直接關聯圖

　　圖 4-44 的 XY 軸分別表示不同**感官**變數，圖內 1~6 分別表示市場各
品牌之柳橙汁，A、B 圖顯示(5,3,2)、(4,1,6)各為相似產品之群組，而 C、
D 圖顯示(4,1,2)、(6,5,3)各為相似產品之群組，A、B 與 C、D 得知顯然有
不同的分類（相似）結果，因此吾人**無法藉一對一**對的變數組合解決產
品定位問題，而有賴於如何將**多變數**經過合成（synthetic）效果使多變數
的**多維度**（dimension）降低至**低**維度（本例意在維度 2），使得以平面
繪圖表達產品相似性之位置如上圖 4-43，以下將從資料**標準化**開始詳解
其過程：

步驟 1）資料標準化（補充個體及類別變數除外）

　　當所有變數之數值單位不一致時，為避免單位的不一致造成分析偏向數值大的資料影響結果，先將資料標準化使度量尺規一致，已是 PCA 的首要標準程序（即使是一致的數值單位），使得各變數資料一致地以 0 為中心的標準差為單位來表示（圖 4-45）。

　　令 STD 為圖 4-45 經標準化之矩陣，則：

$$STD_{ik} = \frac{x_{i,k} - k行平均值}{k行標準差} \quad \dots\dots\dots\dots\dots\dots\dots\dots\dots\dots\dots\dots\dots\dots\dots(4.3.1)$$

$$k行平均值 = \frac{1}{I} \sum_{i=1}^{I} x_{i,k}$$

$$k行標準差 = \sqrt{\frac{\sum_{k=1}^{K} (x_{i,k} - k行平均值)^2}{I}}$$

```
center <- colMeans(qn, na.rm=TRUE)   # 平均值
sd<-sqrt(colSums((t(t(qn)-center)^2)/nrow(qn)))    # 母體標準差
std.qn<-t((t(qn)-center)/sd)   # 標準化資料(公式(4.3.1)
round(cbind(    # 變數標準化列表
  rbind(std.qn,'Total'=colSums(std.qn)), # 行合計
  'Total'=rowSums(rbind(std.qn,'Total'=colSums(std.qn)))), #列合計
  8)
all(round(std.qn,8)==round(             # 驗證與 scale 函式差異
  scale(qn)/sqrt((nrow(qn)-1)/nrow(qn)),8)
)
```

上述 R 程式，產生如下圖 4-45 活躍個體及量化變數的經標準化資料：

```
> round(cbind(    # 變數標準化列表
-    rbind(std.qn.`Total`=colSums(std.qn)),  # 行合計
-    `Total`=rowSums(rbind(std.qn.`Total`=colSums(std.qn)))),  # 列合計
-    8)
                氣味強度      典型氣味    果肉含量      味道強度      酸度        苦味        甜度      葡萄糖
Pampryl amb.  -0.5161942 -1.3833072 -1.0618889  0.68104634  0.9132560  1.5198408 -1.5040422  0.1217504
Tropicana amb. -0.8735594  0.3483148 -0.8090582 -0.91190951 -0.6598166 -0.5881981  0.8672944 -1.6257696
Fruvita fr.   -0.4566333  0.7063813  1.3046064  0.61178739 -1.0006490 -1.3461447  1.0649058 -0.2435009
Joker amb.    -0.8735594 -1.0250405 -1.0618889  0.05771579  0.6510773  0.5487217 -0.8453376  1.6746155
Tropicana fr.  1.7471188  1.5425368  0.9910063 -1.67375795 -1.2366099 -0.8487423  0.9331649 -0.4512786
Pampryl fr.    0.9728275 -0.1890852  0.6371334  1.23511794  1.3327421  0.7145225 -0.5159853  0.5241831
Total          0.0000000  0.0000000  0.0000000  0.00000000  0.0000000  0.0000000  0.0000000  0.0000000
                  果糖        葉糖        甜味力      酸鹼值      檸檬酸      維生素C        Total
Pampryl amb.   0.06838537 -0.3945660 -0.4663613 -1.2340893  0.7450140  1.4292392 -1.0819169
Tropicana amb. -1.60006649  0.4462527 -1.6765566  1.2618216 -0.9820639 -0.6450890 -7.4484039
Fruvita fr.   -0.31925766  1.3165547  1.5402733  0.9290335 -0.7788783  0.1854148  3.5140934
Joker amb.     1.69603270 -1.8720046 -0.3420710 -1.1508923  1.8625350  0.1081586 -0.5719376
Tropicana fr. -0.39406596  0.6264281  0.3382550  0.6794424 -0.5756926  0.6682659  2.3461609
Pampryl fr.    0.54897205 -0.1226649  0.6064605 -0.4853160 -0.2709142 -1.7459895  3.2420041
Total          0.00000000  0.0000000  0.0000000  0.0000000  0.0000000  0.0000000  0.0000000
```

⦾圖 4-45　活躍個體及量化變數的經標準化資料

上圖 4-45 為經**資料**標準化之矩陣，包括 7 個感官變數，如典型氣味、果肉含量、苦味等，以及 7 個補充變數資料，如酸鹼值、果糖、維他命 C 等經標準化後的各變數和均為 0。

需注意這裡的**標準化**係先將資料**中心化**再以**母體標準差**（population standard deviation）計算，與 R 內建的 scale 函式為樣本標準差（sample standard deviation）有所不同，故有上述程式最後一行指令（statement）的差異驗證，讀者可自行執行驗證。

步驟 2）列、行權重計算

行權重的賦予若無特別考量，通常指定每行一致皆為 1，而列權重則為 1 / I，此處 I 為活躍個體數，經權重調整後變數標準化的矩陣恰與相關矩陣（correlation matrix，即兩兩變數相關係數構成的矩陣）有如下關係：

列權重合計 $\sum_{i=1}^{I} rw_i = 1$，本例 I=6 個活躍品牌個體，若權重一樣則各列為 0.1666667，行權重合計 $\sum_{k=1}^{K} cw_k = K$，本例 K=7 個活躍屬性若權重一樣則每行各為 1，令 X^2 為資料表之**慣量**（inertia）矩陣，則將 X 計算如下：

$$X_{ik} = STD_{ik}\sqrt{rw_i}\sqrt{cw_k} \quad\text{...}(4.3.2)$$

```
rw<- rep(1/nrow(std.qn),nrow(std.qn))      # 列權重
cw<- rep(1,ncol(std.qn[,ka]))              # 行權重
X<- t(t(std.qn[,ka]*sqrt(rw))*sqrt(cw))    # 公式(4.3.2)
print(X)      # 列印帶正負號的慣量(X^2)的平方根
```

	氣味強度	典型氣味	果肉含量	味道強度	酸度	苦味	甜度
Pampryl amb.	-0.2107354	-0.56473278	-0.4335143	0.27803600	0.3728352	0.6204724	-0.6140227
Tropicana amb.	-0.3566291	0.14219890	-0.3302966	-0.37228550	-0.2693690	-0.2401309	0.3540715
Fruvita fr.	-0.1864198	0.28846063	0.5326033	0.24976116	-0.4085132	-0.5495613	0.4347460
Joker amb.	-0.3566291	-0.41847105	-0.4335143	0.02356237	0.2658012	0.2240147	-0.3451076
Tropicana fr.	0.7132583	0.62973799	0.4046134	-0.68330882	-0.5048439	-0.3464976	0.3809630
Pampryl fr.	0.3971552	-0.07719369	0.2601086	0.50423479	0.5440897	0.2917026	-0.2106501

（上方為 `> print(X)   ＃ 列印帶正負號的慣量(X^2)的平方根`）

⋒圖 4-46　代表慣量方向(正負)的 X 矩陣

　　X 矩陣與相關矩陣存在下列恆等式的關係：

$$X^T X = STD\text{相關矩陣} = corr(STD) \quad\text{..................................}(4.3.3)$$

```
round(cbind(     # 投影前列慣量合計
  rbind(X^2,'Total'=colSums(X^2)),  # 投影前行慣量合計
  'Total'=rowSums(rbind(X^2,'Total'=colSums(X^2))),
  '%'=c(t(rowSums(X^2))/sum(X^2),1)*100),
  6)
all(round(t(X)%*%X,7)==round(cor(std.qn[,ka]),7))  # 驗證(4.3.3)
```

慣量(X^2)分布如下圖 4-47，行權重均為 1，總慣量為 7：

```
> round(cbind(    = 投影前列慣量合計
-    rbind(X^2,'Total'=colSums(X^2)),  = 投影前行慣量合計
-    'Total'=rowSums(rbind(X^2,'Total'=colSums(X^2))),
-    '%'=c(t(rowSums(X^2))/sum(X^2),1)*100),
-    6)
             臭味強度    典型臭味   果肉含量   味道強度      酸度      苦味      甜度     Total           %
Pampryl amb.  0.044409  0.318923  0.187935  0.077304  0.139006  0.384986  0.377024  1.529587   21.851245
Tropicana amb. 0.127184 0.020221  0.109096  0.138596  0.072560  0.057663  0.125367  0.650686    9.295519
Fruvita fr.   0.034752  0.083210  0.283666  0.062381  0.166883  0.302018  0.189004  1.121914   16.027336
Joker amb.    0.127184  0.175118  0.187935  0.000555  0.070650  0.050183  0.119099  0.730724   10.438919
Tropicana fr. 0.508737  0.396570  0.163712  0.466911  0.254867  0.120061  0.145133  2.055991   29.371299
Pampryl fr.   0.157732  0.005959  0.067656  0.254253  0.296034  0.085090  0.044373  0.911098   13.015682
Total         1.000000  1.000000  1.000000  1.000000  1.000000  1.000000  1.000000  7.000000  100.000000
```

↑圖 4-47　X^2慣量分布

上述程式最後一行指令為(4.3.3)的驗證，而且將此相關矩陣特徵分解其特徵值與以X奇異值分解之奇異值平方相等（有效維度下），下一步驟奇異值分解也將再次說明。

步驟 3）奇異值分解（Singular Value Decomposition，簡稱 SVD）

將代表慣量及方向的 X矩陣資料透過**奇異值**分解，將個體及變數同時投射（project）至擁有同樣特徵值且經過單範正交基底（orthnormal basis）變換的向量空間，此向量空間之基底由各相互**垂直**且為**單位**長度之向量組成，分解後（即投影後 Image）**各主成份**特徵值由大而小排列，使能於較少維度即維持與投影前（Pre-image）的各慣量與總慣量值不變，最後再將主成份 1、2 做為平面投影座標之依據（**步驟 4**）。

```
library(pracma)
minx<-Rank(X)      # 有效維度(秩)
PCS<- c('主成份 1','主成份 2','主成份 3','主成份 4','主成份 5','主成份
6')[1:minx]
eigx<-eigen(cov(X))       # 共變異數特徵分解
PC<-X%*%eigx$vectors      # 主成份
round(eigx$values,8)      # 分解之特徵值
diag(round(cov(PC),8))    # 主成份共變異數
```

上述程式第二行 X 的有效維度為 5，表示 7 個活躍變數其中有兩個變數已完全合成於其它 5 個成分，可完全呈現不失真。

求得 X 的特徵值，即主成份變異數，如圖 4-48，亦即說明了 X 的主成份變異數即是特徵值。

```
> round(eigx$values,8)                    # 分解之特徵值
[1] 0.94873854 0.26665797 0.16396823 0.01680466 0.00383060 0.00000000 0.00000000
> diag(round(cov(PC),8))                  # 主成分共變異數
[1] 0.94873854 0.26665797 0.16396823 0.01680466 0.00383060 0.00000000 0.00000000
```

⋒圖 4-48　X 的特徵值 = 主成份變異數

奇異值分解係將上述 X 矩陣，分解如下：

$$X=U\Sigma V^{T} \Longrightarrow X^{T}=V\Sigma^{T}U^{T} \quad\text{......................................(4.3.4)}$$

$$X^{T}X= V\Sigma^{T}U^{T}U\Sigma V^{T}= V\Sigma^{T}\Sigma V^{T}=V\lambda\ V^{T} \quad\text{.................................(4.3.5)}$$

$$XX^{T}= U\Sigma V^{T}V\Sigma^{T}U^{T}= U\Sigma\Sigma^{T}U^{T}= U\lambda U^{T} \quad\text{.................................(4.3.6)}$$

其中，Σ：奇異值對角矩陣，$\Sigma^{T}\Sigma=\lambda$：特徵值對角矩陣，SVD 分下列兩種方法分別比較，其他明細說明可參考本章[實例八]步驟 5 奇異值分解的相關說明。

```
###### SVD 分解方法一 ######
if (nrow(X)<=ncol(X)){          # 是否為胖矩陣
  SVD<- svd(t(X),nv=minx,nu=minx)   # 奇異值分解
}else{                          # 是否為瘦矩陣
  SVD<- svd(X,nv=minx,nu=minx)   # 奇異值分解
}
U<- ifelse(          # 左奇異矩陣
  nrow(X)<=ncol(X),list(SVD$v),list(SVD$u))[[1]]
rownames(U)<-rownames(X)        # 指定列名
colnames(U)<-PCS                # 指定行名
```

```
V<- ifelse(          # 右左奇異矩陣
   nrow(X)<=ncol(X),list(SVD$u),list(SVD$v))[[1]]
rownames(V)<-colnames(X)        # 指定列名
colnames(V)<-PCS                # 指定行名
S<- replace(SVD$d,SVD$d<0,0)[1:minx]   # 奇異值小於 0 視為 0 為無效
奇異值
lambda<- S^2        # 特徵值
round(X,9)==round(U%*%diag(S)%*%t(V),9)   # 驗證分解結果(4.3.4)
print(lambda)       # 列印特徵值
round(eigx$values[1:minx]*Rank(X),8)==round(lambda,8)
```

```
> round(X,9)==round(U%*%diag(S)%*%t(V),9)   # 驗證分解結果
                氣味強度 典型氣味 果肉含量 味道強度 酸度 苦味 甜度
Pampryl amb.    TRUE     TRUE     TRUE     TRUE TRUE TRUE TRUE
Tropicana amb.  TRUE     TRUE     TRUE     TRUE TRUE TRUE TRUE
Fruvita fr.     TRUE     TRUE     TRUE     TRUE TRUE TRUE TRUE
Joker amb.      TRUE     TRUE     TRUE     TRUE TRUE TRUE TRUE
Tropicana fr.   TRUE     TRUE     TRUE     TRUE TRUE TRUE TRUE
Pampryl fr.     TRUE     TRUE     TRUE     TRUE TRUE TRUE TRUE
```

∩圖 4-49 印證方程式(4.3.4)

```
> print(lambda)    # 列印特徵值
[1] 4.74369269 1.33328986 0.81984115 0.08402330 0.01915301
> round(eigx$values[1:minx]*Rank(X),8)==round(lambda,8)
[1] TRUE TRUE TRUE TRUE TRUE
```

∩圖 4-50 SVD 的特徵值與 cov(X)的特徵值比較

　　上述程式最後 2 行的圖 4-50 顯示 X 的**共變異矩陣**，其特徵值與 SVD
的特徵值具有一定的比例關係，此比例關係亦即是 X 矩陣的秩（Rank），
特徵值的平方根代表投影（projection）後各向量的長度，因此奇異值分解
的投影向量與主成份分析的投影向量存在**長度之縮放**，此為前述多次提到
的**剛性運動**，但奇異值分解具有同樣的特徵值與代表列、行的左、右奇異
向量，可據以同時相依定位於同一個有限維度，使得**奇異值分解**在 biplot
上成為不可或缺的角色。

奇異值分解尚可依據上述方程式(4.3.5)、(4.3.6)藉由**特徵分解**求得特徵值與代表列、行的左、右奇異向量，需注意如本章[實例八]所述需考慮是否為胖矩陣（fat matrix）以決定先後順序，本例之 X 為胖矩陣，先求 U 再求 V。

```
######SVD 分解方法二######
eigu<- eigen(X%*%t(X))
lambda<- replace(eigu$values,eigu$values<0,0)
U<-eigu$vectors
V<- t(t(t(X)%*%U%*%diag(sqrt(lambda)))/eigu$values)
S<-sqrt(lambda)[1:minx]
U<-U[,1:minx]
rownames(U)<-rownames(X)
colnames(U)<-PCS
V<-V[,1:minx]
rownames(V)<-colnames(X)
colnames(V)<-PCS
round(X,9)==round(U%*%diag(S)%*%t(V),9)   # 驗證分解結果(4.3.4)
```

下列程式將分解之**特徵值(奇異值平方**）依降冪整理如下：

```
df<-data.frame(     # 分解後各成分比率
  特徵值=lambda,
  特徵值佔比=round(lambda/sum(lambda)*100,2),
  特徵值佔比累積=round(cumsum(lambda/sum(lambda)*100),2))
rownames(df)<-   # 主成分順序
  c('Comp1','Comp2','Comp3','Comp4','Comp5')
print(df)   # 列印主成分順序
```

可得特徵值佔比，如圖 4-51，前 2 個主成份占 86.81%，有夠強的解釋能力。

```
> print(df)    # 列印主成分順序
         特徵值     特徵值佔比    特徵值佔比累積
Comp1  4.743693e+00     67.77          67.77
Comp2  1.333290e+00     19.05          86.81
Comp3  8.198412e-01     11.71          98.53
Comp4  8.402330e-02      1.20          99.73
Comp5  1.915301e-02      0.27         100.00
Comp6  6.389654e-16      0.00         100.00
```

⋂圖 4-51　特徵值佔比

步驟 4）計算各維度座標

令 λ_s 代表第 s 維度特徵值，U 代表柳橙汁品牌（活躍個體）的左奇異矩陣，V 代表各品牌屬性（活躍變數）的右奇異矩陣，則各柳橙汁品牌的主成份（座標）P 及各屬性主成份（座標）座標 Q 計算式如下：

$$P_{is} = \frac{U_{is}\sqrt{\lambda_s}}{\sqrt{rw_i}} \quad\text{...(4.3.10)}$$

$$Q_{ks} = \frac{V_{is}\sqrt{\lambda_s}}{\sqrt{cw_k}} \quad\text{...(4.3.11)}$$

```
mult<-as.vector(sign(t(cw)%*%V)) # 變號因子
P<- t(t(U)*S*mult)/sqrt(rw)      # 個體座標 (4.3.10)
Q<- t(t(V)*S*mult)/sqrt(cw)      # 變數座標 (4.3.11)
print(P)      # 列印活躍個體座標
print(Q)      # 列印活躍變數座標
all(round(P,6)==round(res.pca$ind$coord,6)) # 驗證變號後與方法一
相一致
all(round(Q,6)==round(res.pca$var$coord,6)) # 驗證變號後與方法一
相一致
round(          # 變號後主成份共變異數
   diag(cov(X%*%t(t(V)*mult)))*Rank(X),8)== round(lambda,8)
```

上述程式中變號因子 mult 目的係使活躍變數權重（雖然本例行權重均設為 1）影響下主成分佔比大者趨於座標中的第一象限（正軸）反之則趨於第三象限，其實是矩陣的剛性翻轉，同步亦將個體翻轉，因此並不影

知覺圖的確認

響各變數以及各個體之相對位置，唯方便使第一象限呈現前二主成分影響多的個體與變數。

```
> print(P)    = 列印活躍個體座標
                主成分1       主成分2       主成分3       主成分4       主成分5
Pampryl amb.  -2.984147 -0.08245631 -0.33298631 -0.355531408  0.168251508
Tropicana amb. 0.886454 -1.71511440 -0.08707566  0.392533308  0.122618478
Fruvita fr.    1.936960  0.04028333  1.71008055 -0.231547073 -0.007308419
Joker amb.    -1.896054 -0.83360315 -0.15388053 -0.006858695 -0.265901586
Tropicana fr.  3.185846  0.58888711 -1.34496197 -0.172896272 -0.027012259
Pampryl fr.   -1.129059  2.00200342  0.20882392  0.374300141  0.009352278
```

⋂圖 4-52　活躍個體座標（P）

圖 4-52 的主成分座標與圖 4-40 的indcoord 座標內容一致，同樣下圖 4-53 也與圖 4-40 的varcoord 內容一致，讀者亦可藉 res.pcaindcoord 與 res.pcavarcoord 列出觀之。

```
> print(Q)    = 列印活躍變數座標
                主成分1       主成分2       主成分3       主成分4       主成分5
氣味強度     0.4595600  0.7544770 -0.46848916  0.008282411  0.004284435
典型氣味     0.9853589  0.1341544 -0.05849781  0.077325170  0.040857203
果肉含量     0.7216192  0.6166377  0.29791635 -0.096434683 -0.031142474
味道強度    -0.6498301  0.4289005  0.62565766  0.005490824  0.047828705
酸度        -0.9127077  0.3483266 -0.02144873  0.204801114 -0.056830957
苦味        -0.9347538  0.1880066 -0.28541702 -0.028240397  0.092889855
甜度         0.9548570 -0.1586863  0.18658102  0.160949383  0.048472882
```

⋂圖 4-53　活躍變數座標（Q）

```
> round(diag(cov(X%*%t(t(V)*mult)))*Rank(X),8)== = 變號後主成分共變異數
-   round(lambda,8)
主成分1 主成分2 主成分3 主成分4 主成分5
  TRUE    TRUE    TRUE    TRUE    TRUE
```

⋂圖 4-54　變號後主成份變異數與 SVD 特徵值比較

吾人知道**奇異值**分解之奇異向量矩陣並非唯一解，上述程式中同時讓奇異向量矩陣同乘 mult 變號因子僅為使與前述方法一結果相同而不影響共變數的**剛性**轉換作為。

另外，圖 4-54 個體的主成份在**剛性**轉換後，主成份變異數與 SVD 特徵值仍維持如圖 4-50 的 Rank(X)比例關係。

前述圖 4-47，X^2 為活躍個體與變數於**投影前**的慣量分布及總慣量(Φ^2)為 7，下列程式將**投影後**慣量做一比較：

```
inertia<-data.frame(      # 分解後各成分比率
  特徵值=lambda,
  特徵值佔比=round(lambda/sum(lambda)*100,2),
  特徵值佔比累積=round(cumsum(lambda/sum(lambda)*100),2))
rownames(inertia)<- PCS  # 主成分順序
rbind(inertia,            # 慣量(特徵值)比
      'Total'=c(sum(inertia[,1]),sum(inertia[,2]),NA))
round(cbind(              # 投影後個體慣量合計(4.3.12)
  rbind(P^2,'Total'=colSums(P^2)), # 投影後個體慣量合計
  'Total'=rowSums(rbind(P^2,'Total'=colSums(P^2)))),6)
round(cbind(              # 投影後變數慣量合計(4.3.13)
  rbind(Q^2,'Total'=colSums(Q^2)), # 投影後變數慣量合計
  'Total'=rowSums(rbind(Q^2,'Total'=colSums(Q^2)))),6)
sum(Q^2)                  # 投影後總慣量
```

　　循著上述 R 軟體，產生特徵值的總和等於總慣量，如下圖 4-55 說明特徵值的總和等於總慣量，即總慣量 $\Phi^2 = \sum_{s=1}^{S}\lambda_s$，主成份 1、2 佔比累計表示經過投影至二維的平面後的慣量（projected inertia）已達 86.8%。

```
> rbind(inertia,          = 慣量(特徵值)比
+       'Total'=c(sum(inertia[,1]),sum(inertia[,2]),NA))
          特徵值    特徵值佔比  特徵值佔比累積
主成分1  4.74369269     67.77        67.77
主成分2  1.33328986     19.05        86.81
主成分3  0.81984115     11.71        98.53
主成分4  0.08402330      1.20        99.73
主成分5  0.01915301      0.27       100.00
Total    7.00000000    100.00          NA
```

∩圖 4-55　特徵值的總和 = 總慣量

循著上述 R 軟體，產生投影後個體的慣量分布及總和，如下圖 4-56 說明了方程式(4.3.12)透過 P^2(座標平方) 計算品牌（活躍個體）投影後的總慣量=活躍列數與行數的乘積= 6 x 7 = 42

$$\sum_{i=1,s=1}^{I,S} P_{is}^2 = IK \cdots\cdots\cdots\cdots\cdots\cdots\cdots\cdots\cdots\cdots\cdots\cdots\cdots\cdots(4.3.12)$$

```
> round(cbind(    # 投影後個體慣量合計
+   rbind(P^2,'Total'=colSums(P^2)),  # 投影後個體慣量合計
+   'Total'=rowSums(rbind(P^2,'Total'=colSums(P^2)))),6)
               主成分1    主成分2    主成分3    主成分4    主成分5      Total
Pampryl amb.  8.905133  0.006799  0.110880  0.126403  0.028309   9.177523
Tropicana amb. 0.785801 2.941617  0.007582  0.154082  0.015035   3.904118
Fruvita fr.   3.751815  0.001623  2.924375  0.053614  0.000053   6.731481
Joker amb.    3.595022  0.694894  0.023679  0.000047  0.070704   4.384346
Tropicana fr. 10.149612 0.346788  1.808923  0.029893  0.000730  12.335945
Pampryl fr.   1.274773  4.008018  0.043607  0.140101  0.000087   5.466587
Total        28.462156  7.999739  4.919047  0.504140  0.114918  42.000000
```

⋂圖 4-56　投影後個體的慣量分布及總和

循著上述 R 軟體，產生投影後變數的慣量分布及總和，如下圖 4-57 說明了方程式(4.3.13)透過 Q^2（座標平方）計算品牌屬性（活躍變數）投影後的總慣量 =Φ^2值以及活躍行數皆同，且總和= 7

$$\sum_{i=1,k=1}^{I,K} X_{ik}^2 = \sum_{k=1,s=1}^{K,S} Q_{ks}^2 \quad\cdots\cdots\cdots\cdots\cdots\cdots\cdots\cdots\cdots\cdots(4.3.13)$$

```
> round(cbind(    # 投影後變數慣量合計
+   rbind(Q^2,'Total'=colSums(Q^2)),  # 投影後變數慣量合計
+   'Total'=rowSums(rbind(Q^2,'Total'=colSums(Q^2)))),6)
          主成分1   主成分2   主成分3   主成分4   主成分5  Total
氣味強度  0.211195  0.569236  0.219482  0.000069  0.000018     1
典型氣味  0.970932  0.017997  0.003422  0.005979  0.001669     1
果肉含量  0.520734  0.380242  0.088754  0.009300  0.000970     1
味道強度  0.422279  0.183956  0.391448  0.000030  0.002288     1
酸度      0.833035  0.121331  0.000460  0.041943  0.003230     1
苦味      0.873765  0.035346  0.081463  0.000798  0.008629     1
甜度      0.911752  0.025181  0.034812  0.025905  0.002350     1
Total     4.743693  1.333290  0.819841  0.084023  0.019153     7
```

⋂圖 4-57　投影後變數的慣量分布及總和

圖 4-39、圖 4-43 其中幾何關聯意義可用活躍變數（實線箭頭）之間相關係數（即兩向量夾角的 cosine 函數值）表示如下，活躍變數 Q 的座

標定位在 biplot（圖 4-43）上除了活躍變數之間以外，與活躍個體 P 之間的相關性解讀亦有相當的幫助：

$$corr(X_k, P_s) = Q_{ks} = \cos\theta \quad\cdots\cdots\cdots\cdots\cdots\cdots\cdots\cdots\cdots\cdots\cdots(4.3.14)$$

```
print(cor(X,P))              # 列印 X 活躍變數與個體的主成份相關係數
round(cor(X,P),7)==round(Q,7)  # 驗證(4.3.14)
round(cor(X,P)^2,8)==round(res.pca$var$cos2,8)  # 驗證(4.3.14)
```

> print(cor(X, P))　　　　　　　＝ 列印X活躍變數與個體的主成分相關係數
```
         主成分1      主成分2       主成分3        主成分4        主成分5
氣味強度  0.4595600   0.7544770   -0.46848916   0.008282411   0.004284435
典型氣味  0.9853589   0.1341544   -0.05849781   0.077325170   0.040857203
果肉含量  0.7216192   0.6166377    0.29791635  -0.096434683  -0.031142474
味道強度 -0.6498301   0.4289005    0.62565766   0.005490824   0.047828705
酸度     -0.9127077   0.3483266   -0.02144873   0.204801114  -0.056830957
苦味     -0.9347538   0.1880066   -0.28541702  -0.028240397   0.092889855
甜度      0.9548570  -0.1586863    0.18658102   0.160949383   0.048472882
```

⌒圖 4-58　X 活躍變數與個體的主成份相關係數矩陣

上圖 4-58 印證公式(4.3.14)，每一活躍變數與活躍個體主成分的相關係數所構成的相關矩陣（correlation matrix）等於活躍變數的投影座標 Q（圖 4-53），Q 從相關係數的幾何意義來說，是(4.3.14)中 X 代表變數的行向量與投影後 P 代表個體主成分行向量的夾角 cosine，這說明了 Q 與 P 各點位置不在點的距離關係，而是在夾角關係，各成分軸代表合成變數，各變數在各主成份軸的投影夾角代表其相關性，各變數間之夾角亦即代表各變數間之相關性，夾角越小即正相關越大，反之夾角越大即相關性越小愈趨向負相關，變數與個體間亦復如此。

X 陣列的列（P 矩陣）與行（Q 矩陣）的主成份實際上也互為相依：

$$P_{is} = (\frac{1}{\sqrt{\lambda_s}}) \sum_{k=1}^{K} STD_{ik} Q_{ks} \quad\cdots\cdots\cdots\cdots\cdots\cdots\cdots\cdots\cdots\cdots\cdots(4.3.15)$$

$$Q_{ks} = (\frac{1}{\sqrt{\lambda_s}}) \sum_{i=1}^{l} \frac{1}{l} STD_{ik} P_{is} \quad\cdots\cdots\cdots\cdots\cdots\cdots\cdots\cdots\cdots\cdots(4.3.16)$$

```
t(1/sqrt(lambda)*          # 驗證個體座標(4.3.15)
  t(std.qn[,ka]%*%Q))
t(1/sqrt(lambda)*          # 驗證個體座標(4.3.16)
    t(t(std.qn[,ka])%*%P)/nrow(std.qn[,ka]))
```

```
> t(1/sqrt(lambda)*      # 驗證個體座標(4.3.15)
-   t(std.qn[,ka]%*%Q))
                  主成分1       主成分2       主成分3        主成分4       主成分5
Pampryl amb.   -2.984147 -0.08245631 -0.33298631 -0.355531408  0.168251508
Tropicana amb.  0.886454 -1.71511440 -0.08707566  0.392533308  0.122618478
Fruvita fr.     1.936960  0.04028333  1.71008055 -0.231547073 -0.007308419
Joker amb.     -1.896054 -0.83360315 -0.15388053 -0.006858695 -0.265901586
Tropicana fr.   3.185846  0.58888711 -1.34496197 -0.172896272 -0.027012259
Pampryl fr.    -1.129059  2.00200342  0.20882392  0.374300141  0.009352278
```

☊圖 4-59　投影後活躍個體座標（P）

```
> t(1/sqrt(lambda)*      # 驗證個體座標(4.3.16)
+   t(t(std.qn[,ka])%*%P)/nrow(std.qn[,ka]))
                主成分1       主成分2       主成分3        主成分4       主成分5
氣味強度   0.4595600  0.7544770 -0.46848916  0.008282411  0.004284435
典型氣味   0.9853589  0.1341544 -0.05849781  0.077325170  0.040857203
果肉含量   0.7216192  0.6166377  0.29791635 -0.096434683 -0.031142474
味道強度  -0.6498301  0.4289005  0.62565766  0.005490824  0.047828705
酸度      -0.9127077  0.3483266 -0.02144873  0.204801114 -0.056830957
苦味      -0.9347538  0.1880066 -0.28541702 -0.028240397  0.092889855
甜度       0.9548570 -0.1586863  0.18658102  0.160949383  0.048472882
```

☊圖 4-60　投影後活躍變數座標（Q）

公式(4.3.15)等號右邊計算結果如圖 4-59 與公式(4.3.10)計算的結果相同（圖 4-52），公式(4.3.16)等號右邊計算結果如圖 4-60 亦與(4.3.11)計算的結果相同（圖 4-53）。

投影後的個體、變數主成份慣量佔比也與代表慣量的特徵值佔比恰恰相等：

$$\frac{\sum_{i=1}^{I}\frac{1}{I}(OH_i^s)^2}{\sum_{i=1}^{I}\frac{1}{I}(Oi)^2} = \frac{\sum_{k=1}^{K}(OH_k^s)^2}{\sum_{k=1}^{K}(Ok)^2} = \frac{\lambda_s}{\sum_{s=1}^{K}\lambda_s} \quad\cdots\cdots\cdots\cdots\cdots\cdots\cdots\cdots(4.3.18)$$

其中，

OH_i^s：表示第 i 個個體投射在主成份 s 上的慣量（inertia）

Oi：表示第 i 個個體投射在所有主成份上的慣量

OH_k^s：表示第 k 個變數投射在主成份 s 上的慣量（inertia）

Ok：表示第 k 個變數投射在所有主成份上的慣量

λ_s：表示主成份 s 對應之特徵值


```
colSums(P^2)/sum(P^2)     # 個體投影慣量佔比(4.3.18)
colSums(Q^2)/sum(Q^2)     # 變數投影慣量佔比(4.3.18)
lambda/sum(lambda)        # 特徵值佔比(4.3.18)
```

循著上述 R 軟體，產生慣量佔比，如下圖 4-61：

```
> colSums(P^2)/sum(P^2)      = 個體投影慣量佔比
     主成分1      主成分2      主成分3      主成分4      主成分5
0.677670384 0.190469979 0.117120164 0.012003328 0.002736144
> colSums(Q^2)/sum(Q^2)      = 變數投影慣量佔比
     主成分1      主成分2      主成分3      主成分4      主成分5
0.677670384 0.190469979 0.117120164 0.012003328 0.002736144
> lambda/sum(lambda)         = 特徵值佔比
[1] 0.677670384 0.190469979 0.117120164 0.012003328 0.002736144
```

⋒圖 4-61　慣量佔比

投影慣量（projected inertia）的高低代表投射的影像保留原始資訊的多寡，吾人選擇主成份 1、2（67.77%+19.05%）所投射於平面的影像（image）較之選擇 2、3（19.05%+11.71%）則保留較多的原貌，同時較少的扭曲，有下列兩項值得關注：

1. 通常原始資料經標準化的 PCA 通常將特徵值 λ_s 與 1 比較（圖 4-55），對於 1 以下的主成份予以忽略，尤其個體數多於變數（I>K）者尤是如此。

知覺圖的確認

2. 主成份佔比也反映了其對多個變數的代表性，以本例第一主成份為第二主成份的三倍有餘，表示影響超過三倍於第二主成份，尤以其中變數與主成份相關係數（正或負）高者。

投影後慣量的分布，也用以衡量投影降維後，資訊保留不失真的品質，如下（圖 4-62、圖 4-63）：

```
t(t(P^2))/rowSums(P^2)    # 個體慣量分布(列投影品質)
t(t(Q^2))/rowSums(Q^2)    # 變數慣量分布(行投影品質)
```

```
> t(t(P^2))/rowSums(P^2)    # 個體慣量分布(列投影品質)
                主成分1       主成分2       主成分3       主成分4       主成分5
Pampryl amb.  0.9703199 0.0007408363 0.012081679 1.377306e-02 3.084555e-03
Tropicana amb. 0.2012748 0.7534653117 0.001942096 3.946664e-02 3.851137e-03
Fruvita fr.   0.5573586 0.0002410683 0.434432699 7.964673e-02 7.934804e-06
Joker amb.    0.8199677 0.1584943775 0.005400855 1.072947e-05 1.612638e-02
Tropicana fr. 0.8227673 0.0281119939 0.146638352 2.423253e-03 5.914927e-05
Pampryl fr.   0.2331937 0.7331847142 0.007977085 2.562853e-02 1.599995e-05
```

◯圖 4-62　個體的投影品質

二維空間的定位圖如圖 4-38、圖 4-43 皆以主成分 1、2，從圖 4-62 可以了解其它主成分的失真所影響的活躍個體對象為何，例如上圖的主成分 3：Fruvita fr.、Tropicana fr. 活躍變數的圖 4-63 同理。

```
> t(t(Q^2))/rowSums(Q^2)    # 變數慣量分布(行投影品質)
              主成分1      主成分2      主成分3      主成分4       主成分5
氣味強度   0.2111954 0.56923553 0.2194820967 6.859833e-05 1.833638e-05
典型氣味   0.9709321 0.01799742 0.0034219943 5.979182e-03 1.669311e-03
果肉含量   0.5207343 0.38024206 0.0887541535 9.299648e-03 9.698537e-04
味道強度   0.4222791 0.18395562 0.3914475051 3.014915e-05 2.287585e-03
酸度       0.8330353 0.12133143 0.0004600479 4.194350e-02 3.229758e-03
苦味       0.8737646 0.03534647 0.0814628771 7.975200e-04 8.628525e-03
甜度       0.9117519 0.02518134 0.0348124755 2.590470e-02 2.349620e-03
```

◯圖 4-63　變數的投影品質

圖 4-62 主成份 1 慣量越高例如 Pampryl amb.、Joker amb.、Tropicana fr.則越靠近品牌定位（圖 4-38、圖 4-43）圖上的 Dim1，其他 Dim2 同理，圖 4-63 的變數慣量分布亦然。

產品品牌的獨特性也可借用上述的慣量分布佔其離群佔比一窺全貌：

$$個體貢獻度(\%) = \frac{\frac{1}{I}(OH_i^s)^2}{\lambda_s} \times 100 = \frac{(OH_i^s)^2}{\sum_{i=1}^{I} OH_i^s} \times 100 \cdots\cdots\cdots\cdots\cdots(4.3.20)$$

$$變數貢獻度(\%) = \frac{(OH_k^s)^2}{\lambda_s} \times 100 = \frac{(OH_k^s)^2}{\sum_{k=1}^{K} OH_k^s} \times 100 \cdots\cdots\cdots\cdots\cdots(4.3.21)$$

```
k<- 2    # 取二維繪圖座標
t(t(P[,1:k]^2)/colSums(P[,1:k]^2))*100 # 個體慣量貢獻比(4.3.20)
t(t(Q[,1:k]^2)/colSums(Q[,1:k]^2))*100 # 變數慣量貢獻比(4.3.21)
```

```
> t(t(P[,1:k]^2)/colSums(P[,1:k]^2))*100    = 個體慣量貢獻比
                  主成分1       主成分2
Pampryl amb.    31.287625   0.08499080
Tropicana amb.   2.760861  36.77141655
Fruvita fr.     13.181768   0.02028499
Joker amb.      12.630884   8.68646094
Tropicana fr.   35.660025   4.33499164
Pampryl fr.      4.478836  50.10185508
```

∩圖 4-64　個體慣量貢獻百分比(4.3.20)

```
> t(t(Q[,1:k]^2)/colSums(Q[,1:k]^2))*100    = 變數慣量貢獻比
             主成分1     主成分2
氣味強度     4.452131  42.694057
典型氣味    20.467854   1.349850
果肉含量    10.977404  28.519084
味道強度     8.901908  13.797121
酸度        17.560903   9.100154
苦味        18.419503   2.651072
甜度        19.220298   1.888662
```

∩圖 4-65　變數慣量貢獻百分比(4.3.21)

　　從圖 4-64、圖 4-65 可說明圖 4-43 各個體、變數在 Dim1、Dim2 軸上離原點距離的比例關係。

步驟 5) 計算其他各維度座標

接下來,繼續處裡活躍個體、變數以外的包括補充個體、補充數量變數以及補充類別變數:

1. 補充個體的座標 = 補充個體的活躍變數標準化之後利用雷同方程式(4.3.15)從既有的活躍變數主成份計算而得如下方程式(4.3.22),i' 表示 STD的第i'個體

$$P_{i's} = (\frac{1}{\sqrt{\lambda_s}}) \sum_{k=1}^{K} STD_{i'k}Q_{ks} \quad\cdots\cdots\cdots\cdots\cdots\cdots\cdots\cdots\cdots(4.3.22)$$

```
sup.ind.std<-(q[is,ka]-center[ka])/sd[ka] # 補充個體變數標準化
sup.ind.coord<-t(            # 補充個體座標公式(4.3.22)
  t((as.matrix(sup.ind.std)%*%Q))/S)
print(sup.ind.coord)         # 列印補充個體座標
```

```
> print(sup.ind.coord)    = 列印補充個體座標
           主成分1    主成分2    主成分3    主成分4    主成分5
理想柳橙汁 0.6231499 0.196318 -2.566171 0.3592616 0.2945815
```

∩圖 4-66　補充個體座標(4.3.22)

2. 從方程式(4.3.14),活躍變數與活躍個體主成份的相關係數即為活躍變數的主成份座標,同樣也可得如下方程式(4.3.25),即補充數量變數的座標 = 補充數量變數與活躍個體主成份的相關係數,因此,補充變數的主成份亦可依此產生,同樣也可雷同方程式(4.3.16)從既有的活躍個體主成份計算而得如下方程式(4.3.26),k' 表示STD的第k'變數:

$$corr(X_{k'}, P_s) = Q_{k's} \quad\cdots\cdots\cdots\cdots\cdots\cdots\cdots\cdots\cdots\cdots\cdots\cdots(4.3.25)$$

$$Q_{k's} = (\frac{1}{\sqrt{\lambda_s}}) \sum_{i=1}^{I} \frac{1}{I} STD_{ik'}P_{is} \quad\cdots\cdots\cdots\cdots\cdots\cdots\cdots(4.3.26)$$

```
sup.quan.std<-std.qn[,ks,drop=FALSE]    # 取標準化補充計量變數
sup.quan.coord<-t(          # 公式(4.3.26)
  t(t(sup.quan.std)%*%P)/S/nrow(P))
print(sup.quan.coord)     # 列印補充變數座標印證(4.3.25)
print(cor(std.qn[,ks],P)) # 列印補充變數與活躍個體相關係數印證(4.3.25)
```

> print(sup.quan.coord)   # 列印補充變數座標

	主成分1	主成分2	主成分3	主成分4	主成分5
葡萄糖	-0.57245450	0.3112304	0.026384902	-0.2083320	-0.7289260
果糖	-0.56105487	0.3145113	-0.008420308	-0.1819733	-0.7437169
蔗糖	0.75044017	0.1449208	0.324676121	-0.0751928	0.5520589
甜味力	0.30076746	0.6747126	0.489555773	-0.3898805	-0.2502604
酸鹼值	0.87966361	-0.2362971	0.193589227	0.2459261	0.2690710
檸檬酸	-0.73937027	-0.1216005	-0.195741674	-0.2786698	-0.5679553
維生素C	-0.04457591	-0.3169826	-0.254516191	-0.9050664	0.1166676

圖 4-67　公式(4.3.26)計算的結果

> print(cor(std.qn[,ks],P))   # 列印補充變數與活躍個體相關係數

	主成分1	主成分2	主成分3	主成分4	主成分5
葡萄糖	-0.57245450	0.3112304	0.026384902	-0.2083320	-0.7289260
果糖	-0.56105487	0.3145113	-0.008420308	-0.1819733	-0.7437169
蔗糖	0.75044017	0.1449208	0.324676121	-0.0751928	0.5520589
甜味力	0.30076746	0.6747126	0.489555773	-0.3898805	-0.2502604
酸鹼值	0.87966361	-0.2362971	0.193589227	0.2459261	0.2690710
檸檬酸	-0.73937027	-0.1216005	-0.195741674	-0.2786698	-0.5679553
維生素C	-0.04457591	-0.3169826	-0.254516191	-0.9050664	0.1166676

圖 4-68　公式(4.3.25)計算的結果

圖 4-67 與圖 4-68 顯示活躍變數與活躍個體座標之相關性，也適用於補充變數與活躍個體座標之相關性。

3. 補充類別變數的座標 = 各活躍個體同類之中心座標，設取二維計算座標（k=2）

```
k<- 2    # 取二維繪圖座標
sup.qual<- lapply(        # 計算各補充類別變數的活躍個體主成份均值
  q[-is,kc],
  function(x){
    aggregate(P[,1:k,drop=FALSE], by=list(category=x), FUN=mean)
  })
```

```
sup.qual.coord<- data.frame()
for(i in 1:length(sup.qual)){  # 計算各補充類別變數下個類別座標
  sup.qual.coord<-rbind(sup.qual.coord,sup.qual[[i]])
}
rownames(sup.qual.coord)<-sup.qual.coord[,1] # 維度命名
sup.qual.coord<-sup.qual.coord[,-1]
sup.qual.coord         # 列印補充類別座標
```

循著上述 R 軟體的 sup.qual.coord 指令，列印補充類別座標 如下圖 4-69：

```
> sup.qual.coord         = 列印補充類別座標
           主成分1      主成分2
Ambient -1.331249 -0.8770580
Fresh    1.331249  0.8770580
Florida  2.003087 -0.3619813
Other   -2.003087  0.3619813
```

∩圖 4-69　補充類別座標

補充類別目的在於個體的歸類，無論是單獨定位的個體定位圖或是與變數同時定位的雙標圖均伴隨個體同時出現。

步驟 6）準備二維雙標繪圖資料

繪製雙標圖意將圖 4-38 以及圖 4-39 重疊繪製於一處，但兩者座標尺規顯然不同，變數的向量長度不會超過 1，前述提過個體與變數間的關係表現在其夾角，因此以尺規比較長的圖 4-38 為準來放大圖 4-39，如下程式：

```
rx<-(max(P[,1])-min(P[,1]))/(max(Q[,1])-min(Q[,1]))
ry<-(max(P[,2])-min(P[,2]))/(max(Q[,2])-min(Q[,2]))
r<-min(rx,ry)   # 放大之比例
m<- 0.7 # 美觀係數
Q1<-Q*r*m    # 將活躍變數向量等比例放大
```

```
sup.quan.coord1<-sup.quan.coord*r*m   # 補充變數亦等比例放大
cod.df<-rbind(   # 整理繪圖資料
  base::transform(data.frame(P[,1:k,drop=FALSE]),rc=1),
  base::transform(data.frame(Q1[,1:k,drop=FALSE]),rc=2),
  base::transform(data.frame(sup.quan.coord1[,1:k,drop=FALS
E]),rc=3),
  base::transform(data.frame(sup.ind.coord[,1:k,drop=FALS
E]),rc=4),
  base::transform(sup.qual.coord,rc=5))
colnames(cod.df)<-c('x','y','rc')   # 繪圖資料行命名
```

步驟 7) 繪製個體與變數雙標圖

```
library(ggplot2)
library(ggrepel)
xlabel=paste0('Dim1(',    #計算 Dim1 特徵值佔比
              round(S[1]^2/sum(S^2)*100,1)
              ,'%)')
ylabel=paste0('Dim2(',    #計算 Dim2 特徵值佔比
              round(S[2]^2/sum(S^2)*100,1)
              ,'%)')
colors<- c('blue','#8B0000','#DC143C','#1200FF','black')
linetype<- c('blank','solid','dashed','blank','blank')
pointsize<- c(2,0,0,4,2)
gg<- ggplot(
  data=cod.df,    # 繪圖資料來源
  mapping=aes(x=x,y=y)   # x、y 軸在引數 data 的對應行
)+
  labs(
    title='PCA-Biplot',
    x =xlabel,
    y =ylabel)+
  theme(plot.margin = unit(c(0.5,0.5,0.5,0.5), "cm"))+
```

```r
geom_hline(yintercept=0,linetype="dashed", color = "#123456")+
geom_vline(xintercept=0,linetype="dashed", color = "#123456")+
geom_point(
  data=cod.df,
  mapping=aes(x=x,y=y),
  size = pointsize[cod.df$rc],
  color=colors[cod.df$rc]
)+ # 畫出各點點狀圖
scale_x_continuous(  # y 軸為計量值之尺規標示
  limits=c(min(cod.df$x),max(cod.df$x)),
  breaks=seq(-3,3,by=0.5))+
scale_y_continuous(  # y 軸為計量值之尺規標示
  limits=c(min(cod.df$y),max(cod.df$y)),
  breaks=seq(-3,3,by=0.5))+
geom_segment(
  data=cod.df,
  aes(x=0, xend=x, y=0, yend=y),
  lineend = "round", # See available arrow types in example above
  linejoin = "round",
  linetype=linetype[cod.df$rc],
  size = 0.5,
  arrow = arrow(length = unit(10, "points")),
  colour=colors[cod.df$rc])+
geom_label_repel( # 疊加文字於圖
  data=cod.df, # 文字資料來源
  mapping=aes(
    x=x,y=y,
    label=row.names(cod.df)),
  colour=colors[cod.df$rc],
  show.legend =FALSE,
  hjust=-0.1, # 文字位置水平向右幾個字寬
  vjust=-0.1  # 文字位置垂直向上調整幾個字高   )
ggsave(   # 繪出至檔案(存檔目錄需存在，否則會有錯誤拋出)
  file="E:/temp/gg_biplot.svg",   #存檔目錄及檔名
```

```
gg,                    # ggplot 繪圖物件
scale = 1.5  # 繪圖板尺規範圍擴增倍數）
```

循著上述程式，產生柳橙汁品牌產品定位圖，如下圖 4-70。

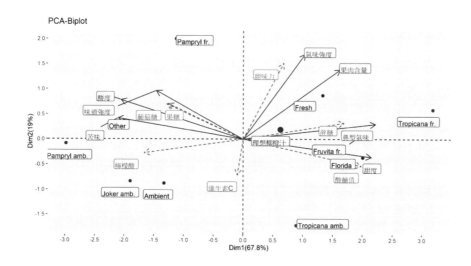

知覺圖的確認

◐圖 4-70　柳橙汁品牌產品定位圖

圖 4-70 Pampryl amb.與 Tropicana fr.分屬第一主成份之兩端反映了這兩品牌在典型氣味、苦味的兩個極端，同樣地，Pampryl fr.與 Tropicana amb.分屬第二主成份的兩端同時在第一主成份的中間地帶，反映了這兩品牌在除去上述第一主成份（Pampryl amb.與 Tropicana fr.）後其剩餘品牌氣味強度的兩個極端。

從圖 4-58：X 活躍變數與個體的主成份相關係數矩陣，顯示變數第一主成份的典型氣味、甜度有高程度正相關，苦味、酸度則為高程度負相關，但若從圖 4-70 這樣的雙標圖便可進一步指出何者柳橙汁品牌具有此特質，而相關係數矩陣即是影響各品牌定位之屬性變數的向量座標。

[實例四]

啤酒喜好知覺圖：就 32 名大學生對啤酒喜好進行研究(18)

在定位產品時，我們不僅必須確保目標客戶將其與現有產品充分區隔分開，而且還必須確保它在知覺空間（perceptual space）中佔據有吸引力的位置。

因此，除了知覺圖（perceptual map）之外，我們還需要有關產品主觀維度偏好的資訊。獲取此資訊的一種方法是對消費者進行抽樣，要求每個人對他或她可取得產品的偏好進行排名（或評分）。

有了此類資料，我們可以使用多元尺度法（MDS）來同時確定每個消費者的產品空間和偏好的地圖，我們可以將它們組合在一起以形成區隔；即對相同類組商品表達相似偏好的一群消費者。

為了便於說明，本實例就一項大學生對 10 種不同品牌啤酒的知覺和偏好的研究結果。每 32 名大學生（從較大的研究中隨機選擇的一個子集合）對以下每個品牌進行 10 點計分法。圖 4-71 顯示了對偏好進行多維分析的結果。（使用 MDPREF 套件，實務上，有學者以為衡量個別偏好差異，最有效率 MDS 的分析方法可能是 MDPREF），10 個啤酒品牌的知覺圖，以及代表該空間大學生偏好的 32 個向量，請參閱第 3 章[實例五]的表 3-5：大學生對不同品牌的啤酒的偏好資料。

根據啤酒的已知特性，可以輕易解釋知覺圖的構面。水平軸抓住暗深色澤和風味強度（從左側的淺色和淡色到右側的暗深色和強烈度）。垂直軸從知覺圖底部的較傳統的、保守的品牌到頂部的較現代和時尚的品牌。知覺圖中清楚地顯示，諸如 Corona 和 Sierra Nevada 等品牌相對獨特的位置。

該知覺圖還告訴我們有關樣本偏好分佈的一些事情。第二和第三象限的學生喜歡較清淡色澤、口味較淡的啤酒。第二象限的學生較強烈的偏好 Corona，而第三象限的學生偏好 Heineken。第一象限的學生偏好更潮流的、現代的品牌，例如 Sierra Nevada，有較深顏色且更濃味道。顯然，很少有學生最喜歡傳統黑啤酒，例如 Bass Ale 啤酒。借助此分析提供的資訊，我們可以決定新品牌的投放位置，從而在市場上獲得獨特和受歡迎的位置。

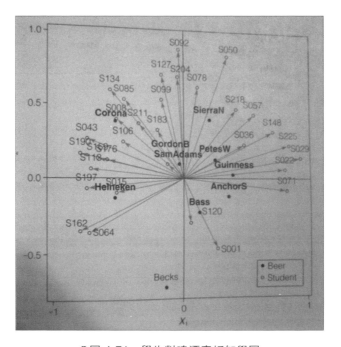

◐圖 4-71　學生對啤酒喜好知覺圖

R軟體的應用

　　程式開始之前先至 Github 資料夾下載本例資料檔 preferences_32.csv，如下連結：

https://github.com/hmst2020/MS/tree/master/data/

　　再將下載之此資料檔案放置於read.csv函式讀取路徑下予以載入 R 之變數：

```
path<- 'data/preferences_32.csv' # 資料檔案指定於工作目錄之相對路徑
q<-read.csv(path)     # 讀取問卷調查資料
q<-data.frame(
```

```
    q[,2:length(q)],      # 資料第二欄起為酒類喜好值
    row.names=q[,1])      # 擷取資料第一欄為 rownames
q<-as.matrix(q)           # 轉成矩陣物件
tq<-t(q)                  # 轉置成以酒類為個體，受測者為變數的矩陣
print(tq)                 # 列印矩陣(個體、變數)資料
```

```
> print(tq)        # 列印矩陣(個體、變數)資料
           S001 S008 S015 S022 S029 S036 S043 S050 S057 S064 S071 S078 S085 S092 S099 S106
Anchor       5    7    7    7    9    7    5    5    9    2    7    8    6    5    4    3
Bass         9    5    7    7    7    6    5    3    3    6    7    3    5    6    7    3
Becks        7    6    5    5    3    4    5    1    2    6    7    3    3    3    2    4
Corona       1    8    6    2    1    3    6    5    6    5    5    9    7    8    8    5
Gordon       7    8    6    5    6    7    6    5    4    6    7    9    6    6    5    6
Guinnes      6    4    1    8    8    6    4    5    6    4    8    2    5    7    9    5
Heineken     6    8    8    4    2    6    7    3    1    8    6    1    8    6    8    9
Petes        5    8    4    6    7    5    5    5    4    7    9    6    7    3    7
Sam          9    7    7    8    6    4    5    5    3    4    7    7    7    6    8    5
Sieera       5    7    5    9    8    9    6    9    6    3    8    8    5    7    8    5
           S113 S120 S127 S134 S141 S148 S162 S169 S176 S183 S190 S197 S204 S211 S218 S225
Anchor       2    9    5    2    5    8    5    5    5    3    4    3    3    3    8    7
Bass         4    3    3    4    7    9    6    5    5    5    3    8    5    8    8    6
Becks        5    7    4    4    6    6    6    6    7    4    6    4    1    5    5    2
Corona       7    4    7    8    7    7    7    7    8    7    8    8    5    8    7    2
Gordon       6    2    7    5    5    7    5    7    7    3    6    6    5    7    9    6
Guinnes      6    4    7    5    8    8    3    4    6    1    1    2    3    5    9    6
Heineken     8    6    6    5    8    6    7    6    7    2    8    8    4    5    7    2
Petes        1    3    6    4    7    8    3    3    5    6    2    4    6    3    7    7
Sam          7    8    6    6    5    8    4    7    4    6    7    6    7    7    6    5
Sieera       4    6    6    6    7    8    3    6    7    5    7    1    5    8    8    5
```

∩圖 4-72　轉置原始問卷資料後（10 種啤酒、32 位大學生）

　　圖 4-72 載入資料檔其中學生（object）為列（row）其評分之各啤酒品牌（variable）資料為行（column），經轉置 R 函式 t 已使矩陣為 10 種啤酒為列、32 位大學生為行，使後續借助套件 factoextra 繪製**雙標圖**時啤酒標示為個體（點）、學生標示為變數（向量）。

　　緊接著將資料標準化，**標準化**說明可參閱本章[實例三]：

```
std<-scale(tq)/       # 資料標準化(視原始資料為母體)
    sqrt((nrow(tq)-1)/nrow(tq))
summary(std)          # 標準化資料摘要
```

```
> summary(std)   # 標準化資料摘要
     S001              S008              S015              S022              S029
 Min.   :-2.2822   Min.   :-2.1106   Min.   :-2.4111   Min.   :-2.0273   Min.   :-1.8010
 1st Qu.:-0.4564   1st Qu.:-0.4146   1st Qu.:-0.3145   1st Qu.:-0.5439   1st Qu.:-0.7472
 Median : 0.0000   Median : 0.1508   Median : 0.2097   Median : 0.1978   Median : 0.3066
 Mean   : 0.0000   Mean   : 0.0000   Mean   : 0.0000   Mean   : 0.0000   Mean   : 0.0000
 3rd Qu.: 0.4564   3rd Qu.: 0.9045   3rd Qu.: 0.7338   3rd Qu.: 0.8159   3rd Qu.: 0.7856
 Max.   : 1.3693   Max.   : 0.9045   Max.   : 1.2579   Max.   : 1.4340   Max.   : 1.2646
```

❶圖 4-73　標準化資料摘要

圖 4-73 顯示個學生的評分以 0 為均值，避免了原始數字的偏向。

再將標準化資料予以計算投影前慣量之分量（方向）分布，慣量值也用來檢核投影後特徵值之和的一致，說明可參閱本章[實例三]：

```
rw<- rep(1/nrow(std),nrow(std))     # 列權重
cw<- rep(1,ncol(std))                # 行權重
X<- t(t(std*sqrt(rw))*sqrt(cw))      # 投影前慣量(含正負)
round(cbind(      # X2 分布與合計
  rbind(X^2,'Total'=colSums(X^2)),   # 投影前行慣量合計
  'Total'=rowSums(rbind(X^2,'Total'=colSums(X^2))),
  '%'=c(t(rowSums(X^2))/sum(X^2),1)*100),
  6)
```

```
             S197      S204      S211      S218      S225      Total            %
Anchor   0.066667  0.074242  0.240974  0.025000  0.128723   3.204316   10.013486
Bass     0.150000  0.013636  0.126361  0.025000  0.038298   2.468265    7.713327
Becks    0.016667  0.437879  0.023209  0.400000  0.208511   4.095507   12.798459
Corona   0.150000  0.013636  0.126361  0.011111  0.208511   4.811236   15.035112
Gordon   0.016667  0.013636  0.034670  0.177778  0.038298   1.521072    4.753351
Guinnes  0.150000  0.074242  0.023209  0.177778  0.038298   3.890906   12.159080
Heineken 0.150000  0.006061  0.023209  0.011111  0.208511   4.419501   13.810940
Petes    0.016667  0.096970  0.240974  0.011111  0.128723   2.674809    8.358779
Sam      0.016667  0.256061  0.034670  0.136111  0.001064   2.250164    7.031763
Sieera   0.266667  0.013636  0.126361  0.025000  0.001064   2.664225    8.325702
Total    1.000000  1.000000  1.000000  1.000000  1.000000  32.000000  100.000000
```

❶圖 4-74　X^2 分布與合計

透過下列指令，可以驗證相關矩陣與標準化資料的共變異數矩陣相等：

```
all(round(cov2cor(cov(scale(tq))),8)==
     round(cor(tq),8))   # 驗證共變異數矩陣與相關性矩陣的關係
```

```
> all(round(cov2cor(cov(scale(tq))),8)==round(cor(tq),8))
[1] TRUE
```

↷圖 4-75　驗證相關矩陣=標準化資料的共變異數矩陣

透過下列指令，可以產生 X 慣量分布與原始資料變數相關係數的關係：

```
all(round(t(X)%*%X,7)==round(cor(tq),7))   # 驗證(4.3.3)
```

```
> all(round(t(X)%*%X,7)==round(cor(tq),7))   # 驗證(4.4.2.2)
[1] TRUE
```

↷圖 4-76　X慣量分布與原始資料變數相關係數的關係

上述程式最後一行驗證了原始資料標準化及權重調整後與相關係數矩陣的關係，本章[實例三]對於主成份的萃取介紹了兩種方式，對於變數若單位一致可以共變異數矩陣（covariance matrix）直接進行，否則應採使用相關矩陣（correlation matrix）進行萃取，從圖 4-75、圖 4-76 說明了對於非方陣的狀況下慣量在主成份萃取扮演了相當重要的角色，再從圖 4-76 及本章[實例三]公式(4.3.4)~(4.3.6)亦可知奇異值分解同時扮演原始資料列、行同時萃取主成份的機制，下列程式使用套件 FactoMineR 的 PCA 函式直接回傳 PCA 物件，物件內容含特徵值、主成分座標、svd 等（請參閱[實例三]圖 4-40）。

```
library(FactoMineR)
res.pca<-PCA(   # 產生 PCA 物件
  X=tq,             # matrix 物件(列為所有品牌，行為所有變數)
```

```
    ncp = minx,      # 保留維度同 Rank 值
    graph = FALSE         # 是否繪圖
)
#######主成分佔比###############
lambda<-res.pca$eig[,1]    # 特徵值
df<-data.frame(      # 分解後各成分比率
    特徵值=lambda,
    特徵值佔比=round(lambda/sum(lambda)*100,2),
    特徵值佔比累積=round(cumsum(lambda/sum(lambda)*100),2))
rownames(df)<-paste0('comp ',1:minx)          # 主成分順序
rbind(df,          # 慣量(特徵值)比
      'Total'=c(sum(df[,1]),sum(df[,2]),NA))
```

```
> rbind(df,        = 慣量(特徵值)比
+          'Total'=c(sum(df[,1]),sum(df[,2]),NA))
          特徵值  特徵值佔比  特徵值佔比累積
comp 1  10.217281       31.93          31.93
comp 2   5.747955       17.96          49.89
comp 3   3.755301       11.74          61.63
comp 4   3.088308        9.65          71.28
comp 5   2.556623        7.99          79.27
comp 6   2.369978        7.41          86.67
comp 7   1.687493        5.27          91.95
comp 8   1.436767        4.49          96.44
comp 9   1.140295        3.56         100.00
Total   32.000000      100.00              NA
```

⋂圖 4-77　投影後慣量（特徵值）降冪排列

　　經過上述的處理投影後的總慣量如圖 4-77 必與投影前圖 4-74 一致均為 32（行數=學生樣本數），若以二個維度表現其知覺定位，其累計僅49.89%，若能取三個維度以上似為較佳，但**維度越高也將提高知覺定位圖閱讀難度**，本例仍以二個維度繪知覺定位圖，為需注意慣量投影後哪些酒類或學生的主成分受到犧牲，請參閱[實例三]關於慣量分布與投影品質。

　　特徵分解後代表啤酒品牌的左奇異矩陣 U 以及代表學生的右奇異矩陣 V，便可據以計算在平面上（二維）的座標，可參閱本章[實例三]步驟 4座標計算詳解，本例則使用回傳的 PCA 物件及 factoextra 繪圖套件如下：

PCA 物件內容除了特徵值的部份外，其他尚有個體座標及變數座標的內容為套件 factoextra 繪圖的依據，另外也可以第 3 章分群的結果與套件 factoextra 的繪圖結合，以下以 kmeans 示範：

```r
###########個體分群組########
km3<-kmeans(    # 觀察值分群函式
  x=tq,                  # 分群之資料來源
  centers=3,             # 指定分群數
  iter.max = 10,         # 最多迭代計算次數
  nstart = 25            # 初始隨機分組之取組數(決定盡快達成穩定分組)
)
########factoextra 繪製雙標圖##########
library(factoextra)
g<-fviz_pca_biplot(
  res.pca,               # PCA 物件
  repel=TRUE,            # 重疊文字是否錯開並加上引線
  title = 'Preference Analysis(PCA - Biplot)',  # 標題
  ggtheme = theme_minimal(),  # 繪圖主題
  labelsize=5,           # 文字大小
  pointshape=16,         # 標示點之形狀(請參閱 show_point_shapes 函式)
  col.ind=km3$cluster%>%factor,  # object 個體群組之顏色依據
  mean.point=FALSE,      # 不列印群組中心點
  alpha.ind=1,           # 個體顏色透明度
  palette = c("blue", "red", "black"))  # 個體群組顏色色盤
ggsave(    # 繪出至檔案(存檔目錄需存在，否則會有錯誤拋出)
  file="E:/temp/mdpref_biplot.svg",  #存檔目錄及檔名
  g,                # ggplot 繪圖物件
  scale = 1.5  # 繪圖板尺規範圍擴增倍數)
```

由於群組分為三群已是分群效率的轉折點（可參考本書第 3 章[實例五]相關說明），藉由分群結果於**雙標**圖以藍、紅、黑顏色分別標示各啤酒品牌，如圖 4-78。

循著上述 R 軟體指令，產生如下圖 4-78：

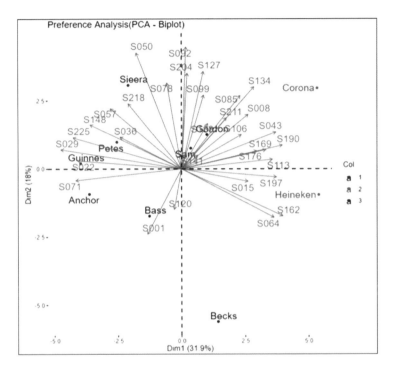

∩圖 4-78　10 種品牌啤酒的學生偏好

　　回顧圖 4-71 學生對酒類喜好知覺圖，是採用 MDS 的 MDPREF 套件，衡量個別偏好差異，若透過 MDS 構形的最終「美容的」轉換 - 旋轉，就會得到上圖 4-78 以 PCA 方法求得的 10 種品牌啤酒的學生偏好知覺圖。

[實例五]

今日域中，誰家天下，回看 2006 年的連鎖咖啡品牌知覺圖

　　隨著時代的進步、經濟的成長及國人生活型態的不同，今日咖啡連鎖品牌眾多，不下 20 家以上，甚至演變成今日 Starbuck、85℃、Louisa 爭霸龍頭。

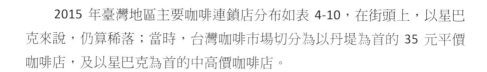

2015 年臺灣地區主要咖啡連鎖店分布如表 4-10，在街頭上，以星巴克來說，仍算稀落；當時，台灣咖啡市場切分為以丹堤為首的 35 元平價咖啡店，及以星巴克為首的中高價咖啡店。

表 4-10　2015 年臺灣地區主要咖啡連鎖店分布(19,20)

咖啡連鎖店	1999 年全台店數	2006 年全台店數	2015 年全台店數
星巴克	25	172	365
丹堤（Dante）	56	120	124
客喜康（KOHIKAN）	51	NA	-
伊是(IS)	26		-
其他咖啡連鎖	66		
壹咖啡			244
85°C		183	333
伯朗咖啡館	NA		55
西雅圖極品咖啡			33
Cama 現烘咖啡專門店			79
怡客咖啡			59
歐客佬咖啡農場			28
路易莎 Louisa Coffee）			78
總數	224	475	719

以上資料整理自 DailyView 網路溫度計（http://dailyview.com）及參考回顧咖啡文化歷史，從 60 年代的蜜蜂咖啡廳，到 80 年代的咖啡連鎖店。光鮮亮麗的咖啡館，豐富了民眾的生活與社交活動，此種交誼沙龍，脫離附庸在飯店，餐廳，百貨公司的一隅。

90 年代，原本台灣咖啡市場切分為以丹堤為首的 35 元平價咖啡店，及以星巴克為首的中高價咖啡店。詎料 2002 年壹咖啡切入平價、外帶式的咖啡市場缺口；2003 年的 85 度 C 更尋找出另一市場空隙，把平價及外帶式咖啡，再結合平價的蛋糕，開拓新的咖啡店經營模式，搶食市場，頓時咖啡連鎖也進入新一波短兵相接的白熱化階段。

其間竄紅的有成立於 2006 年路易莎（Louisa Coffee），2013 年時僅有 34 家店，而且尚未有直營店，2014 年快速翻倍來到 78 家，2017 年拉升至 300 家以上，而 2019 年則突破 400 家。據路易莎董事長黃銘賢透露，優質的加盟模式，讓加盟主「黏住不放」。

國內學者統計資料至 2006 年八月底止，合於咖啡連鎖範圍的只有四家，為壹咖啡、85 度 C、星巴克、丹堤，以研究此四家咖啡連鎖店的品牌定位分析，透過問卷的設計，發展產品與品牌相關屬性**題項**（如產品種類樣式多、產品獨具風格，整體產品表現優異等八項），**測量**消費者對於各屬性的認知，並用李克特（Likert scale）5 點或 7 點尺度來衡量，經由消費者對四個品牌（丹堤、星巴克、85 度 C 和壹咖啡）加以評分，得到表 4-11 的內容。(21)

表 4-11 呈現出四種咖啡品牌在八種不同**屬性**上的分數。而「**準則權重**」則代表了該屬性在所有屬性中之相對重要性。根據**準則權重**，可以進一步找出消費者心中最理想的品牌定位，亦稱**理想點**。(21)

表 4-11　四種咖啡品牌在八種不同屬性上的加權評分表

品牌	品牌屬性							
	產品種類樣式多	產品獨特風格	整體產品表現優異	品牌具有良好形象	招牌醒目印象深刻	品牌知名度高	品牌的專業表現	品牌可信度高
丹堤	3.10	2.55	2.85	2.98	2.28	2.66	2.42	2.22
星巴克	2.35	2.68	2.84	3.21	2.07	3.27	2.62	2.22
85 度 C	3.23	2.69	2.79	2.77	2.73	2.65	2.13	1.99
壹咖啡	2.90	2.62	2.74	2.70	2.57	2.66	2.41	2.09
準則權重	2.65	3.17	3.19	2.71	1.72	2.23	2.81	2.50

一般來說，在繪製定位圖的過程中，透過**多元尺度分析**可以將各種定位屬性，呈現在**知覺圖**（Perceptual Map）上。而多元尺度分析所需的資料，可以透過多種方式蒐集，包括面談、問卷調查等都可相互搭配。

接著，國內學者將加權評分表透過**多元尺度分析**，即可產生知覺定位圖，如所示。(21)

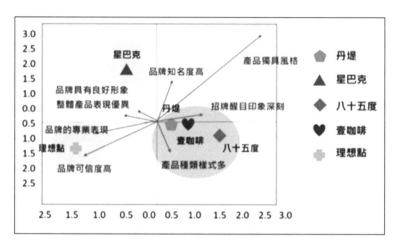

∩圖 4-79　咖啡連鎖品牌知覺定位圖(21)

理想點在左下，沒有任何一個品牌與理想點完全相同。星巴克則與理想點較為接近，表示星巴克在消費者心中的評價僅次於理想點。至於丹堤、壹咖啡與 85 度 C 彼此距離較近，可以視為同一群，彼此之間則為競爭關係。

R軟體的應用

捨棄**多元尺度分析**，而選了荒草萋萋，人跡更少的另外一條路，即採用**主成份分析**，以產生知覺定位圖，除品牌及屬性的雙屬性雙標圖，又加入集群分析的標示，可謂冶**參標圖（triplot）**於一爐。

1.　將咖啡品牌（object）為列，及其受訪之各屬性（variable）資料為行建構 data frame 資料物件

2.　將品牌依 K-means 演算方法**分群**

3.　以下提供二個方法（不區分、區分補充個體）進行**主成份分析**

4.　比較二個方法之差異

5. 將分析結果進行**雙標**（品牌及屬性）繪圖

程式開始之前先至 Github 資料夾下載本例 R 專用資料檔 coffeeBrand.rds，如下連結：https://github.com/hmst2020/MS/tree/master/data/

再將下載之檔案放置於 readRDS 函式讀取路徑下予以載入 R 之變數：

步驟 1）資料載入及資料結構一瞥，同本章[實例三]活躍與補充之區分，下圖 4-80 之理想品牌及分店數分別為補充個體及補充變數。

```
df<- readRDS(file = "data/coffeeBrand.rds")    # 本例資料載入
print(df)      # 列印資料表內容
ka<- 1:8       # 活躍變數
ks<- 9:9       # 補充量化變數
si<- 5         # 補充個體
```

> print(df) # 列印資料表內容	種類樣式多	獨具風格	整體表現優異	具有良好形象	招牌印象深刻	知名度高	專業表現	可信度高	分店數
丹堤	3.10	2.55	2.85	2.98	2.28	2.66	2.42	2.22	124
星巴克	2.35	2.68	2.84	3.21	2.07	3.27	2.62	2.22	365
85 度 C	3.23	2.69	2.79	2.77	2.73	2.65	2.13	1.99	333
壹咖啡	2.90	2.62	2.74	2.70	2.57	2.66	2.41	2.09	244
理想點	2.65	3.17	3.19	2.71	1.72	2.23	2.81	2.50	100

↔圖 4-80　品牌及屬性列聯表內容

步驟 2、3）分別以不區分及區分補充個體兩個方法分析品牌之市場定位：

方法一：不區分補充個體，品牌依 K-means 演算方法分群

```
pca<-FactoMineR::PCA(       # 主成分分析函式
  X=df[,ka],                # 分析資料
  ncp=ncol(df),             # 保留分析維度資料
  graph = FALSE)            # 是否繪圖
km3gp<-kmeans(        # 觀察值分群函式
  x=df[,ka],          # 分群之資料來源
  centers=3,          # 指定分群數
  iter.max = 10,      # 最多迭代計算次數
```

```
nstart = 25)        # 初始隨機分組之取組數(決定盡快達成穩定分組)
pca$eig     # 列出特徵值(慣量)及其排序
```

```
> pca$eig   # 列出特徵值(慣量)及其排序
        eigenvalue percentage of variance cumulative percentage of variance
comp 1  4.9568987           61.961234                      61.96123
comp 2  2.4967067           31.208834                      93.17007
comp 3  0.3552640            4.440800                      97.61087
comp 4  0.1911306            2.389132                     100.00000
```

⚙圖 4-81　含補充個體各主成份佔比及累計

　　圖 4-81 顯示前二主成份佔比已達 93.17%，吾人繼續分析代表列投影品質的慣量比分布，以及活躍個體在平面的兩個維度以上即代表其失真程度慣量比的合計如下圖 4-82：

```
iner_dist_ind<-t(t(pca$ind$coord^2))/  # 個體慣量分布(列投影品質)
  rowSums(pca$ind$coord^2)
print(iner_dist_ind) # 列印個體慣量分布
sum(iner_dist_ind[-nrow(iner_dist_ind),  # 犧牲活躍個體慣量合計占比
            3:ncol(iner_dist_ind)])/
  sum(iner_dist_ind)
```

```
> print(iner_dist_ind) # 列印個體慣量分布
             Dim.1        Dim.2        Dim.3        Dim.4
丹堤     0.28425041 0.003344282 0.6603212990 0.0520840108
星巴克   0.01754227 0.972498857 0.0058488668 0.0041100091
85 度 C  0.73517142 0.209122764 0.0009166736 0.0547891417
壹咖啡   0.60336696 0.111406900 0.1601336344 0.1250925039
理想點   0.91640825 0.082838757 0.0002840861 0.0004689085
> sum(iner_dist_ind[-nrow(iner_dist_ind),   # 犧牲活躍個體慣量合計占比
            3:ncol(iner_dist_ind)])/
+   sum(iner_dist_ind)
[1] 0.2126592
```

⚙圖 4-82　個體含理想點之慣量佔比分布

　　同上繼續分析代表行投影品質的慣量比分布，以及活躍變數在平面的兩個維度以上即代表其失真程度慣量比的合計如下圖 4-83：

```
iner_dist_var<-t(t(pca$var$coord^2))/   # 變數慣量分布(行投影品質)
  rowSums(pca$var$coord^2)
print(iner_dist_var) # 列印變數慣量分布
sum(iner_dist_var[,3:ncol(iner_dist_var)])/   # 犧牲變數慣量合計
占比
  sum(iner_dist_var)
```

```
> print(iner_dist_var) # 列印變數慣量分布
                  Dim.1         Dim.2       Dim.3        Dim.4
種類樣式多    0.379544112  0.4906309545  0.128824770  0.0010001630
獨具風格      0.770055941  0.1142582153  0.043207035  0.0724788085
整體表現優異  0.895097234  0.0589917788  0.016626487  0.0292845000
具有良好形象  0.003102205  0.8804148881  0.097170253  0.0193126540
招牌印象深刻  0.919892659  0.0587561669  0.020865713  0.0004854614
知名度高      0.160335269  0.8170722425  0.012460514  0.0101319741
專業表現      0.873750863  0.0762226230  0.004034585  0.0459919289
可信度高      0.955120420  0.0003598469  0.032074659  0.0124450736
> sum(iner_dist_var[,3:ncol(iner_dist_var)])/   # 犧牲變數慣量合計占比
+   sum(iner_dist_var)
[1] 0.06829932
```

∩圖 4-83　活躍變數之慣量佔比分布

方法二：區分補充個體，品牌依 K-means 演算方法分群，需注意 quanti.sup
等以.sup 命名的引數代表補充項。

```
pca<-FactoMineR::PCA(       # 主成分分析函式
  X=df,                     # 分析資料
  quanti.sup=ks,            # 補充量化變數(行)
  ind.sup=si,               # 補充個體(列)
  ncp=ncol(df[,ka]),        # 保留分析維度資料
  graph = FALSE)            # 是否繪圖
km3gp<-kmeans(         # 觀察值分群函式
  x=df[-si,ka],        # 分群之資料來源
  centers=3,           # 指定分群數
  iter.max = 10,       # 最多迭代計算次數
  nstart = 25)         # 初始隨機分組之取組數(決定盡快達成穩定分組)
pca$eig    # 列出特徵值(慣量)及其排序
```

```
iner_dist_ind<-t(t(pca$ind$coord^2))/  # 個體慣量分布(列投影品質)
   rowSums(pca$ind$coord^2)
print(iner_dist_ind) # 列印個體慣量分布
sum(iner_dist_ind[,3:ncol(iner_dist_ind)])/  # 犧牲個體慣量合計
占比
   sum(iner_dist_ind)
iner_dist_var<-t(t(pca$var$coord^2))/  # 變數慣量分布(行投影品質)
   rowSums(pca$var$coord^2)
print(iner_dist_var) # 列印變數慣量分布
sum(iner_dist_var[,3:ncol(iner_dist_var)])/  # 犧牲變數慣量合計
占比
   sum(iner_dist_var)
```

```
> pca$eig   # 列出特徵值(慣量)及其排序
        eigenvalue percentage of variance cumulative percentage of variance
comp 1  5.4717211          68.39651                      68.39651
comp 2  1.7153480          21.44185                      89.83836
comp 3  0.8129309          10.16164                     100.00000
```

∩圖 4-84　不含補充個體各主成分佔比及累計

　　從本章[實例三]的 PCA 函式其背後的步驟解析，其特徵值不含補充個體，唯其前二特徵值累計 89.83%仍小於圖 4-81 的 93.17%，乍看之下不區分補充個體（理想點）其二維的表現較佳，不過，筆者認為仍需觀察，活躍個體及活躍變數失真的狀況進一步比較如下圖 4-85、圖 4-86，活躍個體失真慣量占比 0.15464271%較圖 4-82 之 0.2126592%為低，活躍變數失真慣量占比 0.1016164%則較圖 4-83 之 0.06829932%為高，若重點在品牌定位則以方法二為宜唯仍需將圖 4-86 的活躍變數失真慣量的分布納入觀察，例如整體表現優異失真 0.3851962060 在 Dim. 3。

```
> print(iner_dist_ind)  # 列印個體慣量分布
              Dim.1      Dim.2        Dim.3
丹堤      0.08527987 0.89117941 0.0235407195
星巴克    0.90004066 0.09936833 0.0005910105
85 度 C   0.80067495 0.08561527 0.1137097811
壹咖啡    0.50711492 0.00501815 0.4878669317
> sum(iner_dist_ind[,3:ncol(iner_dist_ind)])/  # 犧牲個體慣量合計占比
+   sum(iner_dist_ind)
[1] 0.1564271
```

⌒圖 4-85　僅活躍個體之慣量佔比分布

```
> print(iner_dist_var)  # 列印變數慣量分布
                  Dim.1       Dim.2        Dim.3
種類樣式多    0.716701477 0.1978116247 0.0854868985
獨具風格      0.002387769 0.9333709254 0.0642413057
整體表現優異  0.493094647 0.1217091466 0.3851962060
具有良好形象  0.908715043 0.0015515573 0.0897333999
招牌印象深刻  0.978859889 0.0209084712 0.0002316397
知名度高      0.747460944 0.2504004145 0.0021386415
專業表現      0.828732551 0.0006790946 0.1705883547
可信度高      0.795768827 0.1889167231 0.0153144504
> sum(iner_dist_var[,3:ncol(iner_dist_var)])/  # 犧牲變數慣量合計占比
+   sum(iner_dist_var)
[1] 0.1016164
```

⌒圖 4-86　活躍變數之慣量佔比分布

　　將上述兩個方法 PCA 函式回傳的物件 R 環境變數 pca 帶入下列套件 factoextra 的 fviz_pca_biplot 函式繪製雙標圖，再疊加以上述兩個方法中 kmeans 函式回傳的物件 R 環境變數 km3gp，已將個體（品牌）依據其活躍變數分三群的結果一併於雙標圖中繪出，分別如下圖 4-87、圖 4-88。

```
library(factoextra)
library(dplyr)
library(tidyr)
g<-fviz_pca_biplot(              # 產生個體及其變數(屬性)雙標繪圖物件
  X=pca,                         # 依據物件(pca 或 prcomp 物件皆可)
  geom = c("point","text"),      # 點及文字標示 object 位置
  ggtheme = theme_minimal(),     # 使用之布景主題
  title = "咖啡品牌知覺定位(PCA - Biplot)", # 圖標題
  col.ind=km3gp$cluster%>%factor, # 個體群組之顏色依據
  col.ind.sup = "red",
  repel=TRUE,                    # 重疊文字是否錯開並加上引線
```

```
mean.point=FALSE,              # 是否顯示各組之中心點
labelsize=3,                   # 文字大小
alpha.ind=1,                   # 顏色之透明度
pointshape=16)+   # 標示點之形狀(請參閱 show_point_shapes 函式)
scale_color_manual(            # 圖例說明
  name = "群組",
  labels = c("GP1", "GP2", "GP3"),
  values= c("forestgreen","blue","#A52A2A"))
ggsave(    # 繪出至檔案(存檔目錄需存在,否則會有錯誤拋出)
file="E:/temp/pca_biplot.svg",   #存檔目錄及檔名
g,              # ggplot 繪圖物件
scale = 1.0)   # 繪圖板尺規範圍擴增倍數
```

　　方法一圖 4-87 顯示星巴克為 GP1,85 度 C、壹咖啡、丹堤同一組 GP2,理想點則為 GP3,分別與產品特色分庭抗禮,再比較方法二的圖 4-88 可則有不同解釋,兩者最大的差別在於方法二區別補充個體及補充變數的相關定位皆於活躍個體及變數的定位之後,而免於干擾活躍部分原本的定位。

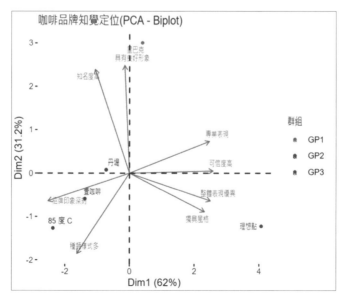

🎧圖 4-87　方法一:咖啡品牌知覺定位

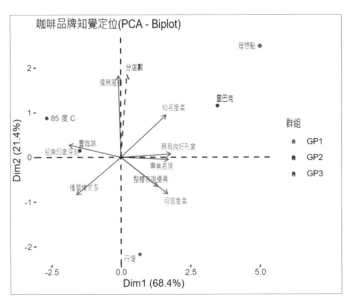

♪圖 4-88 　方法二：咖啡品牌知覺定位

　　讀者可試著以 2 群比較之，或參考本書第 3 章關於市場區隔選擇適當的**群組**數。

　　讀者諸君亦可將圖 4-87、圖 4-88，與原作者以多元尺度分析（MDS）產生的咖啡連鎖品牌知覺定位圖 4-79 相互參照，會發現 R 軟體加上集群分析（Col 引數）可呈現參標圖（triplot）。

4-4 　對應分析（Correspondence Analysis，CA）與知覺圖繪製

　　市場研究人員通常需要探測和解釋矩形的**資料矩陣**中變數之間關係。多變量中的判別分析、因素分析和主成份分析等均已用於資料矩陣的行和/或列的圖形表示。但是，這些方法**幾乎不適用**於許多行銷研究中出現的**分類資料**（catagorical data）的應用，這時只好借助於對應分析（Correspondence analysis，CA）。

對應分析的用意，在於使用**低維度**空間來說明、解釋**兩個類別變數**（或**多個類別變數**）彼此之間的關係程度；同時，它還可說明**每個變數之內**，各類別項目彼此之間的關係。對應分析是由 1973 年法國社會科學家的 Benzécri 所發展出來，Correspondence Analysis 是法語「analyse factorielle des correspondances.」的翻譯，之後被廣泛應用於許多科學的實證研究分析上。(22)

對應分析的基本操作邏輯在於採用**列聯表**（contingency table）為基礎，來分析兩個或兩個以上的**類別變項**資料，可將**高維度資料**簡化為**低維度資料**的統計技術。亦即，可以將各變數的所有內涵縮減成少數的成份（component）來代表，此一做法有點像主成份分析，**差別的只是**：主成份分析所分析的是**屬量**的變數資料，而對應分析則多用來分析**次數**的變數資料。

對應分析的基本想法是：將一個**列聯表**的行和列中各元素的比例結構以點的形式，在較低維的空間中表示出來。

對應分析最大特點是能把**眾多的樣本**和眾多的**變數同時繪到同一張圖解上**，將樣本的大類及其屬性在圖上直觀而又明瞭地表示出來，具有直觀性。在其他用於圖形數據表示的多變量方法中，不存在這種**雙重性**（duality）。另外，它還省去了因子選擇和因子軸旋轉等複雜的數學運算及中間過程，可以從因子負荷圖上對樣本進行直觀的分類，而且能夠指示分類的主要參數（主因子）以及分類的依據，是一種直觀、簡單、方便的多元統計方法。具有高度靈活的資料要求。對應分析的**唯一嚴格數據要求**是矩形矩陣內非負值元素（non-negative entries）。因此，研究人員可以輕鬆快捷收集合適的資料。

對應分析法整個處理過程由兩部分組成：輸入**表格**和輸出**關聯圖**。對應分析法中的表格是一個二維的表格，由行和列組成。每一行代表物件的一個屬性，依次排開。列則代表不同的物件本身，它由樣本集合構成，排列順序並沒有特別的要求。在關聯圖上，各個樣本都濃縮為一個點集合，而樣本的屬性變數在圖上同樣也是以點集合的形式顯示出來。

對應分析在行銷科學上的應用，舉兩個例子，以想像其在應用上的梗概：(1)使用對應分析檢驗夫妻之間的家庭購買角色的跨文化視角。(2)網路上購物動機和休閒旅遊產品。分別簡介如下：

[實例六]

夫妻之間的家庭購買角色的跨文化視角[23]

從分佈在四大洲，五個不同國家/地區包括美國、法國、荷蘭、委內瑞拉和位非洲中西部加彭（Gabon）。他們代表從工業化程度最高的國家到工業化程度最低的國家，從相對較現代的國家到相對傳統的國家。

分別五個不同國家的城市：Houston（美國）、Marseilles（法國）、Amsterdam（荷蘭）、Valencia（委內瑞拉）和 Libreville（加彭），在不同時間，採因地制宜，以不同方式就中上層家庭主婦收集資料；如在加彭作研究，有必要使用**便利抽樣**。由於住家不便進行這樣的活動，有人擔心面試者到受訪者家中可能會導致接待不佳。因此，加彭數據是在家庭主婦常去的地方由中學生訪談。在美國的研究是在 1980 年初進行的，以透過自行管理的郵件收集的問卷。1979 年對法國、荷蘭和以及 1977 年於委內瑞拉進行**隨機抽樣**研究。

在所有情況下，樣本均取自中上層的中產階級家庭主婦。因為**中產階級是一個重要的群體**。它們主要出發展過程創造，通常**代表發展中社會的現代主義力量**。樣本考慮到在性別、婚姻狀況和社會階層等三個重要的人口統計學特徵。它要求受訪者確定家庭中購買 7 種產品和服務（雜貨、主要家電、家具、汽車、儲蓄、假期和人壽保險）的主要決策者，與每種產品和服務一起提出了 4 個與購買有關的問題：誰來決定：1.什麼時候購買，2.在哪裡購買，3.購買什麼以及 4.支付多少？

對應關係分析根據上述的輸入數據，包括購買有關決策、產品類別、國家。顯示下圖 4-89 對應分析圖。

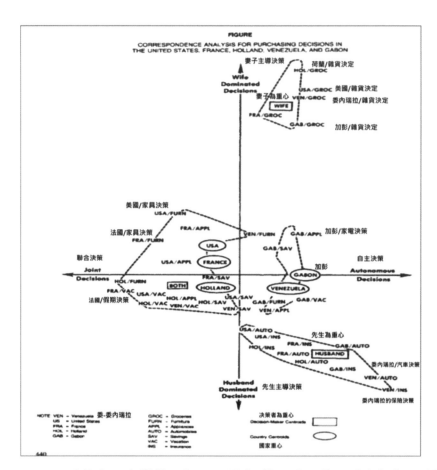

♫圖 4-89　分佈在四大洲的五個不同國家(美、法、荷、委和加彭)，從
　　　　工業化程度最高到最低的國家的採購決策的對應分析(23)

　　垂直軸代表「先生主導/妻子主導」維度，水平軸代表「聯合/自主」
（Joint/Autonomous）維度。因此，在對應圖左側找到的點表示傾向於**聯
合決策**，而在對應圖右側找到的點傾向於**自主決策**。位於對應圖上部的決
策點傾向於由**妻子主導**（Wife Dominated decisions），而位於下部的**決策
點**則傾向於由先生主導。對應圖上的點表示五個國家樣本中誰為各種產品
做出決策的機率估計。例如，位於對應圖右下角的點 Ven / Ins（委內瑞拉
的保險決定）表明委內瑞拉的樣本顯示出非常強烈的趨勢，即先生自主地
做出保險的決定。同樣，位於對應圖最上方的 Hol / Groc（荷蘭/雜貨決定）
點表明，荷蘭樣本顯示出強烈的趨勢，即雜貨決定由妻子主導。

[實例七]

線上購物動機和休閒旅遊產品：對應分析(24)

　　線上旅遊是 B2C 電子商務最成功的部分,互聯網成為消費者用來研究旅遊選擇、尋找最好的可能價格、預訂機票、旅館、租車、遊輪及旅行最通常的通路。加拿大旅遊委員會（Canadian Tourism Commission，CTC）就網上購物動機,選擇了 6 個類別進行最終分析,即使用獎勵/積分的能力、可用性、詳細資訊、易於預訂、熟悉公司度以及價格低廉。旅遊市場的定義不明確,因為它涉及多樣的商業服務,例如交通、住宿、餐飲和零售,從廣義上看,旅行產品可以根據複雜性進行分類。航班、住宿和租車可歸類為低複雜度的產品,而陸上度假、郵輪和旅行可被視為高複雜度的產品。

　　自 2001 年 11 月由 CTC 進行的調查。透過電話進行,並且從電話中隨機選擇在美國和加拿大受訪者的電話目錄。藉由電腦輔助電話訪問系統（Computer-aided telephone interface，CATI）記錄調查回應。加拿大方面隨機取樣 1,161 個,美國方面隨機取樣 1,145 個,下表 4-12 的列聯表,列出了更詳細的次數表。

表 4-12　用戶技能水平、旅遊產品和線上購物動機的多向列聯表(multi-way table) way

Table 2
Multi-way table of user skill level, travel product and online shopping motivation

Travel product component	Rewards	Availability	Information detail	Ease of booking	Familiarity	Low price
Low user skill level						
Flights	83	129	85	183	109	208
Activities	3	26	32	42	7	15
Attractions	3	31	25	31	8	16
Car rentals	28	72	53	112	68	113
Events	1	33	28	37	5	19
Accommodations	32	147	179	217	75	147
Tours	2	14	16	21	3	15
Packages	5	26	22	38	8	30
High user skill level						
Flights	70	74	76	142	78	129
Activities	3	15	16	18	7	12
Attractions	7	10	12	19	5	10
Car rentals	34	49	46	84	43	81
Events	4	25	29	28	8	14
Accommodations	29	97	113	141	24	82
Tours	1	8	6	12	1	3
Packages	7	16	15	24	9	24

知覺圖的確認

為了二維空間點關聯的可視覺化，**對應圖**顯示從點距離的**主成份**分析得出的維度，如下圖 4-90：

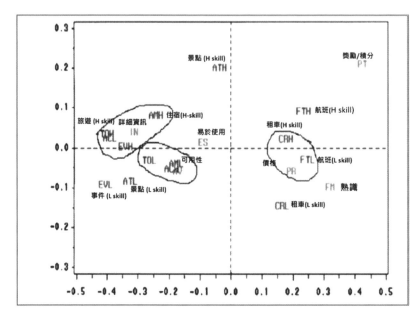

♠圖 4-90　線上購物動機、旅遊產品和互聯網使用技能水平聯合圖（Joint plot）(24)

圖 4-90 符號縮寫說明：

ATL=attractions 景點 (L skill), CRL=car rental 租車 (L skill), EVL=events 事件 (L skill), AML=accommodation 住宿 (L skill), TOL=tours 旅遊 (L skill), 其中：L skill 表示低技能 FTH=flights 航班 (H skill), ACH=activities 活動 (H skill), ATH=attractions 景點 (H skill),CRH=car rental 租車(H skill), EVH=events 事件(H skill), AMH=accommodation 住宿(H-skill), TOH=tours 旅遊 (H skill), 其中： H skill 表示高技能 PT=rewards/points 獎勵/積分, AV=availability 可用性, IN=information in detail 詳細資訊, ES=easy to use 易於使用, FM=familiarity 熟識, PR=price 價格

　　圖 4-90 也稱為 CA 聯合圖，它顯示線上購物動機與**低複雜度**旅遊和**高複雜度**的旅遊產品之間的關係。首先看一下，在 X 軸上顯示了兩個不同的側面。**獎勵/積分（PT）、熟悉（FM）和價格（PR）**位於一側，而同一軸的另一側則顯示其餘三個，即易用性、詳細資訊（IN）和可用性(ES)。因此，建議將 X 軸命名為交易性的/資訊性的（transactional /informational）。儘管購買活動、住宿、事件和景點需要更多的資訊背景；購買租車 和機票是由交易情境所驅動的。

　　　從本研究了解互聯網商務的旅遊產品的異質性。航班和汽車租賃具有更高的交易品質，**低價格和熟悉**是購買的關鍵驅動因素。另一方面，消費者在旅遊、活動、住宿、事件等方面更加注重資訊方面。消費者認為**資訊細節和易用性**是購買這些產品的關鍵驅動因素。獎勵/積分和熟悉度主要體現在**交易**上，而**易用性**反映在更多的資訊上。

對應分析（Correspondence Analysis）的統計意涵：

　　類別變數分析，要引入**慣量**（inertia）計算，**慣量**被定義為「從點到它們各自的重心的距離的平方的加權總和」，並且可以使用**行剖面**或**列剖面**進行計算。**慣量是卡方值的平方，慣量越大**，表示**列聯表**的實際值與期望值（在無相關的假設下）的**差別越大**，亦即行列變數的相關性越強。**慣量類似因素分析的特徵值**。

　　列聯表（contingency table）**的個數**，端看有幾個類別變數，若有 4 個類別變數，則有 $C\binom{4}{2}$ = 6 個列聯表，若有 2 個類別變數，則 $C\binom{2}{2}$ = 1 個列聯表。

　　對應分析是一種類似於**因素分析**（factor analysis,FA）的**降維技術**，但將因素分析擴展為兩個方面：**(1)**處理**類別變數**（categorical variables），特別是在**名義尺度**上進行測量；**(2)**建立**萃取成分**的知覺圖（perceptual maps）。因素分析獲得**線性**關係，而對應分析獲得**列聯表**中表示的變數之間的**非線性**關係。圖 4-91 顯示對應分析的輸入、處理和輸出的程序模型（Process model for CA）。[26]

輸入　　　　　　　　　　　　處理　　　　　　　　　　　輸出

1.類別變數
(Categorial Variables)

2.頻率資料列聯表
(Contingency table)

1.計算機關聯度(compute measures of association)

2.計算配適度衡量(compute fit measures)

3.建立知覺圖(create perceptual maps)

1.知覺圖

2.配適度衡量
(Fit measures)

⋒圖 4-91　對應分析程序模型（Process model for CA）(25)

　　在實務上，以供應鏈管理為例，其資料結構比較複雜，類別變數可以達 4 個，如下圖 4-92 所示(25)：存儲在資料庫中的資料必須結構化，以便於跨供應鏈合作夥伴檢索和分析。對應分析程序輸入之一是類別變數，抽出供應商（V_i）和瑕疵品（C_j）便是以下[實例八]的探討主題。

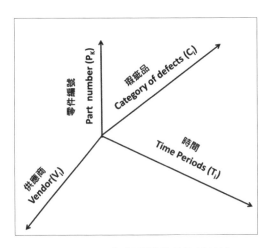

⋒圖 4-92　4 個類別變數的資料結構

對應分析程序輸入之二是列聯表，如下表 4-13。

表 4-13　供應商（V_i）和瑕疵品（C_j）類別之間的列聯表

供應商(V_i)	瑕疵品類別（C_j）					
	C_1	C_2	….	C_j	…	C_q
V_1	X_{11}	X_{12}	…	X_{1j}	…	X_{1q}
V_2	X_{21}	X_{22}	…	X_{2j}	…	X_{2q}
⋮	⋮	⋮	⋮	⋮	⋮	⋮
V_i	X_{i1}	X_{i2}	…	X_{ij}	…	X_{iq}
V_p	X_{p1}	X_{p2}	…	X_{pj}	…	X_{pq}

　　供應商（V_i）和瑕疵類別（C_j）本質上是**分類的**，分別稱為行和列變數。CA 首先定義行和列變數之間的關聯量度。通常，將 χ^2 距離用作關聯度，其中 χ^2 距離是 **χ 2 統計量的平方根**。首先，透過 χ 2 檢驗對交叉分類的數據，就其行和列的類別之間進行「**獨立性檢驗（ test of independence）**」。如果 χ 2 **檢驗**確定**行和列類別之間**具有**相關性**，則將進一步分析以識別可以解釋行和列類別之間的相關性的隱藏成份的數量。否則，無法往下分析。通常使用**奇異值分解**（ Singular value decomposition，SVD）**將列聯表**（例如表 4-13）劃分為具有坐標和貢獻的維度縮減。

　　進行對應分析（CA）時應遵循的步驟[26]：

1. 在雙向**列聯表**中取得次數資料。令 X 代表具有 r 行和 c 列的矩陣形式的資料。

2. 獲得相對次數矩陣 Z，其中 Z 中的每個元素是 X 中的對應元素除以 N（總次數）。

3. 獲得列類別中每一行的總和，稱為行質量（ row masses），即 r。同樣，獲得列質量（ column masses），即 c。

4. 使用行和列質量以及相對的次數矩陣（Z），以 $R = D_r^{-1}Z$ 以及 $C = D_c^{-1}ZT$ 計算行剖面（ row profiles）R 和列剖面（ column profiles）。Dr 是對角線矩陣，對角線元素為行質量（ row masses）r，Dc 是對角線矩陣，

對角線元素為列質量（column masses）c。T 代表矩陣或向量的**轉置**（transpose）。

5. 對 R 和 C 都執行**降維**。假設降維為 k。這將為行和列剖面建立兩個 k 維子空間。

6. 獲取 R 和 C 的**聯合顯示**，稱為 CA 圖。

關於表 4-13，行剖面（R）回答了以下問題：「在 p-供應商，相對於 q-瑕疵品類別而言，有什麼**相似和差異**？」類似地，使用列剖面（C）來量化和解釋 q-瑕疵品類別，相對於 p-供應商而言的相似和差異。

步驟 5 處理**降維**，類似於主成份分析（PCA）。但與 PCA 使用原始資料矩陣 X（不是為次數表）提取主成份（Principal component，PC）不同，CA 使用以下公式從重心（centroid）計算行剖面和列剖面之間的**距離矩陣**：

$$D = D_r^{-\frac{1}{2}} (Z - rc^T) D_c^{-\frac{1}{2}}$$

其中 **D 是距離矩陣**（加權 χ^2 距離），D_r 和 D_c 是對角矩陣，Z 是對應矩陣（correspondence matrix），r 和 c 分別是**行質量和列質量**（row and column masses），C^T 表示列矩陣 C 的**轉置**。用於解釋供應商和瑕疵品類別之間的關係。

應用**奇異值分解**（Singular value decomposition，SVD）將 D 矩陣劃分為三個矩陣：U，V 和 S，其中 U 是 p × k 矩陣，V 是 q × k 矩陣，S 是 k × k 對角矩陣，其中對角元素形式為 $s_1 \geq s_2 \geq \dots \geq s_k > 0$，並且 k 是縮小的維度。$s_k$ 是第 k 個 PC 的**奇異值**（singular value）。s_k 的平方即 sk^2，是第 k 個 PC 的特徵值（λ_k）。特徵值 λ_k 表示由萃取的第 k 個 PC 解釋的**加權變異數**（weighted variance）。為了獲得行和列剖面的**聯合顯示**（步驟 6），以便**視覺化**地解釋供應商和瑕疵品類別之間的關係，要計算出供應商的主坐標和瑕疵品剖面類別相對於萃取的 PC 的關係。如果將供應商的**主坐標**（Principal coordinates）和瑕疵品類別**主坐標**分別表示為 P 和 Q，則

$$P = D_r^{-1/2} U D \quad \text{..} \quad (4\text{-}25)$$

$$Q = D_c^{-1/2} V D \quad \text{..} \quad (4\text{-}26)$$

列聯表可以提取的成份數（k）為 k = min {p-1，q-1}，以供應商與瑕疵品為例，k = min {4-1，8-1}，所以 K= 3，p 和 q 表示，如表 4-13 的行數和列數。如果保留 2 個主成份（k = 2），則**聯合顯示**將是類似於坐標幾何中的 XY 的圖，也足以滿足本實例目的。

CA 的**總體適合度**由所提取的每個元素所解釋的**總慣量**的百分比來判斷。**總慣量**被定義為「從點到它們各自的重心的距離的平方的加權總和」，並且可以使用**行剖面**或**列剖面**進行計算。解釋的**慣量**類似於解釋線性迴歸中 R^2 引起的（資料點的）百分比變化。從經驗法則，要計算按降序排列的成分的累積慣量百分比，並根據所說明的期望的差異百分比（例如，≥ 90％）選擇一定數量的成份。

一旦確定了要保留的成份數量，就需要由選定維度（PCs）建立的空間對應列聯表的行和列類別。由於視覺表示是 CA 的主要優勢，因此習慣上最多使用三個維度進行對應。幸運的是，在大多數應用中，二維到三維滿足要解釋差異的準則。在此應注意，維度越小，解釋性越好。CA 為保留的每個維度產生**行坐標**及**列坐標**，這些坐標用於發展對應分析圖（correspondence maps）。如果保留一維，則地圖將顯示**一條直線**；保留二維，它是一個**平面**（plane），保留三維，它是**平行六面體**（parallelepiped）。

維度的衡量尺度是很重要的，並且當 CA 透過其貢獻度權衡每個維度時，行和列坐標稱為主行坐標和主列坐標。實務上，使用主坐標來解釋對應分析圖。

[實例八]

某船用鈑金零件銷售公司，就其供應商與瑕疵品的對應分析(25)

作為一個下游的中心廠或銷售公司，與上游供應商在供應鏈上的合作可以獲得資訊共享、知識轉移和協作努力的好處，以降低長鞭效應（bullwhip effect）。

在全球化下，中心廠或銷售公司正在外包非核心產品和服務功能（例如，維修、清潔及其他支援的服務，甚至銷售商品本身），供應鏈的品質管理是其中重要一環，包括品質意識採購政策、有效的供應商溝通、提供供應商協助、涉入供應商產品及製程長期發展、建議與供應商長期合作關係等。

今有位於美國船用鈑金零件銷售公司，該公司做最終組立（assembly），而外包所有零組件，有 70 個供應商來自本地市場，130 個供應商來自海外市場，資料搜集期間 2008 年 1 月到 8 月，依估計每百萬個不良品（Defective parts per million，DPPM）來衡量供應商品質績效。

本實例進行其中鈑金的部分，供應商與瑕疵品的不良原因的對應分析（Correspondence analysis，CA），如下步驟：

步驟 1） R 程式開始分析前需至 Github 資料夾下載本例 R 專用資料檔 vndefect.rds，如下：https://github.com/hmst2020/MS/tree/master/data/

再將下載之此**列聯表**資料檔案放置於 readRDS 函式讀取路徑下，予以載入 R 之變數，本**列聯表**內容供應商為列、不良品原因為行，就此兩類別變數（categorical variable）間交互關係之**對應分析**：

```
X<-as.matrix(  # 讀取本例預存之 data frame 次數資料，並轉換成 matrix
  readRDS(file = "data/vndefect.rds")
)
cbind(     # 列合計
```

```
rbind(X,'Total'=colSums(X)),  # 行合計
'Total'=rowSums(rbind(X,'Total'=colSums(X))))
```

上述程式將資料讀至變數 X 並將各列、行分別合計，總計 4,441 不良次數分佈於各類如圖 4-93：

```
> cbind(          = 列合計
+    rbind(X,'Total'=colSums(X)),  = 行合計
+    'Total'=rowSums(xr))
          BD   D  DM  FI  HM   P   S   W Total
Vendor_1 150 137 207  91  76 210 185  20  1076
Vendor_2 142 139 200 120 105 221 185  29  1141
Vendor_3 146 130 193 114  87 205 148  20  1043
Vendor_4  57  68 269 260  87 159 239  42  1181
Total    495 474 869 585 355 795 757 111  4441
```

⋒圖 4-93　廠商與瑕疵品次數列聯表

圖 4-93 的瑕疵品代碼為：BD -彎曲和凹痕（bent and dent），D—去毛邊（deburring），DM-尺寸相關（ dimension related），FI-緊固件安裝（fastener installed），HM-孔徑缺失（hole missing），P-電鍍（Plating），S-刮傷（Scratch），W-焊接（Welding）。

步驟 2）對資料進行獨立性（Test of Independence）檢測，此檢測適用於兩組類別變數（categorical variable）的**關聯性**檢測，此兩類變數以下亦簡稱 V1（供應商）、V2（不良原因），檢測結果如下圖 4-94：

```
chitbl<-chisq.test(X,correct = TRUE)  # 卡方檢驗(有陣列元素值含<
5 的警告)
print(chitbl)          # 列印檢測結果
qchisq(.95, df=21)     # 計算臨界值(critical value)
fisher.test(X,simulate.p.value=TRUE)  # 費雪檢驗
```

```
> print(chitbl)        = 印印檢測結果

        Pearson's Chi-squared test

data: X
X-squared = 246.14, df = 21, p-value < 2.2e-16

> qchisq(.95, df=21)    = 計算臨界值(critical value)
[1] 32.67057
```

⋒圖 4-94　卡方檢測（獨立性檢測）

　　檢測結果顯示在 95%（即 α=0.05）信心水準及自由度（degree of freedom）為 21（列、行數各減 1 相乘）狀況下，如上圖 4-94 的臨界值為 32.67，而 χ^2 值 246.14 大於臨界值，且 p-value 亦顯示拒絕「列與行類別變數之間皆為獨立事件」的虛無假設，其犯錯機率遠低於 0.05，亦即 V1 與 V2 存在顯著的關聯性，值得進一步分析不良狀況與供應商之間的對應關係。

　　另外，若以費雪正確概率檢定（Fisher's Exact Test）結果，如圖 4-95 所示：p-value 顯示低於顯著水準 0.05 的獨立假設，亦顯示 V1 與 V2 存在顯著的關聯性。

```
> fisher.test(X, simulate.p.value=TRUE)  = 費雪檢驗

        Fisher's Exact Test for Count Data with simulated p-value (based on
        2000 replicates)

data: X
p-value = 0.0004998
alternative hypothesis: two.sided
```

⋒圖 4-95　費雪正確概率檢定

　　6 個 Sigma(6σ)從業者，偶爾會進行研究來評估兩個項目之間的差異，例如操作員或機器。當實驗資料是連續測量尺度時（如以微米為單位測量噴嘴的直徑），雙樣本 t 檢定可能是合適的，當回應變數為計數時，使用卡方（χ^2）檢定。

但觀測數較少時，試驗可能會產生誤導的結果。當 2 * 2 列聯表分析形式時，使用圖 4-95：R.A. Fisher Exact Test 精確檢驗。[27]

上述兩種檢定看似一樣的結論，實則若檢體本身樣本數過小以致矩陣內存在數字 <5 時卡方檢定將出現警語告知可能存在檢定不正確（Chi-squared approximation may be incorrect），此時，宜使用**費雪**檢定較為適合**小樣本**的檢定。

步驟 3）以列聯表的總次數為底，計算兩組變數 V1、V2 之間的兩兩變數**實際**發生的機率（probability），再以此機率依其列、行各自加總為列平均剖面（row average profile）、行平均剖面（column average profile），並據以計算卡方（Chi-square）獨立模型（Independence Model）下的期望值、卡方值以及**慣量**（inertia）的計算，藉著衡量實際與期望數（獨立模型）的差距遠近，卡方值用來衡量 V1、V2 的顯著關係，關係愈顯著則值愈大，慣量則用來確保**線性轉換**降維投射至低維空間時仍能維持不變（或近似），以確保最少的資訊減損。

實際發生的統計機率，如下公式：

$$x(i) = \sum_{j=1}^{J} x_{ij} \qquad x(j) = \sum_{i=1}^{I} x_{ij} \qquad N = \sum_{i=1,j=1}^{I,J} x_{ij}$$

$$f_{ij} = \frac{x_{ij}}{N} \text{ 或以矩陣表示 } Z = \frac{X}{N} \quad\cdots\cdots\cdots\cdots\cdots\cdots\cdots\cdots\text{(4.8.1)}$$

$$f(i) = \sum_{j=1}^{J} f_{ij} \quad f(j) = \sum_{i=1}^{I} f_{ij} \quad F = \sum_{i=1,j=1}^{I,J} f_{ij} = 1 \quad\cdots\cdots\cdots\cdots\text{(4.8.2)}$$

其中，

x_{ij}：表示第 i 列（供應商）第 j 行（不良原因）的實際瑕疵品數

$x(i)$、$x(j)$：分別表示第 i 列與第 j 行的實際瑕疵品合計數

N：表示實際瑕疵品總數

f_{ij}：表示第 i 列（供應商）第 j 行（不良原因）的實際發生機率

知覺圖的確認

$f(i)$、$f(j)$：分別表示第 i 列與第 j 行的實際發生機率合計亦即列、行的邊際機率（marginal probability）或其平均剖面（average profile），亦稱為列質量（row mass）、行質量（column mass）

F：實際發生機率總合計

X：實際發生次數矩陣

Z：實際發生機率矩陣

以下程式是上述公式的實作：

```
N<- sum(X)    # 總數(grand total)
Z<- X/N       # 將次數資料轉成比例(總次數佔比)資料，公式((4.8.1)
rmass<- rowSums(Z)    # 列群集、列質量(row masses) (4.8.2)
cmass<- colSums(Z)     # 行群集、行質量(column masses) (4.8.2)
cbind(        # 實際機率分佈
  rbind(Z,'Total'=cmass),    # 加上行合計
  'Total'=rowSums(rbind(Z,'Total'=cmass)))   # 加上列合計
```

```
> cbind(    # 列合計
+   rbind(Z,'Total'=cmass),  # 行合計
+   'Total'=rowSums(rbind(Z,'Total'=cmass)))
              BD         D         DM        FI         HM          P          S           W     Total
Vendor_1 0.03377618 0.03084891 0.04661112 0.02049088 0.01711326 0.04728665 0.04165728 0.004503490 0.2422878
Vendor_2 0.03197478 0.03129926 0.04503490 0.02702094 0.02364332 0.04976357 0.04165728 0.006530061 0.2569241
Vendor_3 0.03287548 0.02927269 0.04345868 0.02566989 0.01959018 0.04616077 0.03332583 0.004503490 0.2348570
Vendor_4 0.01283495 0.01531187 0.06057194 0.05854537 0.01959018 0.03580275 0.05381671 0.009457329 0.2659311
Total    0.11146138 0.10673272 0.19567665 0.13172709 0.07993695 0.17901374 0.17045710 0.024994371 1.0000000
```

⋒圖 4-96　實際的機率分佈

上圖 4-96 V1 各邊際機率與 V2 各邊際機率和均為 1，亦即各邊際機率代表其在 V1、V2 上的權重。

在 χ^2（Chi-square）獨立模型（Independence Model）下，獨立模型的期望機率（即前述的重心，centroid），如下公式：

$$\forall i,j \quad E_{ij} = f(i)f(j) \quad\cdots\cdots\cdots\cdots(4.8.3)$$

其中，

$f(i)$、$f(j)$：同上述公式

E_{ij}：第i列、第j行的期望發生機率（centroid）

期望機率矩陣第i列第j行的期望機率為各自邊際機率相乘（圖 4-97），第i列第j行的期望即總發生次數與各自機率相乘（圖 4-98），代表列、行權重的各邊際機率期望值與實際值不變（圖 4-99）。

```
E = rmass %o% cmass    # Chi-square 獨立模型期望機率，公式(4.8.3)
cbind(    # 期望機率分佈
  rbind(E,'Total'=colSums(E)), # 加上行合計
  'Total'=rowSums(rbind(E,'Total'=colSums(E))))  # 加上列合計
round(   # Chi-square 期望值(次數)(theoretical frequence)
  cbind(
    rbind(E*N,'Total'=colSums(E*N)), # 加上行合計
    'Total'=rowSums(rbind(E*N,'Total'=colSums(E*N))))) # 加上
列合計
rowSums(E)==rmass      # 驗證
colSums(E)==cmass      # 驗證
```

```
> cbind(    # 列合計
-  rbind(E,'Total'=colSums(E)), # 行合計
-  'Total'=rowSums(rbind(E,'Total'=colSums(E))))
              BD          D         DM         FI         HM          P          S          W      Total
Vendor_1 0.02700573 0.02586003 0.04741006 0.03191586 0.01936775 0.04337284 0.04129967 0.006055830 0.2422878
Vendor_2 0.02863712 0.02742221 0.05027405 0.03384387 0.02053773 0.04599295 0.04379454 0.006421657 0.2569241
Vendor_3 0.02617749 0.02506693 0.04595603 0.03093703 0.01877375 0.04204263 0.04003305 0.005870103 0.2348570
Vendor_4 0.02964105 0.02838355 0.05203651 0.03503033 0.02125772 0.04760532 0.04532984 0.006646780 0.2659311
Total    0.11146138 0.10673272 0.19567665 0.13172709 0.07993695 0.17901374 0.17045710 0.024994371 1.0000000
```

⋒圖 4-97　獨立模型的機率分佈

```
> round(   = Chi-square 期望值(次數)(theoretical frequence)
+   cbind(   = 列合計
+     rbind(E*N,'Total'=colSums(E*N)),   = 行合計
+     'Total'=rowSums(rbind(E*N,'Total'=colSums(E*N))))
+ )
          BD  D  DM  FI  HM   P   S   W Total
Vendor_1 120 115 211 142  86 193 183  27  1076
Vendor_2 127 122 223 150  91 204 194  29  1141
Vendor_3 116 111 204 137  83 187 178  26  1043
Vendor_4 132 126 231 156  94 211 201  30  1181
Total    495 474 869 585 355 795 757 111  4441
```

⋒圖 4-98　獨立模型的期望值

　　χ^2獨立模型係依據各 V1、V2 各變數（供應商 vendor 1...4 及不良原因 BD....W），假設在完全事件**獨立**發生的機率下建構而成，如圖 4-97，且 V1、V2 各變數機率分配其合計同圖 4-96 邊際機率，驗證如圖 4-99。

```
> rowSums(E)==rmass     = 驗證
Vendor_1 Vendor_2 Vendor_3 Vendor_4
   TRUE     TRUE     TRUE     TRUE
> colSums(E)==cmass     = 驗證
  BD   D   DM   FI   HM    P    S    W
TRUE TRUE TRUE TRUE TRUE TRUE TRUE TRUE
```

⋒圖 4-99　驗證獨立模型機率分配

　　實際與獨立模型下整體差異的卡方值χ^2計算，如下公式：

卡方值計算：

$$\chi^2 = \sum_{i,j}^{I,J} \frac{\left(\text{實際數} - \text{期望數}\right)^2}{\text{期望數}} \quad\text{...(4.8.4)}$$

$$= \sum_{i,j}^{I,J} \frac{\left(Nf_{ij} - Nf(i)f(j)\right)^2}{Nf(i)f(j)} = N\sum_{i,j}^{I,J} \frac{\left(f_{ij} - f(i)f(j)\right)^2}{f(i)f(j)} = N\sum_{i,j}^{I,J} \frac{(f_{ij} - E_{ij})^2}{E_{ij}} = N\Phi^2 \quad\cdots\text{(4.8.5)}$$

　　Φ^2：表示總慣量（total inertia）

　　N：表示實際不良原因總次數

卡方值是卡方分布（圖 4-100)的加總：

```
X2.dist<-((X-E*N)^2)/(E*N)     # 卡方值分佈
round(         # 卡方值分佈及行、列合計
  cbind(
    rbind(X2.dist,'Total'=colSums(X2.dist)),
    'Total'=rowSums(rbind(X2.dist,'Total'=colSums(X2.dis
t)))),
  2)
print(sum(X2.dist))     # 列印卡方值，公式(4.8.4)
```

```
> round(   = 卡方值分佈及行、列合計
+   cbind(   = 列合計
+     rbind(X2.dist,'Total'=colSums(X2.dist)),   = 行合計
+     'Total'=rowSums(rbind(X2.dist,'Total'=colSums(X2.dist)))),
+   2
+ )
            BD     D    DM    FI    HM     P     S     W   Total
Vendor_1  7.54  4.27  0.06 18.16  1.17  1.57  0.01  1.77   34.55
Vendor_2  1.73  2.43  2.42  6.11  2.09  1.37  0.46  0.01   16.62
Vendor_3  7.61  3.13  0.60  3.98  0.16  1.79  4.99  1.41   23.68
Vendor_4 42.32 26.73  6.22 70.10  0.58 13.00  7.06  5.28  171.28
Total    59.19 36.58  9.30 98.36  3.99 17.73 12.52  8.47  246.14
> print(sum(X2.dist))     = 列印卡方值
[1] 246.1392
```

✿圖 4-100　卡方值及分佈(分解)

　　圖 4-100 卡方值與步驟 2 圖 4-94 的卡方檢測（χ^2 Test）的結果相同。

　　依據上述卡方值計算公式(4.8.5)，令 R（亦即Φ分布，也是實際至重心的機率距離）如下：

$$R_{ij} = \frac{\text{實際機率}-\text{期望機率}}{\text{期望機率}^{1/2}} = \frac{f_{ij}-f(i)f(j)}{\sqrt{f(i)f(j)}} = \frac{z_{ij}-E_{ij}}{\sqrt{E_{ij}}} \quad \text{................................}(4.8.6)$$

則，慣量分布= $R_{ij}^2 = \dfrac{x_{ij}^2}{N}$　................................(4.8.7)

這裡，$\Phi^2 = \sum_{i,j}^{I,J} R_{ij}^2$，總慣量是下列程式矩陣 R 平方總和。

```
R<- (Z - E)/sqrt(E)     # 帶正負號的慣量平方跟(4.8.6)
print(R)     # 列印 R 帶正負號的慣量平方跟
all_equal(round(R^2,8),round(X2.dist/N,8)) #驗證慣量分布(4.8.7)
```

◐圖 4-101　距離矩陣 R 及公式(4.8.7) 驗證

距離矩陣 R 亦可透過列、行之剖面等下列公式計算：

循著公式(4.8.6)：

以矩陣表示，$R = D_r^{-1/2}(Z - f(i)f(j)^T)D_c^{-1/2}$ ....(4.8.8)

這裡，D_r、D_c 分別表式列質量、行質量的對角矩陣，f_{ij} 為實際發生機率，$f(i)f(j)$ 則為期望機率（centroid）。

```
R<-        # 印證公式(4.8.8)
  solve(sqrt(diag(rmass)))%*%
  (Z-rmass%*%t(cmass))%*%
  solve(sqrt(diag(cmass)))
rownames(R)<-rownames(Z)
colnames(R)<-colnames(Z)
```

比較圖 4-101、圖 4-102 實為相等。

```
> print(R)    # 列印R公式(4.8.8)
               BD          D          DM          FI          HM          P           S           W
Vendor_1  0.04119925  0.03102331 -0.003669245 -0.06395172 -0.016199718  0.01879276  0.001759702 -0.019948032
Vendor_2  0.01972322  0.02341262 -0.023366235 -0.03708776  0.021670470  0.01758196 -0.010212843  0.001352766
Vendor_3  0.04139812  0.02656402 -0.011649538 -0.02994575  0.005958579  0.02008429 -0.033522251 -0.017837036
Vendor_4 -0.09761581 -0.07758864  0.037417237  0.12563877 -0.011437143 -0.05409398  0.039861633  0.034473510
```

∩圖 4-102　距離矩陣 R 及公式(4.8.8)

步驟 4）將代表與列剖面（列質量）、行剖面（行質量）距離的矩陣 R，經過奇異值分解（SVD）萃取其主成分：

$$R=U\Sigma V^T \implies R^T=V\Sigma^T U^T \quad\text{..............................(4.8.8)}$$

$$R^T R= V\Sigma^T U^T U\Sigma V^T= V\Sigma^T\Sigma V^T=V\lambda\, V^T \quad\text{..............................(4.8.9)}$$

$$RR^T= U\Sigma V^T V\Sigma^T U^T= U\Sigma\Sigma^T U^T= U\lambda U^T \quad\text{..............................(4.8.10)}$$

其中，

Σ：奇異值對角矩陣

$\Sigma^T\Sigma=\lambda$：特徵值對角矩陣

(4.8.8)之 R 為欲分解的矩陣，經分解產生具有相同特徵值（奇異值的平方）以及列與行各自之特徵矩陣（V 及 U），如上之(4.8.9)、4.8.10)，V 及 U 均為投影像（Image）向量空間之**單範正交基**（orthonormal basis）。

下列程式是使用內建函式 svd 進行分解，以及上述公式的驗證，需注意非方陣的 mxn 時 m<n 與 m>n 分解結果有所不同如下圖 4-103、圖 4-104：

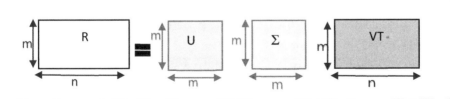

∩圖 4-103　奇異值分解（m<n）

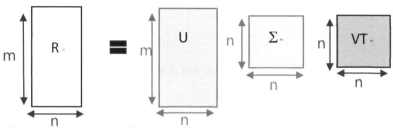

∩圖 4-104　奇異值分解（m>n）

分解如下：

```
library(pracma)
minx<-Rank(R)     # 有效維度
PCS<- c('主成分1','主成分2','主成分3','主成分4')[1:minx]
if (nrow(R)<=ncol(R)){
  SVD<- svd(t(R),nv=minx,nu=minx)   # 奇異值分解
}else{
  SVD<- svd(X,nv=minx,nu=minx)   # 奇異值分解
}
U<- ifelse(       # 左奇異矩陣
  nrow(R)<=ncol(R),list(SVD$v),list(SVD$u))[[1]]
rownames(U)<-rownames(R)
colnames(U)<-PCS
V<- ifelse(       # 右左奇異矩陣
  nrow(R)<=ncol(R),list(SVD$u),list(SVD$v))[[1]]
rownames(V)<-colnames(R)
colnames(V)<-PCS
S<- replace(SVD$d,SVD$d<0,0)[1:minx]   # 奇異值小於0視為0為無效奇異值
lambda<- S^2      # 特徵值
print(list(d=S,u=U,v=V))          # 列印奇異分解結果
round(R,10)==round(U%*%diag(S)%*%t(V),10)   # 驗證公式(4.8.8)
df<-data.frame(   # 分解後各成分比率
  特徵值=lambda,特徵值佔比=round(lambda/sum(lambda)*100,2),
  特徵值佔比累積=round(cumsum(lambda/sum(lambda)*100),2))
```

```
rownames(df)<-          # 主成分順序
  c('Comp1','Comp2','Comp3','Comp4','Comp5')
print(df)               # 列印主成分順序
```

```
> print(df)  # 列印主成分順序
       特徵值  特徵值佔比  特徵值佔比累積
Comp1 0.0529624887      95.56          95.56
Comp2 0.0016350819       2.95          98.51
Comp3 0.0008266939       1.49         100.00
```

∩圖 4-105　主成分順序與累積佔比

```
> print(list(d=S,u=U,v=V))          # 列印奇異分解結果
$d
[1] 0.23013580 0.04043615 0.02875229

$u
              主成分1        主成分2        主成分3
Vendor_1 -0.3570234 -0.79257335 -0.04554107
Vendor_2 -0.2381523  0.46160366 -0.68795454
Vendor_3 -0.2962416  0.39286277  0.72321695
Vendor_4  0.8532636 -0.06639567  0.04002255

$v
        主成分1        主成分2        主成分3
BD -0.49954021 -0.01988500  0.36825062
D  -0.39422262  0.04467945 -0.04915763
DM  0.18359842 -0.36944188  0.32395334
FI  0.64196425  0.33287407  0.41034054
HM -0.04736885  0.64157731 -0.35889124
P  -0.27376383  0.11631255 -0.02055873
S   0.19878315 -0.54221939 -0.54613615
W   0.18032314  0.17653317 -0.40144689
```

∩圖 4-106　內建函式 svd 奇異值分解結果

```
> round(R,10)==round(U%*%diag(S)%*%t(V),10)      # 驗證公式(4.4.8)
          BD    D   DM   FI   HM    P    S    W
Vendor_1 TRUE TRUE TRUE TRUE TRUE TRUE TRUE TRUE
Vendor_2 TRUE TRUE TRUE TRUE TRUE TRUE TRUE TRUE
Vendor_3 TRUE TRUE TRUE TRUE TRUE TRUE TRUE TRUE
Vendor_4 TRUE TRUE TRUE TRUE TRUE TRUE TRUE TRUE
```

∩圖 4-107　驗證公式(4.8.8)

步驟 5） 投影後的像設為 N$_i$、N$_j$，其各維度座標（列、行慣量）計算如下：

$$P_{is} = \frac{U_{is}}{\sqrt{f(i)}}\Sigma_s \quad \text{或以矩陣表示} \quad P = D_r^{-1/2}US \cdots\cdots\cdots\cdots\cdots (4.8.11)$$

$$Q_{js} = \frac{V_{js}}{\sqrt{f(j)}}\Sigma_s \quad \text{或以矩陣表示} \quad Q = D_c^{-1/2}VS \cdots\cdots\cdots\cdots\cdots (4.8.12)$$

其中，

P_{is}、Q_{js}：分別表示 N$_i$、N$_j$ 像在第 s 維上的座標

P、Q：分別表示 N$_i$、N$_j$ 像的座標矩陣

U、V：分別表示左、右奇異值矩陣

S：奇異值對角矩陣

U_{is}、V_{js}：分別表示左、右奇異值在第 s 維上的值

Σ_s：第 s 維上的奇異值

下列程式的 P、Q 各為 V1、V2 的投影座標：

```
P<-t(t(U/sqrt(rmass))*S)      # Ni 座標，公式(4.8.11)
Q<- t(t(V/sqrt(cmass))*S)     # Nj 座標，公式(4.8.12)
```

投影後的像不失真，有賴慣量投影前的總慣量在投影後與特徵值總和相等如下(4.8.15)，且列慣量分布需符合(4.8.13)與行慣量分布需符合(4.8.14)。

$$\sum_{i=1}^{I} f(i)(OH_i^s)^2 = \lambda_s \cdots\cdots\cdots\cdots\cdots (4.8.13)$$

$$\sum_{j=1}^{J} f(j)(OH_j^s)^2 = \lambda_s \cdots\cdots\cdots\cdots\cdots (4.8.14)$$

$$\sum_{s=1}^{S} \lambda_s = \Phi^2 \cdots\cdots\cdots\cdots\cdots (4.8.15)$$

其中，

Φ^2：投影前的總慣量（參閱前述公式 4.8.5）

$f(i)$、$f(j)$：列、行質量

OH_i^s：表示 N$_I$ 上第 i 個變數在維度 s 上的慣量（inertia）

OH_j^s：表示 N$_j$ 上第 j 個變數在維度 s 上的慣量（inertia）

I 與 J：分別表示兩變數組 V1、V2 的變數個數

λ_s：為第 s 維度上的**特徵值**（奇異值的平方）

S：表示距離矩陣 R 的**秩**（Rank）

驗證如下：

```
round(rmass%*%(P^2),8)==round(lambda,8)      #驗證公式(4.8.13)
round(cmass%*%(Q^2),8)==round(lambda,8)      #驗證公式(4.8.14)
round(sum(lambda),8)==round(sum(R^2),8)      #驗證公式(4.8.15)
```

```
> round(rmass%*%(P^2),8)==round(lambda,8)     =驗證公式(4.8.13)
    主成分1 主成分2 主成分3
[1,]   TRUE    TRUE    TRUE
> round(cmass%*%(Q^2),8)==round(lambda,8)     =驗證公式(4.8.14)
    主成分1 主成分2 主成分3
[1,]   TRUE    TRUE    TRUE
> round(sum(lambda),8)==round(sum(R^2),8)     =驗證公式(4.8.15)
[1,] TRUE
```

∩圖 4-108　V1、V2 的影像(Image)與特徵值等值的驗證

　　當需將列、行各變數同時投影在相同坐標系上，則投影在各維度的列、行各變數座標計算如上述公式(4.8.11)、(4.8.12)，其慣量與代表其各列的權重（row mass）、行的權重（column mass）的積需同時等與該維度之特徵值，故有上列程式驗證公式(4.8.13 及 4.8.14)。

　　將 V1、V2 座標透過變號因子使 V1、V2 距離原點遠者在主成分軸上為正，故下列座標透過 P、Q 同乘 mult（變號因子可參閱本章主成分實例三 SVD 分解步驟之詳細說明）。。

```
k<- 2      # 平面維度
mult<-as.vector(sign(t(rep(1,nrow(V)))%*%V)) # 變號因子
P.coord<-t(t(P)*mult)      # V1 座標
Q.coord<-t(t(Q)*mult)      # V1 座標
cod.df<-rbind(  # 整理繪圖資料
  transform(data.frame(  # 在 data frame 增加欄位 rc
    P.coord[,c(1:k)],
    row.names=rownames(X)),
    rc='r'),
  transform(data.frame(   # 在 data frame 增加欄位 rc
    Q.coord[,c(1:k)],
    row.names=colnames(X)),
    rc='c')
)
colnames(cod.df)<-c('x','y','rc')   # 繪圖資料行命名
```

　　本例欲繪出平面對應圖，將繪圖所需資料整理如上列程式，將對應分析圖繪如下，並使用 ggrepel 套件的 geom_label_repel 函式使標示文字免與重疊。

```
library(ggplot2)
library(ggrepel)
xlabel=paste0('Dim1(',    #計算 Dim1 特徵值佔比
             round(S[1]^2/sum(S^2)*100,1)
             ,'%)')
ylabel=paste0('Dim2(',    #計算 Dim2 特徵值佔比
             round(S[2]^2/sum(S^2)*100,1)
             ,'%)')
```

```
ggplot(
  data=cod.df,     # 繪圖資料來源
  mapping=aes(x=x,y=y))+   # x、y 軸在引數 data 的對應行
  labs(
    title='CA-Biplot',
    x =xlabel,
    y =ylabel)+
  theme(plot.margin = unit(c(0.5,0.5,0.5,0.5), "cm"))+
  geom_hline(yintercept=0,linetype="dashed", color = "#123456")+
  geom_vline(xintercept=0,linetype="dashed", color = "#123456")+
  geom_point(        # 畫出各點點狀圖
    data=cod.df,
    mapping=aes(x=x,y=y),
    color=ifelse(cod.df$rc=='r','blue','red'))+
  scale_x_continuous(   # y 軸為計量值之尺規標示
    limits=c(min(cod.df$x),max(cod.df$x)),
    breaks=seq(-1,1,by=0.05))+
  scale_y_continuous(   # y 軸為計量值之尺規標示
    limits=c(min(cod.df$y),max(cod.df$y)),
    breaks=seq(-1,1,by=0.05))+
  geom_segment(
    data=cod.df,
    aes(x=0, xend=x, y=0, yend=y),
    lineend = "round", # See available arrow types in example
above
    linejoin = "round",
    size = 0.5,
    arrow = arrow(length = unit(10, "points")),
    colour = ifelse(cod.df$rc=='r','blue','red'))+
  geom_label_repel( # 疊加文字於圖
    data=cod.df, # 文字資料來源
    mapping=aes(
      x=x,y=y,
      label=row.names(cod.df)),
```

知覺圖的確認

```
colour=ifelse(cod.df$rc=='r','blue','red'),
show.legend =FALSE,
hjust=-0.4, # 文字位置水平向右幾個字寬
vjust=-0.1)      # 文字位置垂直向上調整幾個字高
```

　　循著上述 R 軟體 ggplot 指令，產生供應商與不良原因對應分析圖，如圖 4-109：

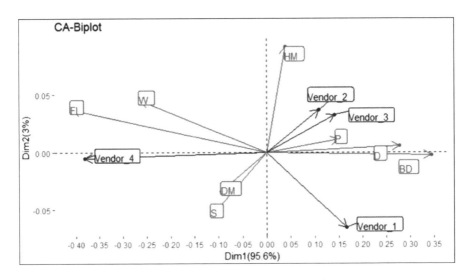

●圖 4-109　供應商與不良原因對應分析圖

　　綜合以上步驟整體影響供應商、不良原因等在平面二維（主成分 1、2）下各點位置之各項影響參數分析，公式如下：

1.　列剖面與其平均剖面之距離

$$d^2(i) = \sum_{j=1}^{J} \frac{RP_{ij}-f(j)^2}{f(j)}$$ ....(4.8.16)

2.　行剖面與平均剖面之距離

$$d^2(j) = \sum_{i=1}^{I} \frac{CP_{ij}-f(i)^2}{f(i)}$$ ....(4.8.17)

3. 列類別（供應商）投影後各點向量與新座標系的夾角餘弦平方值

$$cos\theta^2(i,s) = \frac{P_{is}^2}{d^2(i)}$$ ··(4.8.18)

4. 行類別（不良原因）投影後各點向量與新座標系的夾角餘弦平方值

$$cos\theta^2(j,s) = \frac{Q_{js}^2}{d^2(j)}$$ ··(4.8.19)

5. 列類別（供應商）對於主成份的貢獻比

$$contrib(i,s) = \frac{P_{is}^2 f(i)}{\Sigma_s^2}$$ ··(4.8.20)

6. 行類別（不良原因）對於主成份的貢獻比

$$contrib(j,s) = \frac{Q_{js}^2 f(j)}{\Sigma_s^2}$$ ··(4.8.21)

```
prop.r<-prop.table(P^2, 1) # 每列在基底上的投影的平方(據以計算品質)
prop.c<-prop.table(Q^2, 1) # 每列在基底上的投影的平方(據以計算品質)
q.r<-(prop.r[,1]+prop.r[,2])/rowSums(prop.r)   # 列品質
q.c<-(prop.c[,1]+prop.c[,2])/rowSums(prop.c)   # 行品質
rintia<- rowSums(R^2)  # 列慣量(row interia)
cintia<- colSums(R^2)  # 行慣量(column interia)
r.in<-rintia/sum(rintia) # 列慣量比(ratio of row interia)
c.in<-cintia/sum(cintia) # 行慣量比(ratio of column interia)
rp<- Z/rmass # 列剖面(row profile)
cp<- t(Z)/cmass  # 行剖面(column profile)
d2i<- colSums((t(rp)-cmass)^2/cmass)     # 列距離公式(4.8.16)
cos2.r<-P^2/d2i      # 公式(4.8.18)
d2j<- colSums((t(cp)-rmass)^2/rmass)     # 行距離公式(4.8.17)
cos2.c<-Q^2/d2j         # 公式(4.8.19)
con.r <- t(t(P^2*rmass)/S^2)   # 列慣量貢獻比(4.8.20)
con.c <- t(t(Q^2*cmass)/S^2)   # 行慣量貢獻比((4.8.21))
df.sum<- round(data.frame(
```

知覺圖的確認

```
      品質=c(q.r,q.c),
      質量=c(rmass,cmass),
      慣量=c(r.in,c.in),
      第一主成分座標=c(P[,1],Q[,1]),
      第一主成分相關係數=c(cos2.r[,1],cos2.c[,1]),
      第一主成分貢獻=c(con.r[,1],con.c[,1]),
      第二主成分座標=c(P[,2],Q[,2]),
      第二主成分相關係數=c(cos2.r[,2],cos2.c[,2]),
      第二主成分貢獻=c(con.r[,2],con.c[,2])
  ),3)
print(df.sum)   # 列印整體分析
```

循著上述 R 軟體 print(df.sum) 指令，產生供應商瑕疵品對應分析，如圖 4-110，第一欄品質用以了解平面投影不失真的程度，質量用以比較各 V1、V2 之間的發生機率，各成分座標用以表達正負方向與強度，而每與主成分的夾角關係則是相關係數，各成分貢獻可看出各 V1、V2 對構成各軸成分的佔比。

```
> print(df.sum)   # 列印整體分析
           品質    質量   慣量   第一主成分座標  第一主成分相關係數  第一主成分貢獻  第二主成分座標  第二主成分相關係數  第二主成分貢獻
Vendor_1  1.000  0.242  0.140      -0.167            0.868            0.127          0.065            0.132            0.628
Vendor_2  0.895  0.257  0.068      -0.108            0.802            0.057         -0.037            0.093            0.213
Vendor_3  0.919  0.235  0.096      -0.141            0.872            0.088         -0.033            0.047            0.154
Vendor_4  1.000  0.266  0.696       0.381            1.000            0.728          0.005            0.000            0.004
BD        0.992  0.111  0.240      -0.344            0.992            0.250          0.002            0.000            0.000
D         1.000  0.107  0.149      -0.278            0.999            0.155         -0.006            0.000            0.002
DM        0.959  0.196  0.038       0.096            0.852            0.034          0.034            0.107            0.136
FI        0.994  0.132  0.400       0.407            0.986            0.412         -0.037            0.008            0.111
HM        0.881  0.080  0.016      -0.039            0.132            0.002         -0.092            0.749            0.412
P         1.000  0.179  0.072      -0.149            0.994            0.075         -0.011            0.006            0.014
S         0.913  0.170  0.051       0.111            0.742            0.040          0.053            0.170            0.294
W         0.930  0.025  0.034       0.262            0.903            0.033         -0.045            0.027            0.031
```

⋔圖 4-110　供應商瑕疵品對應分析

R 語言套件提供對應分析進一步強化資料視覺，例如下列程式將行慣量貢獻比圖形可視化（圖 4-111）：

```
library("corrplot")
corrplot(cor(X,P.coord))      # 瑕疵品數與不良原因相關係數熱圖
```

圖 4-111 以顏色強弱來表達各成成分不良原因之主要來源，右側溫度計為顏色說明，與圖 4-110 之主成分相關係數（$cos\theta^2$）則相輔相成。

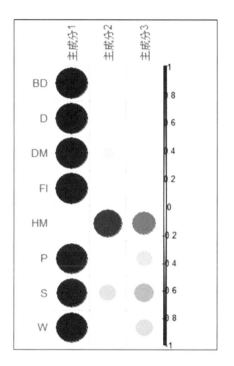

　　♫圖 4-111　瑕疵品數與不良原因相關係數熱圖

　　R 語言套件在 CA 分析方面尚有其它方法：

方法一：使用馬賽克方塊圖（Mosaic plot）

　　內建套件 graphics 裡有一函式 mosaicplot 可對**列聯表**的兩組變數繪出其對應關係。

```
mosaicplot(       # 繪馬賽克圖(不良原因與供應商對應圖)
  X,
  main='',
  color=c('red','green','blue','orange'),
  type='pearson')
```

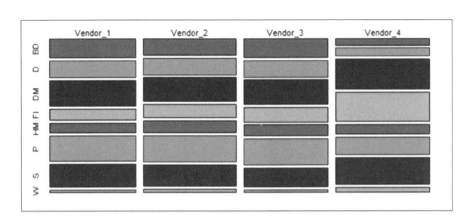

∩圖 4-112　不良原因與供應商對應圖（馬賽克方塊圖）

圖 4-112 中不良原因 DM、HM 的面積比例在供應商（vendor）之間幾乎一樣，顯示其不良原因發生與供應商之間呈現其發生的**獨立性**，反之，BD 則與 vendor 4 有著**負相關**，FI 與 vendor 4 卻有著**正相關**。

從上圖的可視化分析圖提供吾人在供應商與不良原因對應上有一概括的了解，若需進一步詳細分析則尚有如下套件與方法。

方法二：使用 ca 套件

```
library(ca)
xca<-ca(X)      # 簡易對應分析
graphics::plot(xca)   #雙座標圖(不良原因與供應商對應圖)
print(xca)      # 列印簡易對應分析物件內容
```

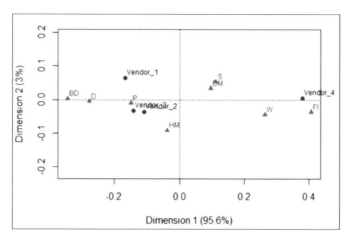

⋒圖 4-113　不良原因與供應商對應圖（雙座標圖）

```
> print(xca)    # 列印簡易對應分析物件內容

 Principal inertias (eigenvalues):
              1         2         3
Value      0.052962  0.001635  0.000827
Percentage  95.56%     2.95%     1.49%


 Rows:
           Vendor_1   Vendor_2   Vendor_3  Vendor_4
Mass       0.242288   0.256924   0.234857  0.265931
ChiDist    0.179191   0.120708   0.150686  0.380830
Inertia    0.007780   0.003744   0.005333  0.038568
Dim. 1    -0.725322  -0.469842  -0.611286  1.654621
Dim. 2     1.610177  -0.910682  -0.810661  0.128752


 Columns:
              BD         D        DM        FI        HM         P         S         W
Mass       0.111461  0.106733  0.195677  0.131727  0.079937  0.179014  0.170457  0.024994
ChiDist    0.345810  0.277789  0.103477  0.410036  0.106011  0.149329  0.128625  0.276171
Inertia    0.013329  0.008236  0.002095  0.022147  0.000898  0.003992  0.002820  0.001906
Dim. 1    -1.496264 -1.206682  0.415049  1.768778 -0.167540 -0.647043  0.481473  1.140592
Dim. 2     0.059561 -0.136760  0.835173 -0.917154 -2.269213 -0.274905  1.313311 -1.116620
```

⋒圖 4-114　ca 函式傳回物件

　　上述 ca 函式利用 Chi-square 的**獨立模型**（Independence Model）計算**列聯表**實際機率分布與卡方分布的差異據以計算其慣量（inertia），並將此慣量在投射後的 image 上保存其慣量值，詳細計算同前述步驟 1~5，驗證程式如下：

```
round(sum(xca$sv^2),8)==          # 驗證特徵值和與總慣量(列慣量和)
  round(sum(xca$rowinertia),8)
round(sum(xca$sv^2),8)==          # 驗證特徵值和與總慣量(行慣量和)
  round(sum(xca$colinertia),8)
```

ca 函式傳回的結果繪其對應分析圖，獨立性高的不良原因與原點越靠近，如圖 4-113 的 HM、DM、S 等不良原因，反之與供應商正相關性高者趨近，負相關性高者遠離，vendor 4 及 FI 高正相關，vendor 4 及 BD、D 高負相關。

方法三：使用 FactoMineR 套件進行 CA，再以 factoextra 繪圖

直接給予函式供應商與瑕疵類別之次數矩陣，經 CA 函式執行回傳結果，除了據以繪製**雙標圖**（biplot）外，亦可觀其分析細節。

```
library(FactoMineR)
ca.r<-CA(              # 對應分析
  X=X,
  graph=FALSE)         # 只傳回分析物件，不繪圖
print(ca.r)            # 列印分析物件內容
```

```
> print(ca.r)     # 列印分析物件內容
**Results of the Correspondence Analysis (CA)**
The row variable has  4  categories; the column variable has 8 categories
The chi square of independence between the two variables is equal to 246.1392 (p-value =  2.44473e-4
0 ).
*The results are available in the following objects:

   name                description
1  "$eig"              "eigenvalues"
2  "$col"              "results for the columns"
3  "$col$coord"        "coord. for the columns"
4  "$col$cos2"         "cos2 for the columns"
5  "$col$contrib"      "contributions of the columns"
6  "$row"              "results for the rows"
7  "$row$coord"        "coord. for the rows"
8  "$row$cos2"         "cos2 for the rows"
9  "$row$contrib"      "contributions of the rows"
10 "$call"             "summary called parameters"
11 "$call$marge.col"   "weights of the columns"
12 "$call$marge.row"   "weights of the rows"
```

◐圖 4-115　FactoMineR 套件 CA 函式傳回物件內容

上述程式碼依據 CA 函式執行回傳的 CA 類別物件，該物件的內容除了代表該**列聯表**慣量（inertia）的**特徵值**（eigenvalues）外，還有列、行的分解明細，包括座標位置（coordinate）、變數相關性（correlation）、慣量貢獻度（contribution）、個別慣量（inertia）與行列的權重（weight）等，讀者亦可藉由程式中該物件（ca.r）依其名稱讀出其內容以佔比計算將與前述圖 4-110 得到相同結果，例如：ca.r$eig 為其特徵值。

R 套件 factoextra 提供雙標繪圖函式 fviz_ca_biplot：

```
library(factoextra)
fviz_ca_biplot(      # 繪出雙標圖
  X=ca.r,            # CA 函式傳回之物件
  geom=c('arrow','text'),   # 向量箭頭與文字標示並呈
  repel=TRUE)        # 文字避開重疊
```

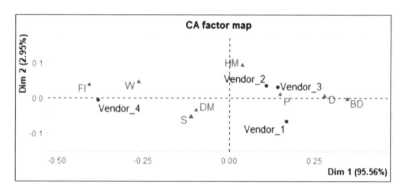

∩圖 4-116　不良原因與供應商對應圖（雙座標圖）

圖 4-116 與圖 4-113 同是雙標圖，左右、上下同時對調，其原因請參考前解析所述的變號因子 mult。

套件 factoextra 尚提供其它繪圖函式，例如下述程式的 fviz_contrib 以及 fviz_cos2 其他等，可參考 factoextra 套件之官方文件。

```
fviz_contrib(ca.r, choice = "row", axes = 1)  # 列慣量貢獻條狀圖
```

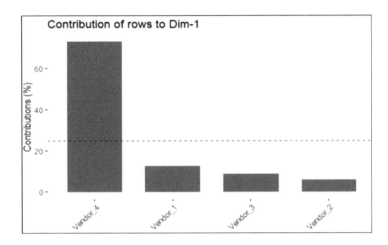

∩圖 4-117　列慣量貢獻度

　　上圖 4-117 紅色虛線即平均列慣量，亦即**獨立**模型下貢獻率之期望值（25%），vendor_4 的為高於期望值且為最大值者。

參考文獻

1. Smith, W. R. (1956). Product differentiation and market segmentation as alternative marketing strategies. Journal of marketing, 21(1), 3-8.

2. Kotler, P., & Armstrong, G. (2010). Principles of marketing. Pearson education. 或見?

3. McCarthy, E. J., & Perreault, W. D. (1994). *Essentials of marketing: a global-managerial approach*. Irwin Professional Publishing.或見中譯本

4. Emily Nelson.(2000) Procter & Gamble Tries to Hide Wrinkles in Aging Beauty Fluid.The World Street Journal.

5. Saeed, N., Nam, H., Al-Naffouri, T. Y., & Alouini, M. S. (2019). A State-of-the-Art Survey on Multidimensional Scaling-Based Localization Techniques. *IEEE Communications Surveys & Tutorials*, *21*(4), 3565-3583.

6. Eckart, C., & Young, G. (1936). The approximation of one matrix by another of lower rank. *Psychometrika*, *1*(3), 211-218.

7. Gower, J. C. (1966). Some distance properties of latent root and vector methods used in multivariate analysis. *Biometrika*, *53*(3-4), 325-338.

8. Golub, G. H., Mahoney, M. W., Drineas, P., & Lim, L. H. (2006). Bridging the gap between numerical linear algebra, theoretical computer science, and data applications. *SIAM News*, *39*(8), 1-3.或參考 https://ccjou.wordpress.com/2009/09/01/%E5%A5%87%E7%95%B0%E5%80%BC%E5%88%86%E8%A7%A3-svd/

9. 鄧家駒（2004）。多變量分析，台北：華泰文化事業股份有限公司。

10. 黃俊英（2000）。多變量分析，第七版。台北：中國經濟企業研究所。

知覺圖的確認

11. Schiffman, S. S., Schiffman, S. B., Reynolds, M. L., & Young, F. W. (1981). *Introduction to multidimensional scaling: Theory, methods and applications*. Academic Press Incorporated.

12. Borg, I., & Groenen, P. J. (2005). *Modern multidimensional scaling: Theory and applications*. Springer Science & Business Media.

13. Hair, J. F., Black, W. C., Babin, B. J., Anderson, R. E., & Tatham, R. L. (1998). Multivariate data analysis (Vol. 5, No. 3, pp. 207-219). Upper Saddle River, NJ: Prentice hall.

14. Shepard, R. N. (1962). The analysis of proximities: multidimensional scaling with an unknown distance function. I. Psychometrika, 27(2), 125-140.

15. Johnson, R. A., & Wichern, D. W. (2014). Applied multivariate statistical analysis (Vol. 6). London, UK:: Pearson.

16. Husson, F., Lê, S., & Pagès, J. (2017). *Exploratory multivariate analysis by example using R*. CRC press.

17. Graffelman, J., & Aluja-Banet, T. (2003). Optimal representation of supplementary variables in biplots from principal component analysis and correspondence analysis. *Biometrical Journal: Journal of Mathematical Methods in Biosciences*, *45*(4), 491-509.

18. Lattin, J. M., Carroll, J. D., & Green, P. E. (2003). Analyzing multivariate data (pp. 351-352). Pacific Grove, CA: Thomson Brooks/Cole.

19. DailyView 網路溫度計

20. 黃韋仁（2002）形象策略，品牌權益與顧客終身價值關係之研究—以咖啡連鎖店類型之實證。中原大學企業管理研究所學位論文，1-174

21. 蘇聖珠，林芷芸（2007）。運用多元尺度分析定位咖啡連鎖品牌知覺。行銷評論；4(2):221–242。

22. Hoffman, D. L., & Franke, G. R. (1986). Correspondence analysis: graphical representation of categorical data in marketing research. Journal of marketing research, 23(3), 213-227.

23. Green, R. T., Leonardi, J. P., Chandon, J. L., Cunningham, I. C., Verhage, B., & Strazzieri, A. (1983). Societal development and family purchasing roles: A cross-national study. Journal of Consumer Research, 9(4), 436-442.

24. Beldona, S., Morrison, A. M., & O'Leary, J. (2005). Online shopping motivations and pleasure travel products: a correspondence analysis. Tourism Management, 26(4), 561-570.

25. Aravindan, S., & Maiti, J. (2012). A framework for integrated analysis of quality defects in supply chain. Quality Management Journal, 19(1), 34-52.

26. 供應商與瑕疵原因次數，上網日期：2020 年 12 月 4 日，檢索自：https://www.youtube.com/watch?v=jr47E7MZfwY&t=2842s.

27. Bower, K. M. (2003, August). When to use Fisher's exact test. In American Society for Quality, Six Sigma Forum Magazine (Vol. 2, No. 4, pp. 35-37).

5

商品推薦

「故近朱者赤，近墨者黑；聲和則響清，形正則影直。」

晉·傅玄《太子少傅箴》

在網路應用發達的時代，消費行為從過去的線下為主到線上輔助及至今日的全通路行銷模式，服務與行銷已是不分線上、線下全方位的開展，相信很多人都有發現，隨時推薦的商品會來到網路使用者的眼前，個人化推薦商品的方式也大行其道，不論是 Amazon、博客來。都在「猜」客戶或潛在客戶的消費行為模式藉以推薦商品，甚至是在 LinkedIn 或 FB 提醒您可能認識的使用者（雖然不是傳統的商品），這裡面基於您的朋友清單、朋友的朋友、地圖上的位置、參與社群等可識別出每個人的不同。

一個好的推薦系統（Recommender System）或稱推薦引擎（Recommendation Engine）是要具備自動的機制，很有效率地依據您的數位足跡為您從網路上找到最適合您的喜好，而這些商品原本需要您自己研究商品規格、比較類似商品、詢問他人對某商品的回饋資訊才能做出的購買決策，這裡所稱的商品可以包括軟硬體及各種服務。(1) 例如，有些播放清單（playlists）是由推薦系統以風格或歌手為依據篩選製作而成，當然，可以製作自己的播放清單。迥異於過去人們聽歌方式，不是一次聽一首，就是一整張專輯（album）。換言之，要從大量的內容中，挑選出使用者感興趣的物品，並且滿足系統作出低延遲推薦的要求。

在眾多的推薦系統中，本章將協助讀者了解核心與基本的功能：包括 R 基本的功能與介紹，以及如何評估推薦模型的成效。

5-1 商品的推薦與統計意涵

使用者經常面臨有許多選項可供選擇，並且需要協助以探索或篩選各種可能性的情況。互聯網搜尋引擎通常能找到數千個可能相關的網站。商品的推薦顯然更意猶未盡，有各種不同的推薦系統被提出，針對個別使用者提出恰如其分的方法。

相關商品的推薦，會用到各種演算法，其背後的統計意涵如下：

1. 統計意涵

商品的推薦法使用到的統計技術，集前面章節使用到的統計技術之大成，而且又引入更多的統計技術，如雅卡爾相似係數、支持向量機、集成法、決策樹、混淆矩陣等，當然不止這些，就其中提到的數種統計技術，簡述如下：

1.1 相似性衡量：

1.1.1 歐氏距離（Eucliden distance）

在本書第三章的集群分析的相似性矩陣，用到歐氏距離。本章則在用在協同過濾。歐氏距離公式如下：

$$d_{x,y} = \sqrt{\sum_{i=1}^{n}(x_i - y_i)^2}$$

1.1.2 餘弦相似性（Cosine similarity）

譬如在使用者推薦，利用餘弦相似性找出品味相近的使用者，其值越接近 1，則品味越接近。

以 $\cos(\theta) = \frac{A \cdot B}{\|A\|\|B\|}$ 表示，或以 $\cos(\theta) = \frac{\sum_{i=1}^{n} X_i Y_i}{\sqrt{\sum_{i=1}^{n} X_i^2 \sum_{i=1}^{n} Y_i^2}} = \frac{X \cdot Y}{\|X\|\|Y\|}$ 表示。

1.2 皮爾森相關係數（Peason correlation coefficient）

以 $P_{X,Y} = \frac{cov(X,Y)}{\sigma_X \sigma_Y}$ 表示。

或表示為 $\rho_{XY} = \frac{Cov(X,Y)}{\sqrt{Var(X)}\sqrt{Var(Y)}}$ ·· (5.1)

相關係數在顯示兩個變數間是否具有相關性，其定義為：假設兩個隨機變數 X 和 Y 的「共變異係數」（correlation coefficient）。

其中，分子 X 與 Y 的共變異數 Cov(X,Y) = E [(X - μ_x)(Y- μ_y)]，值得注意的是兩個隨機變數的「共變異數」會隨著隨機變數「單位」改變（rescale）而改變，但不會因「平移」（shift）而改變。

分母的隨機變數 X 的變異數 = Var(X)，標準差 = $\sqrt{Var(X)}$；隨機變數 Y 的變異數 = Var(Y)，標準差 = $\sqrt{Var(Y)}$

(5.1)式可以改寫成下式：

$$= \frac{E[(X-\mu_x)(Y-\mu_y)]}{\sqrt{Var(X)}\sqrt{Var(Y)}}$$ ··· (5.2)

皮爾森相關係數又稱（線性）相關係數，描述的是一種線性關係。相關係數不會隨著使用單位不同而改變。是統計學家 Karl Pearson 在 1911 年提出來的。相關係數亦用在本章的協同過濾。基於使用者推薦用在即時新聞、突發情況。而基於物品的推薦則用於電子商務、圖書、電影。

兩個**隨機變數**有相關性（correlated），即 Cov (X,Y) ≠ **0**，並不意謂兩個變數之間有「**因果關係**」（causation）。例如，「教育水準」與「每分鐘脈搏次數」可能有相關性，教育水平愈高的人，脈搏愈慢（負相關），但不意謂讀書愈多「造成」脈搏愈慢，這中間可能存在第三個因素：「運動」，因為教育水平愈高的人可能比較注重運動，而運動導致脈搏愈慢。(2) 在此的第三個因素：「運動」即所謂**中介變數**（intervening variable）。

兩個隨機變數 X 和 Y 的相關係數以 ρ_{XY} 表示，當 X 和 Y 服從常態分配時，ρ_{XY} 的充要條件是兩個隨機變數獨立。

1.3 雅卡爾相似係數（Jaccard similarity coefficient）

是 1901 年**植物**學教授 Paul Jaccard 所開發的，用於比較樣本集的相似性與多樣性的統計量（statistic）。雅卡爾係數能夠量度有限樣本集合的相似度，其定義為兩個集合交集（intersection）大小與聯集（union）大小之間的比例：

$$J(X, Y) = \frac{|X \cap Y|}{|X \cup Y|} = \frac{|X \cap Y|}{|X| + |Y| + |X \cap Y|} \quad \cdots\cdots\cdots\cdots\cdots\cdots\cdots (5.3)$$

如果 X 與 Y 完全重合，則定義 J(X,Y) =1，依設計，$0 \leq J(X,Y) \leq 1$。

雅卡爾相似係數會用在第 2 節協同過濾（Collaborative Filtering)與推薦系統評估使用到。

1.4 降維（dimensionality reduction）

第 4 章第 3 節的「主成份分析」（PCA）即是一種降維技術，確保線性轉換（linear transformation）降維投射至低維空間時，仍能維持不變（或近似），以確保最少的資訊減損。它把原始資料變換到一個新的坐標系統中，使得任何資料投影的第一大變異數在第一個座標，即第一主成份；第二大變異數在第二個座標上，即第二主成份，依此類推。同樣的，第 4 節的「對應分析」也是一種降維技術。

主成份分析（PCA）以及對應分析（CA）的統計技術，請參閱本書第四章說明。

1.5 K-means 集群法（K-means Clustering）

K-means 屬於非階層式集群法，其基本想法有二：首先，將各物件點分割成 K 個原始集群。其次，反覆計算某一物件點到各集群重心，即平均數的距離（歐氏距離）最後求出各群組屬性均值。屬無監督學習法（Unsupervised learning），重點不在於預估結果而在於找出模式，有別於例如迴歸分析等之監督學習法（Supervised learning）。

相較於階層式集群法，若碰到大樣本的集群分析時有時而窮，透過K-mean 方法，找出羣組及各羣組屬性均值，則可突破階層式集群法此限制。K-means 集群法有佔用記憶體少、計算量少、且處理速度快等特點。

1.6 支援/支持向量機（Support vector machine，SVM)

SVM 的基本概念是，找到一超平面（superplane）與兩邊樣本的距離盡量遠，這樣的超平面存在的假設叫做線性分離（linear separability）。SVM 的基本形式 就是二元分類器（binary classifier）。

SVM 是一個常見的分類器，廣泛應用於各類資料分析任務中。在機器學習領域，它是一個**監督**學習模型，通常用來進行**模式**識別、分類以及**迴歸**分析。適合用來解決**非**線性、**小**樣本與高維度的辨識問題。有別於傳統統計學**大**樣本的理論。亦即，SVM 是一種線性分類器，卻可以拓展到解決非線性分類的問題。

原始 SVM 演算法是由 Vapnik V.N 及 Chervonenkis A.Y 於 1963 年發明的。1992 年，Boser B.E、Guyon I.M 和 Vapnik V.N 提出了一種透過核（kernel）技巧，最大化間隔（margin）超平面，來建立非線性分類器的方法。

以探討線性 SVM 的概念為例，就是在二維圖形中，找出一條線，讓這條線與兩個類別之間的間隔（margin）最大。這條線在二維平面中，就稱為「間隔超平面」（margin hyperplane）為一條線，如圖 5-1(a) 所示。如果是在三維空間中，這時「間隔超平面」（margin hyperplane）是一個平面，而不再是一條線，如圖 5-1(b) 所示。

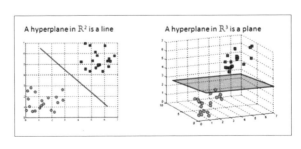

❶圖 5-1　超平面和支持向量機

給定一組帶標籤的訓練向量，其中每個向量根據其標籤屬於兩類之一，支支持向量機尋找具有分隔資料最大間隔（margin）的超平面。

在 SVM 的脈絡，對於任意一個超平面，其兩側資料點都距離它有一個最小距離（垂直距離），這兩個最小距離的和就是 margin。margin 定義為從正（負）標籤資料集的最近點到超平面的距離的兩倍，即間隔(margin) r $= \frac{2}{\|w\|}$，如下圖 5-2。(3)

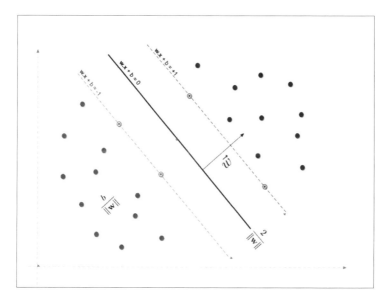

∩圖 5-2　以最大間隔(margin)分離的超平面

間隔被定義為兩個平行的超平面與分離的超平面之間等距的距離，這樣就沒有資料點落在中間。

其中兩個平行的超平面，分別為左邊的 $w.\mathbf{x} + b = +1$ 以及右邊的 $w.\mathbf{x} + b = -1$。分離的超平面為 $w.\mathbf{x} + b = 0$

假設兩個平行的超平面將樣本正確劃分左右兩邊，如下式所示：

$$\begin{cases} w.\mathbf{x} + b \geq 1, & y = +1 \\ w.\mathbf{x} + b \leq 1, & y = -1 \end{cases}$$

SVM 就是假設有一個超平面（hyperplane）$W^T x + b=0$，其中 w =($w_1, w_2, \cdots, w_d$)為向量，b 為常數，可以完美分割兩組資料，所以 SVM 就是在找參數（w和 b)讓兩組之間的間隔距離最大化。

1.7 集成法（Ensemble methods）

2001 年 Leo Breiman 基於**隨機化**（randomization）概念，提出了一個新的**集成**（ensemble）方法系列，稱為隨機森林（Random forest，RF）。

在 RF 中，每棵樹都是透過自助法（bootstrapping）訓練資料來構造，使用每一個被分割的隨機選擇的特徵子集。bootstrapping 指的是「重新取樣原有 Data 產生新的 Data，取樣的過程是均勻且可以重複取樣的」，因此訓練出的分類器（樹）之間是具有差異性的，而每個分類器的**權重**一致最後用**投票**方式（vote）得到最終結果。

Leo Breiman 所下的定義如下: RF 是由一組樹狀分類器（classifiers）組成的分類器 {h(x, k)，k = 1，…}，其中 x 是輸入向量，{k} 是獨立的、具有相同的機率分配的隨機向量。每棵樹都對輸入 x 處最受歡迎的類別進行單位投票（unit vote）。[4]

決策樹尋找資料特徵和門檻值（thresholds），如年齡、收入，將資料最好地分割成單獨的類別，而隨機森林是決策樹的**集合**（ensemble）。在下每個決策時，特徵的分割，都是在隨機森林中隨機選擇的。特徵的隨機選擇提高了預測能力，結果效率更高，從而降低了樹之間的相關性（correlation）。[5]就像一般人在做決定之前，會從多個來源（如互聯網研究、父母、朋友、導師等）獲取資訊一樣，隨機森林演算法在做預測時也會考慮多個不相關（uncorrelated）的決策樹。

1.8 決策樹（Decision trees）

決策樹在生產作業管理上被廣泛使用，例如產品規劃、程序分析。當需求不確定條件且多階段決策時，可評估不同方案的選擇與價值。然而，在機器學習上最常被使用的決策樹為鐵達尼號（Titanic）的資料集。

鐵達尼號是一艘英國郵輪，這艘在當時號稱全世界最大的郵輪在一夕間沉沒，造成 1,514 人喪生，只有 710 名生還者，成為**史上最嚴重的船難**。

1912 年 4 月 2 日，英國皇家郵輪（RMS）打造的世界上最大、最奢華的「鐵達尼號」完工，8 天後，正式啟航，由英國海軍上校愛德華·約翰·史密斯（Edward John Smith）擔任船長，目的地為美國紐約港。**郵輪上的乘客社會地位有極大的差異，宛如是當時大英帝國的縮影**，從千萬富翁、普通市民，以及愛爾蘭、亞美尼亞、義大利**等各國貧民**，一同搭上了鐵達尼號，希望能到紐約展開全新的生活。

1912 年 4 月 14 當晚，海上風平浪靜，不久後，瞭望員在前方看見了一座冰山，距離僅剩約 450 米。他搖響了三次瞭望台警鐘，趕緊打電話通知高層。鐵達尼號也在千鈞一髮之際，改變了方向避免迎頭撞上大冰山，但改變方向卻也不幸地讓船體擦撞旁邊的冰山。這時高層仍相信鐵達尼號不會有事，堅持要船長繼續前進。

接著就跟電影的劇情一樣，1912 年 4 月 15 日凌晨，船艙大量進水、鐵達尼號逐漸下沉，船長下令開放**救生艇**進行疏散：「小孩和女人優先，再來才是男人！」不過**社會階級**卻決定了乘客的生還機率，**能登上救生艇的乘客都多都是頭等艙、二等艙的乘客**；另一方面，就像電影中的男主角一樣，三等艙的乘客甚至到不了甲板、都被困在動線複雜的下層客艙區域，其中許多人已經放棄自救，只能坐在餐廳禱告、尋求上帝的庇護。(6)

鐵達尼號（Titanic）的資料集似乎在許多不同的背景下不斷出現。最重要的當然是關於**乘客描述**以及他們**是否倖存的良好資料集**。這種類型的資料集非常適合**有監督的機器學習分類模型**。多達 14 種以上不同的機器學習技術，如邏輯回歸（LR）、k-最近鄰（kNN）、支持向量機、決策樹、隨機森林（RF）、Naïve Bayes（NB）等被使用。

該資料集在 Kaggle.com 上以 CSV（逗號分隔值）格式公開提供。正如之前提到的資料集有 891 行，帶有屬性 - 乘客姓名、兄弟姐妹數、父母或孩子數，客艙、機票號碼、票價和出發地。原始資料集具有元資料（metadata）和已過濾的不完整或缺失的紀錄（entries）預處理

（preprocessing）。預處理包括分配中位數（median）可用值到缺失值並將字符串值轉換為數字。例如，將人的性別轉換為數字；將男性賦予 0，女性賦予 1。此外，資料集已分為測試集和訓練集，以預測演算法的工作效率。(7) 該資料集的名稱及其描述的內容，如下表 5-1。

表 5-1：鐵達尼號資料集的名稱及其描述的內容

Attributes	Description
Passenger ID	Identification Number of Passenger
Pclass	Passenger class(I,23)
Name	Name of the passenger
Sex	Gender of the passenger (Male, Female)
Age	Age of the passenge
SibSp	Number of sibling or spouse on the ship
Parch	Number of the children or parent on the ship
Ticket	Ticket Number
Fare	Price of the ticket
Cabin	Cabin number of the passenger
Embarked	Port of embarkation
Survived	Target Variable (value 0 for perished , 1 for survived)

準備用於 Naïve Bayes 分類器訓練的資料，刪除或替換空白值，並確定每個特徵的欄位大小。資料分析後如下所示。按性別、艙等和年齡分類的資料細分。百分比是存活的百分比。紅盒子表示大部分死亡，綠色框表示大部分存活，灰色表示 50%存活。(8)

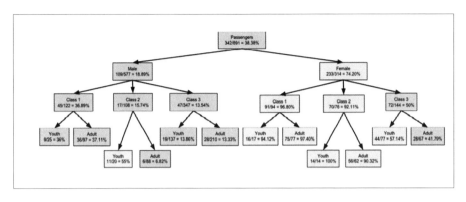

🎧圖 5-3　以決策樹分析旅客在不同特徵屬性下的存活機率

　　圖 5-3 按性別、階級和年齡分類的資料細分。百分比是存活的百分比。紅盒子表示大部分死亡，綠色框表示大部分存活，灰色表示 50%存活。

　　我們看到了圖 5-3 的資料分解，以便更好地瞭解哪些特徵可能是分類問題的良好指標。首先，我們注意到在測試資料中的所有乘客中，有 36.38% 的人存活。如果我們將這一群體按性別劃分，我們可以看到女性（74.20%）和男性（18.89%）的存活率存在顯著差異。這是一個強有力的指標，性別可能是一個很好的功能，可供使用。繼續我們的分析，我們發現，頭等艙及二等艙（一等艙可以認為是上層階級、二等艙是中產階級、三等艙是下層階級）的女性，存活率超過 90%。第三類的情況更糟，存活率為 50%。在男性中，頭等艙的存活率（36.89%）明顯高於二等艙（15.74%）和三等艙（13.54%）。有趣的是，除了二等艙的年輕人外，其他次群組的人的年齡沒有顯著差異。(8)

　　所以關於鐵達尼號上把逃生的機會留給女性和兒童的說法是可以得到資料支持的。當然更明顯的特徵應該是頭等艙更容易存活。

1.9 推薦系統

　　推薦系統在不同領域的應用上，鑒於產生推薦的方式不同，Pazzani 將推薦系統共分為協同過濾（Collaborative Filtering）、內容導向（Content-Based）、混合過濾（Hybrid Filtering）以及人口統計推薦（Demographic Recommendation)四類。(9) 這幾種方法中，依據學者的研究發現**協同過濾**法為最常被使用推薦系統。此外 還有以及其他系統，如基於知識的推薦系統。

1.9.1 基於使用者協同過濾（User-based Collaborative Filtering，UBCF）

找出與此使用者相似喜好的其他使用者購買過的商品拿來放入建議清單裡。以及基於物品協同過濾（Item-based Collaborative Filtering，IBCF）：找出與使用者買過的商品相似的商品。

1.9.2 基於內容推薦系統（Content-based）

須建立相似性商品資料與使用者輪廓資料並持續更新，利用使用者輪廓資料找出相匹配的商品。

1.9.3 混和式推薦系統

（ex. 將 Item-based 與 Content-based 使兼顧熱門商品與新商品）。

1.9.4 人口統計推薦系統基於使用者的人口統計資訊進行推薦。

它不需要使用者對產品進行評級或品項知識，因此可以克服新使用者在系統中缺乏先前購買商品的互動紀錄的冷啟動（cold start）問題。

1.9.5 基於知識的推薦系統（Knowledge-based）

著重在取得使用者明示的喜好與商品資訊的連結。

模型評估方法：系統推出上線前衡量精確性（accuracy）與執行效率（efficiency），建立評估模型、評估推薦系統結果、調整模型參數使最佳化。

1.10 混淆矩陣（Confusion-matrix）

混淆矩陣（Confusion-matrix）在二分類問題中，把 A 預測 B 和把 A 預測 B，都算預測錯誤。在大部分的分類應用中，人們感興趣的方向可能不同，我們通常把感興趣的類別稱為陽性（positive），不感興趣的類別稱為陰性（negative）（按：此處的陽性和陰性不涉及價值判斷，只是一種標記形式）。

如果兩個類別：一個為陽性，一個為陰性，那麼真實值和預測值之間的數目的列聯表可以對應一個矩陣稱為混淆矩陣（Confusion-matrix），其中的 4 個值對應著專門的術語：比如真陽性（TP）、真陰性（TN）、假陽性（FP）、假陰性（FN）。針對這四種情況，我們可以構造出一系列評價指標來判斷分類結果的好壞。

其中，醫療臨床上常用的兩個指標為靈敏性（Sensitivity）和特異性（Specificity）。靈敏性也稱為真陽性率，是指有病的偵測率，所以是越高越好。公式為真陽性/（真陽性 + 假陰性），衡量了陽性樣本被正確分類的比率。而特異性也稱為真陰性率，是沒有病的偵測率，公式為真陰性/（真陰性+假陽性），衡量了陰性樣本被正確分類的比率。靈敏性和特異性可以作為診斷工具一致性的指標，數值愈高愈好。

其應用見第 3 節[實例四]，以及第 4 節[實例六]評估推薦準確性。

5-2　使用者與商品分類

資料分析中常會把人群、地點和其他事物進行分類，分類可以帶來結構化。比如第一章提到的長條圖，第三章所談的群集分析，第四章談的品牌知覺圖所用到的主成份分析，以及本章談的推薦系統中就分使用者與商品分類。有不同的機器學習技術，如 k-最近鄰（kNN）、決策樹、支持向量機（SVM）等。其中 SVM，其基本形式就是二元分類器（binary classifier），分類後並可進行預測與推薦。

基於使用者推薦用在即時新聞、突發情況。而基於物品/商品的推薦則用於電子商務、圖書、電影。

【實例一】

鳶尾花物種分類與機器學習：使用 K-最近鄰演算法(1)建立最近鄰清單 (2)取一觀測值推論其分類

　　許多線上網站的主要問題是，一次向客戶提供多種選擇；這通常會導致在網站上找到正確的產品或資訊時，需要進行費力而耗時的任務。k 最近鄰協作系統（k-nearest neighbor collaborative filtering），即 KNN 演算法，其分類方法已經過訓練，可以在線上和即時使用，以識別客戶/訪問者點擊串流資料，將其與特定使用者群組配對，並推薦定製的流覽選項，以滿足特定使用者在特定時間的需求。

　　KNN 演算法的思路是「近朱者赤，近墨者黑」，由你的鄰居來推斷你的類別。本實例說明其原理並藉由分類應用加以說明。本實例採用鳶尾花資料集（The Iris Flower Dataset）以為分類與機器學習。

　　鳶尾花資料集（The Iris Flower Dataset）是一種流行的多變量分析資料集，在 1936 年由 R.A. Fisher 引入，作為判別分析（discriminant analysis）的一個例子。有時被稱為安德森鳶尾花資料集（Anderson's Iris dataset），因為 1935 年 Edgar Anderson 在魁北克 Gaspé半島，為了量化三個相關品種鳶尾花的形態變異 （morphologic variation）所採集的。這三個品種中的兩個全部來自同一牧場，並在同一天採摘，並由同一人使用同一器具，在同一時間進行測量。(10,11)

　　此資料集包含鳶尾花的資料，特性如下：共有三種鳶尾花的品種，分別是山鳶尾（Iris Setosa）、變色鳶尾（Iris Verscicolor）和維吉尼亞鳶尾（Iris Virginica）。共有四個特徵值：鳶尾花的「萼片長」（sepal length）、「萼片寬」（sepal width）、「花瓣長」（Petal length）、「花瓣寬」（Petal width）資料共有 150 筆。（每個品種類別各 50 筆）。

本例使用 R 內建資料集 iris，iris 為一 data.frame 物件，如下：

```
data(iris)              # 建立變數名稱
library(data.table)     # 應用 data.table 套件
print(as.data.table(iris))   # 列印前、後各 5 筆
summary(iris)           # 顯示綜合統計資料
```

```
> print(as.data.table(iris))  # 列印前、後各5筆
     Sepal.Length Sepal.Width Petal.Length Petal.Width  Species
  1:          5.1         3.5          1.4         0.2   setosa
  2:          4.9         3.0          1.4         0.2   setosa
  3:          4.7         3.2          1.3         0.2   setosa
  4:          4.6         3.1          1.5         0.2   setosa
  5:          5.0         3.6          1.4         0.2   setosa
---
146:          6.7         3.0          5.2         2.3 virginica
147:          6.3         2.5          5.0         1.9 virginica
148:          6.5         3.0          5.2         2.0 virginica
149:          6.2         3.4          5.4         2.3 virginica
150:          5.9         3.0          5.1         1.8 virginica
```

⋔圖 5-4　各鳶尾花物種外觀與分類

循著上述 R 軟體指令 summary(iris)，列印變數 iris，可得各鳶尾花物種外觀與分類的五數綜合（The five-number summary）包括最小數、第一四分位數、中位數及第三四分位數及最大數，從小寫到大，如下圖 5-5：

```
> summary(iris)  # 顯示綜合統計資料
  Sepal.Length    Sepal.Width     Petal.Length    Petal.Width          Species
 Min.   :4.300   Min.   :2.000   Min.   :1.000   Min.   :0.100   setosa    :50
 1st Qu.:5.100   1st Qu.:2.800   1st Qu.:1.600   1st Qu.:0.300   versicolor:50
 Median :5.800   Median :3.000   Median :4.350   Median :1.300   virginica :50
 Mean   :5.843   Mean   :3.057   Mean   :3.758   Mean   :1.199
 3rd Qu.:6.400   3rd Qu.:3.300   3rd Qu.:5.100   3rd Qu.:1.800
 Max.   :7.900   Max.   :4.400   Max.   :6.900   Max.   :2.500
```

⋔圖 5-5　鳶尾花各欄平均、4 分位等分布狀況

圖 5-4 前四個欄位為各種鳶尾花之萼片（sepal）及花瓣（Petal）的長與寬，第五個欄位 Species 為已知之物種分類，圖 5-5 顯示各欄變數（variable）的最大（Max.）、最小值（Min）以及集中傾向測度（Meares of Central tendency）如中位數（Median）、平均數（Mean）、第一個四分位數（1st Quartiles，以 Q_1 表示）、第三個四分位數（3rd Quartiles，以 Q_3 表示）。所謂四分位數（quartiles）是將資料分割成 4 等份，第一個四分位數是第 25 個百分位數 即有 1/4 的資料點（data point）比它小，第三個四分位數是第 75 個百分位數，即有 3/4 的資料點比它小。

由於資料點各欄變數範圍差異甚大，避免計算距離結果，受制於大的數字欄位影響，需先行將之正規化（normalization），以下採 min-max 正規化：

$$x' = \frac{x - min}{max - min}$$

其中 x 是正規化前的數值，x' 是正規化後的數值x。[12]

```
norm <-function(v) {        # 定義正規化函式
  (v -min(v))/(max(v)-min(v))
}
normd_iris <- as.data.frame(   # 將 iris 資料正規化後以 data.frame
傳回
  lapply(                # 各欄位向量依 FUN 指定函式處理後傳回 list 物件
    X=iris[,c(1,2,3,4)],   # 將 4 個欄位分別帶入正規化函式
    FUN=norm               # 指定處理函式
    )
)
summary(normd_iris)   # 顯示正規化後綜合統計資料
```

```
> summary(normd_iris)  =  顯示正規化後綜合統計資料
  Sepal.Length      Sepal.Width       Petal.Length      Petal.Width
 Min.   :0.0000   Min.   :0.0000   Min.   :0.0000   Min.   :0.00000
 1st Qu.:0.2222   1st Qu.:0.3333   1st Qu.:0.1017   1st Qu.:0.08333
 Median :0.4167   Median :0.4167   Median :0.5678   Median :0.50000
 Mean   :0.4287   Mean   :0.4406   Mean   :0.4675   Mean   :0.45806
 3rd Qu.:0.5833   3rd Qu.:0.5417   3rd Qu.:0.6949   3rd Qu.:0.70833
 Max.   :1.0000   Max.   :1.0000   Max.   :1.0000   Max.   :1.00000
```

〇圖 5-6　鳶尾花各欄正規化的分布狀況

圖 5-6 為經過正規化後分布值均介於 0~1。

　　吾人將使用上述 150 筆的已知資料將其區分訓練組與測試組二組資料，並使用 K-最近鄰演算法將一個新的觀測值找出 K 個最鄰近點以及推論測試組其物種類別，K-最近鄰演算法中距離的計算於下列示範歐氏距離（Euclidean distance）與餘弦距離（cosine distance）法做為比較，其他方法讀者亦可以自訂函式試行。

```
euclidean<- function(v1,v2){          # 定義歐氏距離計算函式
  if(length(v1) == length(v2)){
    sqrt(sum((v1-v2)^2))              # 兩點之歐氏距離
  } else{
    stop('向量長度需要一致')
  }
}
cosine2<-function(v1,v2){             # 定義 cosine 距離計算函式
  if(length(v1) == length(v2)){
    numer<- sum(v1*v2, na.rm = T)     # 向量內積
    denom<-sqrt(sum(v1^2, na.rm = T))*  # 向量長相乘
      sqrt(sum(v2^2, na.rm = T))
    return (1-numer/denom)
  } else{
    stop('向量長度需要一致')
  }
}
```

　　需注意上述 cosine 函式在均為正值向量之間的夾角下其值介於 0~1 之間，距離則恰與夾角的 cosine 值相反，因此以 1 減去。

　　假設欲取圖 5-4 之最後一筆為新進的觀測值尚未知其分類（測試組），其餘的 149 筆則為已知分類（訓練組），吾人欲從中找出與此觀測值的 K 個最近鄰資料點來推估此新進的觀測值應屬之分類，最後再以推估的結果與此測試組原類別比較評估其正確率，先定義一函式如下。

```
KNN<- function(train,test, k, FUN){      # 定義 K 近鄰清單函式
  if(ncol(train) != ncol(test)){
    stop('訓練組與測試組變數行數需要一致')
  }
  dist<-apply(          # 對 test 這一點計算與訓練組 各點之距離
    train,
    1,
    FUN,
    test)
  dist.sorted<-sort(    # 對距離排序後取前 k 列(k 個點)
    dist,
    decreasing=FALSE)[1:k]
  neighbors<-as.numeric(names(dist.sorted))  # 將列名轉成純數
  return(list(neighbors, dist.sorted))   # 傳回 k 個點指標及其距離
}
```

以最後一筆視為新觀測（測試組）值，其餘為訓練組做為上述函式 K-最近鄰機器學習的輸入資料，其中 k 亦為學習參數，不同的訓練組與 k 參數可能會有不同的結果以及影響整體的精確度，吾人在系統化的過程中可以任意調整來得到最佳的機器學習效果，例如下列程式 KNN 函式中的各參數值。

```
samidx<- 1:(nrow(iris)-1)              # 訓練組的 index
iris_train<- iris[samidx,]             # 取出訓練組原始資料
iris_test<- iris[-samidx,]             # 取出測試組(1 筆)原始資料
train.data <- normd_iris[samidx,]      # 取出訓練組正規化資料
test.data <- normd_iris[-samidx,]      # 取出測試組(1 筆)正規化資料
index<- KNN(          # 呼叫 KNN 函式，傳回最近鄰之前 k 筆指標
  train=train.data,
  test=test.data,
  k=4,
  FUN=euclidean
```

```
)[[1]]
print(iris_train[index,])          # 列印 K-近鄰原始資料
```

```
> print(iris_train[index,])       # 列印K-近鄰原始資料
    Sepal.Length Sepal.Width Petal.Length Petal.Width  Species
139          6.0         3.0          4.8         1.8  virginica
128          6.1         3.0          4.9         1.8  virginica
71           5.9         3.2          4.8         1.8  versicolor
127          6.2         2.8          4.8         1.8  virginica
```

⋂圖 5-7　KNN 函式傳回 k=4 之 K-近鄰點

　　圖 5-7 顯示經 KNN 函式將測試組（圖 5-4 之最後一筆）之 4 個近鄰點找出其中類別 3 筆為 virginica、1 筆為 versicolor，應推論為 virginica，吾人可定義下列推論函式依佔比找出最可能的類別。

```
KNN_pred<- function(knn,cls){   # 定義分類推論函式
  tbl<-table(knn[,cls])          # 將 k 個近鄰點依類別個數列表
  return (sort(tbl,decreasing=TRUE)[1])   # 將類別個數最多者傳回類
別名稱
}
KNN_pred(                        # 呼叫分類推論函式傳回推論類別名稱
  iris_train[index,],
  'Species')
print(iris[-samidx,'Species'])  # 列出測試組(1 筆)原始資料與之比較
```

```
> KNN_pred(                     = 呼叫分類推論函式傳回推論類別名稱
+   iris_train[index,],
+   'Species')
virginica
        3
> print(iris[-samidx,'Species'])   = 列出測試組(1筆)原始資料與之比較
[1] virginica
Levels: setosa versicolor virginica
```

⋂圖 5-8　測試組與推論分類結果比較

圖 5-8 顯示經推論新觀測值分類結果與圖 5-4 鳶尾花原始資料相同為 virginica。

雖然每一新的觀測值可以經由上述步驟推論逐一歸入類別，唯推論模式及其參數在大量資料的驗證下是否經得起考驗需得驗算其精確度，下列將歷史資料分割成訓練組與測試組，訓練組佔 90%共 135 筆，其餘 10%測試組共 15 筆總計如圖 5-4 共 150 筆。

```
samidx <- sample(              # 隨機取樣比例 90%為訓練組資料
  1:nrow(iris), 0.9 * nrow(iris))
iris_train<- iris[samidx,]             # 取出訓練組原始資料
iris_test<- iris[-samidx,]            # 取出測試組原始資料
train.data <- normd_iris[samidx,]   # 取出訓練組正規化資料
test.data <- normd_iris[-samidx,]   # 取出測試組正規化資料
iris_target_category<- iris[samidx,'Species'] # 訓練組的類別向量
iris_test_category <- iris[-samidx,'Species'] # 測試組的類別向量
```

利用套件 class 的 knn 函式（使用歐氏距離）給予同上的 k 值得出推論分類結果，如下：

```
library(class)
pred <- knn(                 # 套件 class 內建函式 knn
  train=train.data,          # 訓練組資料集
  test=test.data,            # 測試組資料集
  cl=iris_target_category,   # 目標 (真實) 類別
  k=4)
print(pred)                  # 列印推論分類結果
```

```
> print(pred)  # 列印推論分類結果
 [1] setosa     setosa     setosa     setosa     versicolor versicolor versicolor
 [8] versicolor versicolor virginica  virginica  virginica  virginica  virginica
[15] versicolor
Levels: setosa versicolor virginica
```

∩圖 5-9　測試組的推論分類結果

為計算其推論精確度，先將推論分類結果與測試組原資料的分類產生對照矩陣：

```
tab <- table(      # 將推論分類結果與測試組類別產生個數交叉對照矩陣
  pred,
  iris_test_category)
print(tab)         # 列印交叉對照矩陣
```

```
> print(tab)      = 列印交叉對照矩陣
            iris_test_category
pred          setosa versicolor virginica
  setosa          4          0         0
  versicolor      0          5         1
  virginica       0          0         5
```

∩圖 5-10　推論分類結果與測試組原資料對照矩陣

圖 5-10 可看出推論分類結果與測試組原資料相同者為對角線部分共 14 筆，其餘為誤判的部分共 1 筆，合計為 15 筆。

自定一精確度計算函式在上述之抽樣方式及 k 值下以計算其精度：

```
accuracy <- function(x){      # 定義精度計算函式
  sum(diag(x)/(sum(rowSums(x)))) * 100      # 對角值部分的佔比
}
print(accuracy(tab))          # 列印精確度
```

```
> print(accuracy(tab))    = 列印精確度
[1] 93.33333
```

∩圖 5-11　隨機抽樣方式及 k 值下之精度

最後，比較不同的 k 值得精確度分布圖：

```
library(ggplot2)
acu_func<- function(k){    # 定義精確度函式
  pred <- knn(              # 套件 class 內建函式 knn
    train=train.data,
    test=test.data,
    cl=iris_target_category,
    k=k)
  tab <- table(     # 將推論分類結果與測試組類別產生個數交叉對照矩陣
    pred,
    iris_test_category)
  result<-sum(diag(tab)/(sum(rowSums(tab))))*100 # 對角值部分的佔比
  return(result)
}
xydata <- data.frame(   # 建構繪圖資料物件
  x =1:30,
  y=unlist(lapply(       # 對 k=1~30 分別計算精確度後回傳向量物件
    1:30,
    acu_func)))
ggplot(                 # 依繪圖資料物件繪製點狀分布圖
  data=xydata,
  mapping=aes(x=x,y=y))+
  geom_point()+
  ggtitle('精確度分布圖')+ # 圖標題
  xlab('k 值')+ylab('精確度 %')   # 給予 xy 軸標籤
```

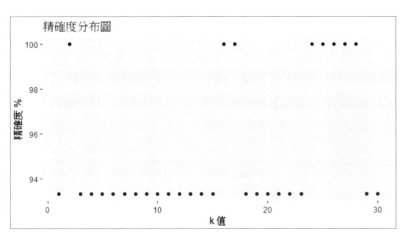

● 圖 5-12　k 值的精確度分布

　　圖 5-12 顯示不同的 k 值在訓練組資料集隨機取樣 90%（135 筆）的狀況下可能的精度分布，讀者可多試上述程式將隨著取樣的訓練組不同而有不同的分布，同時也會發現其**精度**多分布在 90%以上。

　　分類是資料探勘（data mining）的核心和基礎技術。它在商業、決策、管理、科學研究及其他等領域上有著廣泛的應用。目前主要的分類技術包括決策樹、貝氏（Bayesian）分類、kNN 分類、人工神經網絡等。在這些方法中，kNN 分類是一種簡單有效的非參數方法（無母數統計方法），已廣泛應用於文本分類、模式識別、圖像和空間分類及其他領域。

【實例二】

就某電子媒體刊登之新聞，以 TF-IDF 的文字探勘演算法依其內容分類

　　文本探勘（Text Mining）是指電腦透過從不同的書寫資源中自動提取資訊，發現新的、以前未知的資訊。一個關鍵因素是將萃取的資訊連接在一起，形成新的事實或新的假設，以便經由更傳統的實驗方法進一步探索。

　　文本探勘不同於我們所熟悉的 web 搜索。在 web 搜索中，使用者通常是在尋找一些由其他人編寫，且已知的內容。問題是為了找到攸關的資訊，你需要把所有當前非攸關的材料放在一邊。在文本探勘中，目標是**發現未知**的資訊，一些還沒有人知道的，以及還未能寫下來的資訊。

文本探勘是資料探勘的變形，它試圖從大型資料庫中找到有趣的模式。文本探勘，又稱智慧文本分析、文本資料探勘或文本中的知識發現（Knowledge-Discovery in Text，KDT），一般是指從非結構化文本中萃取有趣的、非瑣碎的資訊和知識的過程。文本探勘是一個年輕的跨學科領域，利用資訊檢索、資料探勘、機器學習、統計和計算語言學。由於大多數資訊（80%以上）是以文本形式存儲的，文本探勘被認為具有很高的商業潛在價值。知識可以從許多資訊來源中發現，然而，非結構化文本仍然是最大的現成的知識來源。(13)

由於文本探勘是針對文字進行分析，且文字多屬半結構化或非結構資料，因此要先對文字進行前處理（Pre-Processing），並透過某些統計方法與演算法，例如 TF-IDF（Term Frequency - Inverse Document Frequency，詞頻-逆向檔案頻率），對文字進行分析與運用，進而取得必要的資訊，作為決策的參考依據。

簡單的數學背景如下：

詞頻（Term Frequency，TF）的公式：

$$TF_{t,d} = \frac{\text{詞語}t\text{在文件}d\text{上的數量}}{\text{文件}d\text{上所有詞語總數}} \quad\text{...(5.2.1)}$$

逆向檔案頻率（inverse document frequency，IDF）：

$$IDF_t = ln\left(\frac{\text{文件總數}}{\text{包含詞語}t\text{的文件數}}\right)\text{.......................................(5.2.2)}$$

$$\text{TF} - \text{IDF 權重} = TF_{t,d} \cdot IDF_t\text{...(5.2.3)}$$

R軟體的應用

程式開始分析前需至 Github 資料夾下載本例 rds 及其他資料檔：tmdf.rds、stop_words.utf8、user.dict.utf8 等，如下連結：

https://github.com/hmst2020/MS/tree/master/mldata/

再將下載之資料檔案放置於 readRDS 函式讀取路徑下予以載入 R 之變數。

就作者的經驗，在不同的電腦作業系統（OS）的預設使用字元集也有所不同，本例在 MS windows 下為避免部分統一碼（unicode）無法辨識，將 R 環境的地區設定 LC_TYPE 暫時變更如下程式。

```
Sys.getlocale()        # 目前的語言環境
Sys.setlocale("LC_CTYPE", "Chinese")   # 變更語言環境
tnews<-readRDS(file = "mldata/tmdf.rds")   # 讀取 R 資料庫
library(dplyr)
glimpse(tnews)         # 一瞥 tnews
print(as_tibble(tnews))    # 以 tibble 物件格式一瞥 tnews
```

```
> glimpse(tnews)      # 一瞥tnews
Rows: 12
Columns: 2
$ title <chr> "網-1", "網-2", "網-3", "網-4", "網-5", "棒-1", "棒-2", "棒-3", "棒-4", "棒-
5", ...
$ body  <chr> "澳網地主選手基瑞歐斯(Nick Kyrgios)在正式開打前進行熱身賽，5日他被柯瑞奇(Borna
Coric)以6-3、6-4直落二打敗...
> print(as_tibble(tnews))   # 以tibble物件格式一瞥tnews
# A tibble: 12 x 2
   title body
   <chr> <chr>
 1 網-1  澳網地主選手基瑞歐斯(Nick Kyrgios)在正式開打前進行熱身賽，5日他被柯瑞奇(Borna Cori
c)以6-3、6-4直落二打敗。基瑞歐斯似乎受到左~
 2 網-2  曾和台灣女將詹詠然在2018年、2019年兩屆法國網球公開賽完成混雙2連霸的克羅埃西亞男網選
手多迪格（Ivan Dodig），今天和男雙搭檔、斯洛伐克波拉西克~
```

🔊圖 5-13　新聞內容之一瞥

圖 5-13 tnews 為一 data frame 物件共 12 筆新聞，標題部分為便於與分類結果做比較，網-代表網球、棒-代表棒球、娛-代表娛樂等新聞，本文部分則為新聞本體文字內容。

中文字不似西方文字在字詞（word）間有一空白字元得以方便分割，中文的詞（word）是多個字組成，同時在多位元（multibyte）標點符號也有所不同，因此使用 jiebaR 套件自訂斷詞器藉以將文章內容正確斷詞；斷詞器使用的白名單將文字串完整斷詞，例如人名、外來語等，黑名單則將

於斷詞處理中排除，例如中文的介詞、感嘆詞等，目的是盡可能留下關鍵字以提升分類的準確性。

　　程式中也自訂一詞料庫之分詞函式，使用於 tidytext 套件的 unnest_tokens 函式以 tnews 每列，將其 body 欄位內容依 token 指定的函式 my_token 處理，其斷詞結果依 token ID 每列一個詞（word）的 data frame 結構傳回。

```r
library(jiebaR)
cutter <- worker(                              # 斷詞器
  user='mldata/user.dict.utf8',               # 詞料白名單
  stop_word='mldata/stop_words.utf8')         # 詞料黑名單
library(tm)
tokenize_my_token<-function(x){   # 自訂詞料庫分詞函式(傳回 list 物件)
  res<-lapply(x, function(y) {            # x 每筆(row)使用斷詞器處理
    cutter.text<- cutter[y]     # 使用斷詞器自然語言處理(含黑白名單)
    cutter.text<-removeNumbers(cutter.text)  # 移除數字
    cutter.text[!grepl(   # 只保留非標點符號、圖、數字
      "[:punct:]|[:graph:]|[:xdigit:]",
      cutter.text)]
    return(cutter.text)        # 傳回詞料庫分詞後之 vector
  })
  return(res)                   # 傳回 list 物件
}
library(tidytext)
news_words<-unnest_tokens(     # 以行為詞料庫將其各詞料為一列分列
  tbl=tnews,                   # 詞料庫資料所在 data frame
  output=word,                 # 輸出各詞料的行名稱
  input=body,                  # 輸入詞料庫的行名稱
  token='my_token')   # 自訂詞料庫分詞函式(自動加上 tokenize_)
head(news_words)               # 最前 6 筆
tail(news_words)               # 最後 6 筆
```

```
> head(news_words)        # 最前6筆
      title      word
1     網-1       澳網
1.1   網-1       地主
1.2   網-1       選手
1.3   網-1     基瑞歐斯
1.4   網-1       nick
1.5   網-1     kyrgios
> tail(news_words)        # 最後6筆
         title word
12.181   娛-2    位
12.182   娛-2   巨星
12.183   娛-2   沒有
12.184   娛-2   邀請
12.185   娛-2   旅行
12.186   娛-2   意思
```

🎧圖 5-14 字詞與 token

經過處理的 data frame 仍留有空字串或其它進一步視需要的處理，然後使用 tidytext 套件的 bind_tf_idf 函式處理 TF-IDF 權值計算結果如圖 5-15，需注意下列程式中 count 函式將自動產生一合計欄位 n，表示該文件的各詞語出現次數，summarize 函式則依 group_by 函式指定的 group 欄位（即 title）加總一 total 欄位，表示該文件之總詞語數，最後交給函式 bind_tf_idf 產生如圖 5-15 每詞語在每文件中的如公式(5.2.3) tf-idf 權值結果。

```
news_words<-news_words[-which(news_words$word==''),]   # 視需要
news_words<-news_words[-which(news_words$word=='-'),]   # 視需要
news_words<-news_words[-which(news_words$word=='.'),]   # 視需要
news_words<-count(     # 依 group 欄位加總次數，並增一次數欄位 n
  x=news_words,        # data frame 對象
  title,               # group by 欄位 1
  word,                # group by 欄位 2
  sort = TRUE)         # 是否排序(降冪)
grouped_news_words<-dplyr::group_by(      # 轉成 grouped_df 物件
  .data=news_words,    # data frame 物件
  title)               # group 的欄位依據
total_words<-dplyr::summarize(   # 依指定的 group 加總
  .data=grouped_news_words,   # grouped_df 物件
  total = sum(n))      # 增加一加總欄位 total
```

```
news_words <- left_join(  # 以 left join 將兩個 data frame 合併
  news_words,         # 左邊 data frame
  total_words,        # 右邊 data frame
  by='title')         # 兩個 data frame 據以連結的共同欄位
news_tf_idf <- bind_tf_idf( # 產生計算 tf-idf 結果集(data frame)
    tbl=news_words,   # 資料依據
    term=word,        # term 的欄位
    document=title,   # document 的欄位
    n=n)              # 次數欄位
print(data.table::as.data.table(news_tf_idf))    # 列印前後 5 筆
```

```
> print(data.table::as.data.table(news_tf_idf))    # 列印
          title     word  n total          tf      idf      tf_idf
    1:     網-1 基瑞歐斯 10   175 0.057142857 2.484907 0.141994666
    2:     棒-2     投手  9   209 0.043062201 1.098512 0.047308663
    3:     娛-2       陳  8   186 0.043010753 2.484907 0.106877705
    4:     棒-1     奧運  7   231 0.030303030 1.386294 0.042008920
    5:     網-1     發球  7   175 0.040000000 1.791759 0.071670379
   ---
 1666:     網-5     美網  1   197 0.005076142 2.484907 0.012613739
 1667:     網-5     目前  1   197 0.005076142 1.791759 0.009095226
 1668:     網-5     臨時  1   197 0.005076142 2.484907 0.012613739
 1669:     網-5     舉行  1   197 0.005076142 2.484907 0.012613739
 1670:     網-5       跑  1   197 0.005076142 2.484907 0.012613739
```

↑圖 5-15　各文件其各詞的 TF-IDF 權值

圖 5-15 經過 bind_tf_idf 函式將每一文件（document 參數）及詞語
（term 參數）經上述公式(5.2.1)～(5.2.3)計算得出結果，吾人亦可如下程
式予以驗算：

```
### 印證 TF-IDF 權值計算####
tf<-news_words$n/news_words$total
idf<-log(length(unique(news_words$title)))/
         table(news_words$word))
idf<-idf[news_words$word]
tf_idf<-tf*idf
print(tf_idf[1:10])
```

5-28

```
> print(tf_idf[1:10])

     基瑞歐斯        投手          陳        奧運        發球       馬歇爾        奧運    世界排名
0.14199467  0.04730866  0.10687771  0.04200892  0.07167038  0.07133703  0.07109202  0.07465664
     謝淑薇        小威
0.10353778  0.05939534
```

⋒圖 5-16　n 值前 10 筆 TF-IDF 權值

　　繼續將 news_tf_idf 的長格式重塑成 TF-IDF 權值矩陣為後續的距離計算做準備。

```
news_wide<- reshape2::dcast(     # 依 formula 關係建立矩陣
  data=news_tf_idf ,      # data frame 資料源
  formula=title ~ word,  # 矩陣列與行對應資料源之欄位
  value.var = 'tf_idf',  # 矩陣對應的數字欄位
  na.rm=TRUE             # 先去除 value.var 指定的欄位值為 NA 的紀錄再處
理
)
print(news_wide[1:5,1:5]) # 列印前 5 筆 5 行
```

```
> print(news_wide[1:5,1:5]) # 列印前5筆5行
  title        開車        輸給        球隊        賽揚
1  娛-1          NA          NA          NA          NA
2  娛-2          NA          NA          NA          NA
3  棒-1          NA          NA          NA          NA
4  棒-2  0.01188951  0.006632987  0.01188951  0.03566852
5  棒-3          NA  0.011848670          NA          NA
```

⋒圖 5-17　TF-IDF 權值矩陣

　　圖 5-17 其中 NA 表示該詞語（行）未出現在該文件（列）中，權值最低可以 0 值表示，並計算距離（歐氏）矩陣如下程式及結果圖 5-18，歐氏距離矩陣的相關應用主要用來分群，可參閱本書第 3 章關於集群法的說明。

```
news_wide[is.na(news_wide)]<-0    # 將 NA 以 0 取代
rownames(news_wide)<-news_wide[,1]    # 以第 1 行為列名
news_wide<- news_wide[,-1]    # 去除第 1 行
news_dist<- proxy::dist(    # 產生距離矩陣
  news_wide,
  method = "euclidean")
print(as.matrix(news_dist))    # 列印距離矩陣
```

```
> print(as.matrix(news_dist))  # 列印距離矩陣
         報-1      報-2      棒-1      棒-2      棒-3      棒-4      棒-5      網-1      網-2      網-3      網-4      網-5
報-1 0.0000000 0.2943786 0.2437773 0.2658340 0.2724115 0.2994866 0.2487906 0.2977658 0.2962393 0.2938024 0.2726915 0.2534965
報-2 0.2943786 0.0000000 0.2819252 0.2996281 0.3067864 0.3308663 0.2846251 0.3300639 0.3267207 0.3235775 0.3072126 0.2909596
棒-1 0.2437773 0.2819252 0.0000000 0.2440111 0.1917212 0.2799411 0.2098888 0.2819627 0.2797584 0.2738933 0.2527588 0.2368325
棒-2 0.2658340 0.2996281 0.2440111 0.0000000 0.2701696 0.2900630 0.2427535 0.2990797 0.2969726 0.2912954 0.2757887 0.2583917
棒-3 0.2724115 0.3067864 0.1917212 0.2701696 0.0000000 0.3061408 0.2359007 0.3065004 0.3041471 0.2973497 0.2816737 0.2659935
棒-4 0.2994866 0.3308663 0.2799411 0.2900630 0.3061408 0.0000000 0.2806412 0.3299517 0.3280051 0.3238461 0.3030189 0.2936570
棒-5 0.2487906 0.2846251 0.2098888 0.2427535 0.2359007 0.2806412 0.0000000 0.2844380 0.2823421 0.2785713 0.2582928 0.2403396
網-1 0.2977658 0.3300639 0.2819627 0.2990797 0.3065004 0.3299517 0.2844380 0.0000000 0.3266883 0.3203730 0.3011257 0.2914559
網-2 0.2962393 0.3267207 0.2797584 0.2969726 0.3041471 0.3280051 0.2823421 0.3266883 0.0000000 0.3146433 0.2993626 0.2888380
網-3 0.2938024 0.3235775 0.2738933 0.2912954 0.2973497 0.3238461 0.2785713 0.3203730 0.3146433 0.0000000 0.2918786 0.2835315
網-4 0.2726915 0.3072126 0.2527588 0.2757887 0.2816737 0.3030189 0.2582928 0.3011257 0.2993626 0.2918786 0.0000000 0.2513841
網-5 0.2534965 0.2909596 0.2368325 0.2583917 0.2659935 0.2936570 0.2403396 0.2914559 0.2888380 0.2835315 0.2513841 0.0000000
```

◖圖 5-18　各新聞（文件）之距離矩陣

　　將新聞（文件）分群之前需先決定群數，同本書第 3 章的肘部法折線圖如下圖 5-19。

```
library(factoextra)
optimal.clust<-fviz_nbclust(    # 決定最佳群組數
  x=news_wide,
  method='silhouette',
  FUNcluster=kmeans,
  k.max=nrow(news_wide)-1
)
print(optimal.clust)    # 列印群組數曲線
```

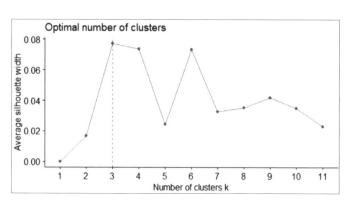

◐圖 5-19　肘部法折線圖

　　以圖 5-19 之建議將文件分為 3 類如下程式與結果圖 5-20。

```
news_hcls<-hclust(   # 使用階層集群法
  news_dist,method = "ward.D2")
n_clus<-cutree(news_hcls,k=3)   # 列印階層集群法分類結果
print(n_clus)   # 列印階層集群法分類結果
```

```
> print(n_clus)  # 列印階層集群法分類結果
娛-1 娛-2 棒-1 棒-2 棒-3 棒-4 棒-5 網-1 網-2 網-3 網-4 網-5
  1    2    1    1    1    1    1    3    1    1    1    1
```

◐圖 5-20　文件分類結果

　　圖 5-20 文件分類結果來看，集群法分類以分 3 類，最為適合。

5-3 協同過濾（Collaborative Filtering）與推薦系統評估

　　在日常生活中，人們依賴於來自其他人透過口語、參閱信、新聞媒體的新聞報導、一般調查、旅遊指南等等的推薦。推薦系統有助於並增強這種幫助人們篩選可用書籍、文章、網頁、電影、音樂、餐館、笑話、雜貨產品等自然的社會過程，以找到最有趣和最對他們有價值的資訊。協同過

濾（Collaborative Filtering，CF）基本假設是：如果使用者 X 和 Y 對 n 個項目評分相似，或者有類似的行為（例如購買、觀看、聆聽），以及因此將類似地對其他項目進行評分或行動。(14)

CF 技術使用用戶對項目的偏好資料庫來預測新用戶可能喜歡的其他主題或產品。在一個典型的 CF 場景中，有一個包含 m 個使用者的列表{u_1, u_2, ... , u_m} 和一個包含 n 個項目 {i_1, i_2, ... , i_n} 的列表，每個用戶 u_i 都有一個用戶已評分或透過他們的行為推斷出他們的偏好的項目列表l_{ui}。評級可以是 1-5 級的外顯式（explicit）指示等，也可以是內隱式（implicit）指示，例如購買或點擊。例如，我們可以將人們對電影列表（表 5-2）的好惡轉換為用戶 -項目評分矩陣（表 5-3），其中 Tony 是我們想要的活躍使用者提出建議。矩陣中存在缺失值，其中使用者沒有給出他們對某些項目的偏好。

表 5-2　一個使用者 - 項目（user-item）矩陣的例子(14)

Alice：(like) Shrek(史瑞克)、Snow White(白雪公主)，(dislike)Superman(超人)

Bob：(like) Snow white、Superman，(dislike) Spiderman

Chris: (like) Spiderman，(dislike) Snow white

Tony: (like) Shrek，(dislike) Spiderman(蜘蛛人)

表 5-3　用戶 - 項目評分矩陣

	Shrek	Snow white	Spiderman	Superman
Alice	Like	Like		Dislike
Bob		Like	Dislike	Like
Chris		Dislike	LIke	
Tony	Like		Dislike	?

協同過濾（Collaborative filtering，簡稱 CF）任務面臨許多挑戰。CF 演算法需要具有處理越來越多的用戶和項目之間，高度稀疏（sparse）數據的能力，使在短時間內提出滿意建議，並處理其他問題，如同義詞（相同或相似的物品有不同的名稱）、shilling 攻擊（ 按：即插入惡意使用者

側寫（profiles）到系統中，以推動或破壞目標項目的聲譽。）、數據雜訊和隱私保護問題。

早期的協同過濾系統，如 GroupLens，利用使用者評分資料計算使用者或物品之間的相似度或權重，並根據計算出的相似度值做出預測或推薦。所謂的基於內存（memory-based）的 CF 方法，特別部署到商業系統中，例如 Amazon 和邦諾書店（Barnes & Noble），因為它們易於實施且高度有效。為每一使用者客製的 CF 系統減少了使用者的搜索工作。它還承諾更高的客戶忠誠度、更高的銷售額、更多的廣告收入以及有針對性的促銷活動。

然而，基於內存的 CF 技術有幾個限制，例如相似性值基於共同項目，因此當數據稀少，且共同項目很少時，會不可靠的。

項目協同過濾推薦法（IBCF）基本假設與步驟

基於項目的協同過濾演算法（Item-based Collaborative Filtering Algorithm，IBCF）係內存（memory-based）的 CF 方法，以使用者為基礎的協同過濾 （User-based Collaborative Filtering，UBCF）演算法的補強，UBCF 不論在理論上或者實際應用上都非都相當成功，但是隨著使用者數量的增多，計算使用者相似度的運算時間就會變長，不利於線上推薦系統的應用。

IBCF 此演算法基本假設為「能夠引起使用者興趣的項目，必定與其之前評分高的項目相似」，以計算項目之間的相似性來代替計算使用者之間的相似性，其步驟為：

1. 收集使用者資訊：與以使用者基礎（User-based）的協同過濾作法相同。

2. 針對項目的最近鄰搜尋：計算已評價項目和待預測項目的相似度，並以相似度作為權重，加權各已評價項目的分數，得到待預測項目的預測值。例如，要對項目 A 和項目 B 進行相似性計算，要先找出同時對

A 和 B 打過分的組合，對這些組合進行相似度計算，常用的演算法與以使用者為基礎的協同過濾相同。

3. 產生推薦結果：即找出相似項目 Top- N 作推薦。

基於上述討論，本節[實例三]將以項目協同過濾（IBCF）法說明。ML（機器學習，machine learning）的基本目標是超越用於訓練模型的數據實例使泛用化，我們藉由估算用在那些不在訓練資料集裡的資料，其模式泛化（pattern generalization）的品質做為評估模型之依據[15]。

當模型低度擬合（underfitting）時是指在訓練數據上效果不佳，您的模型將不足以擬合訓練數據，原因是模型本身無法捕獲輸入（通常稱為 X）與和目標值（通常稱為 Y）之間的關係；而當模型過度擬合（overfitting）時則擬合訓練數據非常好，但對於推估在訓練數據以外的未來數據則不佳，表示模型過於記得訓練數據，但泛化至未知的數據能力不足[15]。

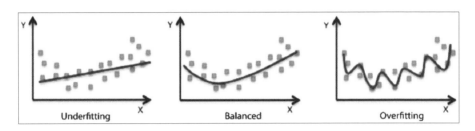

∩圖 5-21　適度擬合、低度擬合、過度擬合

圖 5-21 中適度擬合，才是吾人希望的推薦模型，這一節的實例將介紹常用的推薦模型：基於項目協同過濾推薦演算法（ Item-based Collaborative Filtering Recommendation Algorithms）， 以下簡稱 IBCF。

【實例三】

應用基於項目協同過濾（IBCF）法，以開放資料網站 grouplens 的影片評比資料 MovieLens 為使用者推薦 6 部熱門影片

本實例資料集係 movieLens 官網收集超過 10 萬筆影片觀賞評比資料，觀賞者對於影片給予介於自 1 至最高 5 分評分，經下列步驟說明如何建構 IBCF 推薦模型。

評估推薦模型的方式通常採用三項誤差：

1. RMSE（Root mean square error，均方根誤差）：**推估與實際**評比之**標準差**。

2. MSE（Mean square error，平均誤差）：RMSE 的平方

3. MAE（Mean absolute error，平均絕對誤差）：推估與實際評比之**絕對誤差值之平均**

R軟體的應用

程式開始分析前需至 Github 資料夾下載本例 csv 資料檔：ratings.csv、movies.csv，如下連結：

https://github.com/hmst2020/MS/tree/master/mldata/

或至 grouplens 官網下載最新的開放資料：

https://grouplens.org/datasets/movielens/

再將下載之資料檔案放置於 read.csv 函式讀取路徑下予以載入 R 之變數。

```
ratings=read.csv(   # 讀入使用者評比資料建構 data.frame 物件
  "mldata/ratings.csv")
movies=read.csv(   # 讀入影片主檔資料建構 data.frame 物件
  "mldata/movies.csv")
```

```
library(data.table)
print(as.data.table(ratings)) # 前、後 5 筆 userId 對於 movieId 的評比紀錄
print(as.data.table(movies))  # 前、後 5 筆 movies 主檔資料
```

```
> print(as.data.table(ratings)) #前、後5筆userId對於movieId的評比紀錄
        userId movieId rating  timestamp
   1:        1       1      4  964982703
   2:        1       3      4  964981247
   3:        1       6      4  964982224
   4:        1      47      5  964983815
   5:        1      50      5  964982931
  ---
100832:      610  166534      4 1493848402
100833:      610  168248      5 1493850091
100834:      610  168250      5 1494273047
100835:      610  168252      5 1493846352
100836:      610  170875      3 1493846415
```

∩圖 5-22　使用者對影片留下的評比

```
> print(as.data.table(movies))  #前、後5筆movies主檔資料
      movieId                                          title                                  genres
   1:       1                              Toy Story (1995) Adventure|Animation|Children|Comedy|Fantasy
   2:       2                                Jumanji (1995)                  Adventure|Children|Fantasy
   3:       3                       Grumpier Old Men (1995)                              Comedy|Romance
   4:       4                      Waiting to Exhale (1995)                        Comedy|Drama|Romance
   5:       5            Father of the Bride Part II (1995)                                      Comedy
  ---
9738:   193581 Black Butler: Book of the Atlantic (2017)        Action|Animation|Comedy|Fantasy
9739:   193583                    No Game No Life: Zero (2017)        Animation|Comedy|Fantasy
9740:   193585                                   Flint (2017)                              Drama
9741:   193587            Bungo Stray Dogs: Dead Apple (2018)                   Action|Animation
9742:   193609          Andrew Dice Clay: Dice Rules (1991)                             Comedy
```

∩圖 5-23　影片主檔資料

1.　資料淨化（Data Cleansing）：可參閱[實例四]淨化說明

圖 5-22 每筆評比紀錄（列）只有影片 ID（movieId）沒有名稱，圖 5-23
則為影片主檔（master file）具有影片 ID 與影片名稱，本例將使用 R
套件 recommenderlab 進行推薦模型之建構，下列步驟首先建構一評
比陣列物件（realRatingMatrix）：

A.　將資料列與欄位標註名稱（標籤化）：評比紀錄與影片主檔兩個
　　資料透過內連接（inner join）函式 merge 將資料融合為
　　data.frame 物件 dt，dt 為一長格式資料（圖 5-24）。

```
library(stringi)
library(reshape2)
dt<-merge(       # 以 movieId 為 key 以 inner join(預設)合併
  ratings,
  movies,
  by="movieId")
print(as.data.table(dt))   # 前、後 5 筆長格式資料
```

> print(as.data.table(dt)) #前、後5筆長格式資料
	movieId	userId	rating	timestamp	title	genres
1:	1	1	4.0	964982703	Toy Story (1995)	Adventure|Animation|Children|Comedy|Fantasy
2:	1	555	4.0	978746159	Toy Story (1995)	Adventure|Animation|Children|Comedy|Fantasy
3:	1	232	3.5	1076955621	Toy Story (1995)	Adventure|Animation|Children|Comedy|Fantasy
4:	1	590	4.0	1258420408	Toy Story (1995)	Adventure|Animation|Children|Comedy|Fantasy
5:	1	601	4.0	1521467801	Toy Story (1995)	Adventure|Animation|Children|Comedy|Fantasy
---						
100832:	193581	184	4.0	1537109082	Black Butler: Book of the Atlantic (2017)	Action|Animation|Comedy|Fantasy
100833:	193583	184	3.5	1537109545	No Game No Life: Zero (2017)	Animation|Comedy|Fantasy
100834:	193585	184	3.5	1537109805	Flint (2017)	Drama
100835:	193587	184	3.5	1537110021	Bungo Stray Dogs: Dead Apple (2018)	Action|Animation
100836:	193609	331	4.0	1537157606	Andrew Dice Clay: Dice Rules (1991)	Comedy

∩圖 5-24　ratings 與 movies 合併的長格式資料

B.　再將長格式資料轉成寬格式（矩陣）：指定長格式之相關欄位使
　　用 reshape2 套件的 dcast 函式建構其各為列與行的對照矩陣
　　rtmatrix（圖 5-25）。

```
rtmatrix = reshape2::dcast(          # 依 formula 關係建立矩陣
  data=dt,        # data frame 資料源
  formula=userId ~ movieId+title,  # 矩陣列與行對應資料源之欄位
  value.var = 'rating', # 矩陣對應的數字欄位
  na.rm=TRUE,    # 先去除 value.var 指定的欄位值為 NA 的紀錄再處理
  drop=TRUE)     # 是否丟棄完全無評比資料之使用者與影片
rownames(rtmatrix)<-rtmatrix[,1]   # 列依 userId 命名
rtmatrix<-rtmatrix[,-1]    # dcast 結果第一個欄位為多餘，將之去除
print(rtmatrix[                # 列印稀疏評比資料
  1:10,    # 前 10 筆 userId
  1:4])    # 前 4 個 movieId
```

```
> print(rtmatrix[        # 列印稀疏評比資料
+    1:10,    # 前10筆userId
+    1:4])    # 前4個movieId
   1_Toy Story (1995) 2_Jumanji (1995) 3_Grumpier Old Men (1995) 4_Waiting to Exhale (1995)
1               4.0               NA                         4                         NA
2                NA               NA                        NA                         NA
3                NA               NA                        NA                         NA
4                NA               NA                        NA                         NA
5               4.0               NA                        NA                         NA
6                NA                4                         5                          3
7               4.5               NA                        NA                         NA
8                NA                4                        NA                         NA
9                NA               NA                        NA                         NA
10               NA               NA                        NA                         NA
```

⋒圖 5-25　使用者與其影片評比資料（寬格式）

C. 使用如下 as 函式定義 realRatingMatrix 物件的使用者評比資料，
由於每位使用給予評比的影片僅佔總數之少量（圖 5-22），構成
的傳統矩陣（圖 5-25）其中 NA 使得內容稀疏影響處理效能，經
過壓縮的 realRatingMatrix 去除其中的所有 NA 後，物件的記憶體
占用空間減少（圖 5-26）將使得處理效率提升；該物件所提供的
物件屬性（Slots）及方法（Methods）可參考線上求助說明，以
下程式也將多所運用。

```
library(recommenderlab)        # 載入 recommenderlab 套件
MovieLense = as(               # 將矩陣轉成 realRatingMatrix 物件
  as.matrix(rtmatrix),
  "realRatingMatrix")
print(object.size(   # 稀疏矩陣記憶體占用
  as.matrix(rtmatrix)),
  units='auto')
print(object.size(   # 緊緻矩陣 realRatingMatrix 記憶體占用
  MovieLense),
  units='auto')
```

```
> print(object.size(    # 稀疏矩陣記憶體占用
+   as.matrix(rtmatrix)),
+   units='auto')
46.2 Mb
> print(object.size(    # 緊緻矩陣realRatingMatrix記憶體占用
+   MovieLense),
+   units='auto')
2.1 Mb
```

⋒圖 5-26　比較兩種矩陣記憶體占用空間

圖 5-26 中 MovieLense 為一 realRatingMatrix 類別之物件(?realRatingMatrix 指令求助其相關說明)，除了繼承自 ratingMatrix 類別各方法(method) 外，另有其自身擴充的方法與屬性，可透過@符號存取物件之屬性例 如 MovieLense@data 也可使用其繼承自 ratingMatrix 的 method 例如 getRatingMatrix(MovieLense)可取出其評比矩陣，該矩陣物件則屬 dgCMatrix 類別，依此類推。

2. 將稀疏的評比資料壓縮並去除不熱門或參與過少的觀賞者評比。

考慮某些影片只有少數使用者的評比，同時也有某些使用者只給予少 數的影片評比，這樣的資料容易造成推薦影片時的偏差，吾人可依下 列程式所列門檻將上述這些不必要的 (或冷門的資料) 評比資料去除 後做為可能推薦的影片清單。

```
ratings_movies<-MovieLense[ # 篩選符合條件的資料
  rowCounts(MovieLense)>50, # 擁有超過 50 個影片評分的使用者
  colCounts(MovieLense)>100 # 擁有超過 100 位使用者評分的影片
]
print(ratings_movies)        # 列印篩選後 realRatingMatrix 筆數
```

```
> print(ratings_movies)        # 列印篩選後realRatingMatrix筆數
378 x 134 rating matrix of class 'realRatingMatrix' with 16975 ratings.
```

⋒圖 5-27　篩選後 realRatingMatrix 筆數

進一步分析使用者給予評比的平均數分布：

```
avg_ratings_per_user<-           # 每一使用者之平均評比
  rowMeans(ratings_movies)
library(ggplot2)
qplot(avg_ratings_per_user,       # 繪出使用者平均評分分布
      geom="histogram",
      bins=50,
      main='使用者平均評分分布')
```

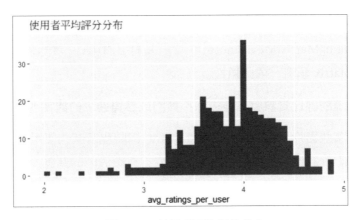

● 圖 5-28　使用者平均評分分布

圖 5-28 呈現其偏態（負或左）分布，推薦的結果將受其偏態評分的左右，將每一使用者的評比資料標準化有其必要，如下程式使用 normalize 函式將 realRatingMatrix 物件 ratings_movies 標準化，並比較標準化前與標準化後資料分布熱圖（圖 5-29、圖 5-30）。

```
ratings_movies_norm<-
  normalize(ratings_movies)  # 將每 user 對影片的評比標準化
ratings_movies_norm[         # 標準化之後均值近似於 0
  rowMeans(ratings_movies_norm)>0.000001,]
min_movies<-quantile(        # 最後 5% 使用者的的至少評比影片數
  rowCounts(ratings_movies),
```

```
      0.95)
min_users<-quantile(      # 最後 5% 影片的的至少給予評比的使用者數
      colCounts(ratings_movies),
      0.95)
image(ratings_movies[      # 繪出標準化前這 5%使用者與 5%影片評比熱圖
      rowCounts(ratings_movies)>min_movies,
      colCounts(ratings_movies)>min_users],
      main='頂部 5%評比分布熱圖')
image(ratings_movies_norm[ # 繪出標準化後這 5%使用者與 5%影片評比熱圖
      rowCounts(ratings_movies_norm)>min_movies,
      colCounts(ratings_movies_norm)>min_users],
      main='頂部 5%標準化評比分布熱圖')
```

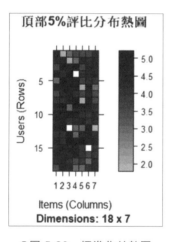

⋂圖 5-29　標準化前熱圖

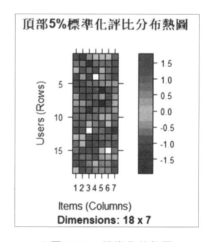

⋂圖 5-30　標準化後熱圖

圖 5-29 某些使用者（列）少數整列呈現均一色黑者其實際評比數普
遍偏向（高），圖 5-30 標準化後即消除整列均一色之偏向現象。

3.　將評比資料依一定的比例區分訓練組資料集與測試組資料集

現在開始可以運用套件 recommenderlab 提供的機器學習（Machine
Learning）相關功能進行推薦模型（Recommendation Model）的建立，
首先將上述未標準的評比資料 ratings_movies 分為訓練組與測試組，

訓練組賴以建立推薦模型，測試組則依據建立之推薦模型來推論測試組的使用者喜好並予以推薦其他影片。

```
which_train<- sample(# 以 ratings_movies 總數依 80/20 比例區分 TRUE/FALSE
  x=c(TRUE,FALSE),    # 母體
  size=nrow(ratings_movies),    # 樣本數
  replace=TRUE,       # 取後放回
  prob=c(0.8,0.2))   # 樣本分配佔比
recc_data_train<-ratings_movies[which_train,] # 訓練組評比資料
recc_data_test<-ratings_movies[!which_train,] # 測試組評比資料
```

首先，列出目前所有 recommenderlab 提供的推薦模型（圖 5-31），本例示範以**商品協同過濾**（Item-bases collaborative filtering,IBCF）法對於實際評比進行建構推薦模型。

```
recommenderRegistry$get_entry_names() # 列出所有可用的模型類別名稱
recomm_models<-              # 取出 IBCF_realRatingMatrix 模型物件
  recommenderRegistry$get_entry(
    'IBCF',
    dataType='realRatingMatrix')
print(recomm_models)   # 列印推薦模型內容
```

```
> recommenderRegistry$get_entry_names() # 列出所有可用的模型類別名稱
 [1] "HYBRID_realRatingMatrix"          "HYBRID_binaryRatingMatrix"
 [3] "ALS_realRatingMatrix"             "ALS_implicit_realRatingMatrix"
 [5] "ALS_implicit_binaryRatingMatrix"  "AR_binaryRatingMatrix"
 [7] "IBCF_binaryRatingMatrix"          "IBCF_realRatingMatrix"
 [9] "LIBMF_realRatingMatrix"           "POPULAR_binaryRatingMatrix"
[11] "POPULAR_realRatingMatrix"         "RANDOM_realRatingMatrix"
[13] "RANDOM_binaryRatingMatrix"        "RERECOMMEND_realRatingMatrix"
[15] "RERECOMMEND_binaryRatingMatrix"   "SVD_realRatingMatrix"
[17] "SVDF_realRatingMatrix"            "UBCF_binaryRatingMatrix"
[19] "UBCF_realRatingMatrix"
```

∩圖 5-31　可用模型類別名稱

```
> print(recomm_models)    # 列印推薦模型內容
Recommender method: IBCF for realRatingMatrix
Description: Recommender based on item-based collaborative filtering.
Reference: NA
Parameters:
   k   method normalize normalize_sim_matrix alpha na_as_zero
1 30 "Cosine"  "center"                 FALSE   0.5      FALSE
```

⋒圖 5-32　IBCF_ realRatingMatrix 模型說明及預設參數

圖 5-32 模型包括幾個可調之參數，其中

- normalize：預設為 center

  ➢ center — 將每一使用者（觀賞者）的評分資料移動使該使用者平均數為原點。

  ➢ Z-score — 將每一使用者（觀賞者）的評分資料除以該使用者之評分標準差。

- normalize_sim_matrix：預設為 FALSE

  ■ TRUE — 將商品（影片）的**相似性矩陣**的每列值除以每列總和。

4. **建構推薦模型**

以訓練組資料集使用者給予商品（影片）的評比，對每商品量測與其他商品的**相似度**（或距離）。

使用套件之 Recommender 函式建構推薦模型物件 recc_model，該物件類別為 Recommender 其中最重要的 Slot 為 model，內含各商品兩兩相對應的相似性構成的矩陣（本例為 134*134 之矩陣），可透過 recc_model@model$sim 取出或如下函式 getModel 取出 model 後讀取其 sim 屬性內容，例如下圖 5-33 部分具有相似值，點狀部分表示無相似值，該物件為 dgCMatrix 類別（圖 5-34），為一稀疏的矩陣（圖 5-35）。

```
recc_model<- Recommender(      # 建立商品推薦模型物件
  data=recc_data_train,        # 訓練組
  method='IBCF',               # 基於商品(item)的協同過濾
  parameter=list(              # 給予參數
    method='Cosine',           # 使用 Cosine 相似性
    normalize='Z-score',       # 使用 Z-score 將資料標準化
    k=25))                     # 使用 KNN 個數，預設值為 30
model_detail<-getModel(recc_model) # 模型明細
print(model_detail$sim[1:4,1:4])    # 列印模型數筆商品相似性明細
class(model_detail$sim)      # 物件類別
image(                       # 繪製熱圖
  model_detail$sim[1:10,1:10],
  main='前數筆商品相似性熱圖')
```

```
> print(model_detail$sim[1:4,1:4])       # 列印模型數筆商品相似性明細
4 x 4 sparse Matrix of class "dgCMatrix"
                   1_Toy Story (1995) 2_Jumanji (1995) 6_Heat (1995) 10_GoldenEye (1995)
1_Toy Story (1995)          .                .              .                .
2_Jumanji (1995)            .                .              .                .
6_Heat (1995)               .                .              .          0.2505557
10_GoldenEye (1995)         .                .              .                .
```

∩圖 5-33   前 4 筆商品相似明細

```
> class(model_detail$sim)        # 物件類別
[1] "dgCMatrix"
attr(,"package")
[1] "Matrix"
```

∩圖 5-34   recc_model@model$sim 物件類別

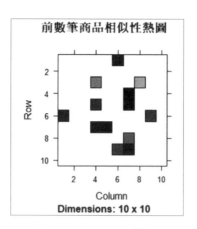

♠圖 5-35　商品相似性熱圖

上圖 5-34 顯示取出的 sim 物件為一 dgCMatrix 之類別，其內容為上三角矩陣（圖 5-33），由於推薦的需要在精不在多上述 Recommender 的模型給予參數 k=25，繪出前數筆之熱圖（圖 5-35）當亦屬稀疏。

上述 Recommender 的模型亦給予參數 method='Cosine'以及 normalize='Z-score'使其計算商品相似性前將每一使用者之評比標準化，同時以 cosine 相似性計算，下列程式模擬驗算其真實的過程，這裡在第一列（影片）取一筆與其相似的影片來驗算，如圖 5-36：

```
cid<-which(model_detail$sim>0)[1] # cosine 值第一個出現大於 0 的位置
model_detail$sim[        # 顯示商品相似性矩陣(dgCMatrix)內容
  1,cid,drop=FALSE]      # 第 1 列，cid 行內容
```

```
> model_detail$sim[       # 顯示商品相似性方陣(dgCMatrix)內容
+   1,cid,drop=FALSE]     # 第1列，cid行內容
1 x 1 sparse Matrix of class "dgCMatrix"
                  34_Babe (1995)
1_Toy Story (1995)     0.3715281
```

♠圖 5-36　第 1 列，cid 行的相似值

如下程式驗算結果如圖 5-37 與圖 5-36 結果相同。

```
recc_data_train_norm<-        # 訓練組資料使用 Z-score 將資料標準化
  normalize(
    recc_data_train,
    method='Z-score')
dimn<-dimnames(                # 讀取行、列名即影片名
  model_detail$sim[1,
  cid,drop=FALSE])
cosmatrix<-as(                 # 矩陣化
  recc_data_train_norm[,c(dimn[[1]],dimn[[2]])],
  'matrix')
cosv<-cosmatrix[     # 取兩影片同時存在使用者評比的資料
  which(!is.na(cosmatrix[,1]) & !is.na(cosmatrix[,2])),]
library(lsa)
lsa::cosine(cosv[,1],cosv[,2]) # 計算兩影片 cosine similiarity
recommenderlab::similarity(    # 使用 similarity 計算 similiarity
  as(cosv,'realRatingMatrix'), # 物件類別轉換為 realRatingMatrix
  method='cosine',             # 計算 cosine similiarity
  which='items')
```

```
> lsa::cosine(cosv[,1],cosv[,2])  # 計算兩影片cosine similiarity
         [,1]
[1,] 0.3715281
```

⋒圖 5-37　以函式計算第 1 列，cid 行兩影片 cosine 值

　　需注意上圖 5-37 以同時存在於相對應之影片 1_Toy Story（1995）以及 34_Babe（1995）之評比（標準化）予以計算 cosine 相似值，其值方與上述 recc_model 推薦模型物件中 sim 的相似值相同（圖 5-36）。

5.　**為使用者推薦影片**

　　A.　藉由已知使用者喜好的商品來為其挑選 k 個最鄰近的其他商品。

　　B.　對測試組之每一觀賞者就其曾經給過的評比，推估權重計算下最高得分之 6 項影片。

目前為止已將推薦模型依據訓練組之評分資料與相關參數建構而成，依此模型便可使用套件 recommenderlab 的 predict 函式對測試組的使用者推論其最可能的喜好成為影片推薦名單。

```
n_recommended<- 6        # 推薦最多 6 個影片給每一使用者
recc_predicted<-predict(  # 使用學習組資料的推薦模式對測試組資料組做預測
  recc_model,             # 推薦模式
  newdata=recc_data_test, # 測試組資料
  n=n_recommended,        # 推薦數(最多)
  type='topNList')        # 預測結果類別
recc_matrix<-sapply(      # 測試組的使用者的 topNList
  recc_predicted@items,   # 測試組預測結果
  function(x){            # 對應每使用者的推薦影片名稱，x 為 index
    return (colnames(ratings_movies)[x])
  })
number_of_items<-         # 測試組的影片推薦分布
  factor(table(unlist(recc_matrix)))
qplot(number_of_items)+
  ggtitle('IBCF 測試組各影片推薦數分布')
number_of_items_sorted<-sort(    # 依降冪排序推薦分布
  number_of_items,decreasing=TRUE)
data.frame(               # 列出推薦次數前 6 名
  影片名=names(head(number_of_items_sorted)),# 最受推薦次數影片名稱
  推薦次數=head(number_of_items_sorted),     # 推薦次數
  row.names = NULL)
Top_6_List<-as(recc_predicted, "list")  # 將 topNList 轉成 list 物件
print(Top_6_List[1:2])    # 列印前 2 筆推薦名單
print(slotNames(recc_predicted)) # 列印物件 slot name
recc_predicted@ratings[1:2]      # 列印前 2 筆推薦名單的加權評比
getRatings(recc_predicted)[1:2]  # 同上列印前 2 筆推薦名單的加權評比
```

商品推薦

```
> print(Top_6_List[1:2])    # 列印前2筆推薦名單
$'17'
[1] "1704_Good Will Hunting (1997)"      "344_Ace Ventura: Pet Detective (1994)"
[3] "5349_Spider-Man (2002)"             "597_Pretty Woman (1990)"
[5] "208_Waterworld (1995)"              "2706_American Pie (1999)"

$'21'
[1] "527_Schindler's List (1993)"
[2] "608_Fargo (1996)"
[3] "110_Braveheart (1995)"
[4] "1073_Willy Wonka & the Chocolate Factory (1971)"
[5] "1136_Monty Python and the Holy Grail (1975)"
[6] "6377_Finding Nemo (2003)"
```

↑圖 5-38　對測試組前 2 使用者之推薦影片

```
> data.frame(            # 列出推薦次數前6名
+   影片名=names(head(number_of_items_sorted)), # 最受推薦次數影片名稱
+   推薦次數=head(number_of_items_sorted),       # 推薦次數
+   row.names = NULL)
                                      影片名 推薦次數
1                       161_Crimson Tide (1995)      17
2                          39_Clueless (1995)      15
3     357_Four Weddings and a Funeral (1994)      12
4                       10_GoldenEye (1995)      11
5                             6_Heat (1995)      10
6 1923_There's Something About Mary (1998)       8
```

↑圖 5-39　推薦次數排名

```
> recc_predicted@ratings[1:2]    # 列印前2筆推薦名單的加權評比
$'17'
[1] 4.646422 4.642389 4.639863 4.635089 4.593533 4.571139

$'21'
[1] 3.935373 3.907232 3.875115 3.858111 3.786572 3.765414
```

↑圖 5-40　推薦名單的推論評比

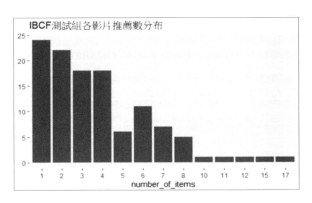

○圖 5-41　影片推薦數分布

　　上述程式指定予函式 predict 的參數值 topNList 以及最多 6 項對測試
組使用者推薦影片如圖 5-38（僅列出 userId=17 及 21），圖 5-39 為影
片依據推薦給使用者次數排名顯示其各影片推薦之熱門程度，圖 5-40
係依據使用者評比過的影片推論其可能的評比分數（按參數 n=6），
圖 5-41 顯示最多推薦次數 17，多數影片推薦次數集中在 1~2 次。

　　下列程式模擬上述 topNList 說明以測試組使用者對影片的評比為權重
依據，再取其相似的影片據以計算權重下對這些相似的影片的預估評
比，取其前 n 個可能最大評比分數者為影片推薦清單。

```
sim<-model_detail$sim        # 影片之相似矩陣
newdata <- normalize(        # 測試組比照推薦模型予以標準化
  recc_data_test,
  method = recc_model@model$normalize)
u<-as(newdata, 'dgCMatrix')  # 將標準化後之物件轉 dgCMatrix 類別
rtgs<-t(              # 依公式計算使用者權重法推論之標準化評比
  as(tcrossprod(sim, u)/
      tcrossprod(sim, u != 0),
    'matrix'))
new_rtgs<-new(# 將權重法標準化評比與標準化評比建構 realRatingMatrix
  'realRatingMatrix',
  data = dropNA(rtgs),
```

```
    normalize = getNormalize(newdata))
n_rtgs<-denormalize(new_rtgs) # 推論 realRatingMatrix 之實際評比
uid_1<-names(Top_6_List[1])     # 第一個使用者 userId
top_1_1<-Top_6_List[1][[1]][[1]] # 第一個使用者的第一個推薦影片
uu<-getRatingMatrix(n_rtgs)[   # 從 n_rtgs 取得帶權重推論之實際評比
    uid_1,
    top_1_1]
print(uu)   # 列印權重法推論該使用者實際給予之評比分數
```

```
> print(uu)  # 列印權重法推論該使用者實際給予之評比分數
[1] 4.646422
```

⋂圖 5-42　權重法推論使用者評比結果

圖 5-42 userId=17 第一個推薦影片以權重法推論該 user 給予的評分為 4.646422 與圖 5-40 predict 函式計算推薦名單首筆影片（圖 5-38 170_Good Will Hunting(1997)）的推論評比 4.646422 完全相同。

6. **評估模型與參數的推薦成效**

自訂一針對實評比矩陣（realRatingMatrix）的評估函式如下 evaluateModel，將可能模擬的模型參數設為函式各引數如下，函式中使用三項誤差（RMSE、MSE、MAE）做為推薦精確度成效之衡量依據。

首先，建立評估方案，下列程式假設僅知客戶 4 個電影評比，區分 5 摺（fold）訓練組，並且只取評比大於 3 的電影資料。

```
items_to_keep<-4         # 假設每客戶已知評比電影數
n_fold<-5                # K-fold 數
eval_sets<- evaluationScheme(    # 建立評估方案
    data=ratings_movies,             # 傳入參數值(實評比評比矩陣)
    method="cross-validation",       # 分成 k-fold 交叉驗證
    k=n_fold,      # 傳入參數值(k-摺疊 數)
    given=min( # 每客戶保存商品數不得大於 min(rowCounts(ratings_movies))
```

```
    items_to_keep,
    min(rowCounts(ratings_movies))),
  goodRating=3)        # 評比>=3 才納入評估模型的電影
```

圖 5-43 共有三組資料集（如上述程式），除了訓練組（train)、測試組
（know)之外，另有一驗證組（unknow），訓練組據以產生影片的相
似性矩陣，測試組則提供已知的使用者已觀賞的影片以此推估其評分，
最後再與驗證組之使用者真實的評分據以計算三項誤差（RMSE、MSE、
MAE）。

下列程式在 getData 函式的 run 引數指定組別如圖 5-43，圖 5-27 顯示
資料集總數 378 筆資料，以 5 組區分每一組應含 75 筆（378/5 取整
數），因此訓練組每組筆數 75*(5-1)=300 筆，其餘 78 筆為同為測試組
及驗證組、而測試組的取值僅有 4 個已知電影評比。

```
print(getData(eval_sets,'train',run=1))   # 訓練組第一組
print(getData(eval_sets,'train',run=2))   # 訓練組第二組
print(getData(eval_sets,'know',run=1))    # 測試集第一組
print(getData(eval_sets,'unknow',run=1))  # 驗證集第一組
```

```
> print(getData(eval_sets,'train',run=1))  # 訓練組第一組
300 x 134 rating matrix of class 'realRatingMatrix' with 13675 ratings.
> print(getData(eval_sets,'train',run=2))  # 訓練組第二組
300 x 134 rating matrix of class 'realRatingMatrix' with 13497 ratings.
> print(getData(eval_sets,'know',run=1))   # 測試集第一組
78 x 134 rating matrix of class 'realRatingMatrix' with 312 ratings.
> print(getData(eval_sets,'unknow',run=1)) # 驗證集第一組
78 x 134 rating matrix of class 'realRatingMatrix' with 2988 ratings.
```

⋒圖 5-43　k-fold 交叉驗證所產生的各組資料集

　　接著便可以利用上述建立的評估方案建立自訂的評估函式，方便比較
不同的 KNN 數等相關參數值以及在不同的訓練組下的結果。

```
evaluateModel<-function(    # 評估函式宣告
  eval_sets=eval_sets,      # 評估方案
```

```
    run=1,    # 第幾摺疊組
    number_neighbors=30,      # KNN 數
    items_to_recommend=5,    # 對推薦商品數
    byUser=TRUE              # 依客戶(使用者)評估
){
  set.seed(1)    # 確保 k-fold 的資料組於每次評估都相同內容
  recc_model<- Recommender(      # 建立商品推薦模型物件
    data=getData(eval_sets,'train',run=1),
    method='IBCF',    # 基於物品(item)的協同過濾
    parameter=list(
      method='Cosine',              # 計算 cosine 相似性
      k=number_neighbors))          # 只紀錄最相近似的個數
  if(!exists('recc_model_1')){    # 環境變數若不存在
    recc_model_1<<-recc_model    # 將區域變數指定予環境變數
  }
  eval_prediction<- predict(      # 對測試組資料產生預測
    object=recc_model,            # 推薦模型物件
    newdata=getData(eval_sets,'know',run=run),  # 模擬推薦新對象
    n=items_to_recommend,     # type=ratings 時此引數會自動忽略
    type='ratings')              # 推估評比
  if(!exists('eval_prediction_1')){  # 環境變數若不存在
    eval_prediction_1<<-eval_prediction  # 將區域變數指定予環境變數
  }
  eval_accuracy <- calcPredictionAccuracy(  # 衡量預測之準確度
    x=eval_prediction,        # 測試組的預測資料
    data=getData(eval_sets,'unknow',run=run),  # 測試組的實際資料
    byUser = byUser)          # 是否依每 userId
  return (eval_accuracy)
}
model_evaluation<-evaluateModel(    # 執行模型評估並回傳結果
  eval_sets=eval_sets,      # 評估方案
  run=1,    # 評估第幾組訓練組
```

```
number_neighbors=30,      # KNN 數
items_to_recommend=5,     # 對推薦商品數
byUser=TRUE)              # 依客戶(使用者)評估
```

下列程式依 byUser 與否列印自訂函式 evaluateModel 回傳的評估結果
（圖 5-44、圖 5-45）：

```
if (is.vector(model_evaluation)){ # byUser 參數值決定傳回物件類別
  print(round(model_evaluation,6))
}else{
  print(model_evaluation[1:3,])
}
```

```
> if (is.vector(model_evaluation)){  # byUser參數值決定傳回物件類別
+   print(round(model_evaluation,6))
+ }else{
+   print(model_evaluation[1:3,])
+ }
        RMSE       MSE       MAE
38 1.4581582 2.1262253 1.1273803
41 0.8164966 0.6666667 0.6666667
50 1.1219471 1.2587654 0.8754651
```

◑圖 5-44　依使用者的模型誤差

圖 5-44 係依參數 byUser 對驗證組每個使用者推估評比的三項誤差值，
若需對整體評估誤差只需將 byUser 參數值以 FALSE 來執行，將得出
下圖 5-45 其各項誤差值為圖 5-44 之行平均值。

```
> if (is.vector(model_evaluation)){  # byUser參數值決定傳回物件類別
+   print(round(model_evaluation,6))
+ }else{
+   print(model_evaluation[1:3,])
+ }
    RMSE       MSE       MAE
1.213814 1.473345 0.880181
```

◑圖 5-45　整體之三項誤差值

上述評估方案 eval_sets 以及自訂的評估函式 evaluateModel 執行過程所產生的變數，可藉由如下程式利用變數物件以相應的方法（method）萃取列印（結果在此從略）。

```
print(getList(              # 列印已知使用者的評比
  getData(eval_sets,'know')[1:1,]))
print(getList(              # 列印已知使用者的評比
  getData(eval_sets,'unknow')[1:1,]))
print(getModel(recc_model_1)$sim[1:3,1:3]) # 列印 cosine 相似性矩陣
rm(recc_model_1)            # 移除環境變數 recc_model_1
print(getList(              # 列印測試組第一個使用者的推估評比
  eval_prediction_1)[1:1])
rm(eval_prediction_1) # 移除環境變數 recc_model_1
```

【實例四】

某線上零售商欲於其線上系統，建構一即時商品推薦系統，服務註冊客戶，以 01/12/2010 至 09/12/2011 該零售商之交易明細為基礎，建構推薦模型並評估模型的推薦成效。

大部分零售商無法如[實例三]取得客戶對於商品的真實評比，這樣的狀況下的協同過濾，使用客戶的購買商品紀錄以 0 或 1 代表未購、已購的二元（binary）分類評比做為 ML 的資料依據。

評估推薦模型的方式通常採二元分類混淆矩陣（Binary Confusion Matrix）：

		Actual(實際)	
		Positive（陽）	Negative（陰）
Predicted (預估)	Positive（陽）	TP（真陽）	FP（偽陽）
	Negative（陰）	FN（偽陰）	TN（真陰）

本例：Positive 表示購買、Negative 表示未購買：

TP（True Positive）：正確推論購買

TN（True Negative）：正確推論未購買

FP（False Positive）：錯誤推論有購買，實際未購買

FN（False Negative）：錯誤推論未購買，實際卻購買

Precision（準確率）＝TP/(TP+FP)

TPR（True Positive Rate,Recall）＝TP/(TP+FN)

FPR（False Positive Rate）＝FP/(FP+TN)

R軟體的應用

　　程式開始分析前需至 Github 資料夾下載本例 xlsx 資料檔：
Online_Retail.xlsx，如下連結：

https://github.com/hmst2020/MS/tree/master/mldata/

或至 UCI 官網下載最新的開放資料：

http://archive.ics.uci.edu/ml/datasets/Online+Retail

　　再將下載之資料檔案放置於 read.csv 函式讀取路徑下予以載入 R 之
變數。

```
path<- 'mldata/Online_Retail.xlsx' # 下載檔案置於工作目錄下 mldata 目錄
library("readxl")              # 載入套件
xls_data <- read_excel(        # 讀取 excel 檔案之活頁簿
  path = path,
  sheet='Online Retail')
print(xls_data) # 列印此 tibble 前 10 筆記錄
```

```
> print(xls_data) # 列印此tibble 前10筆記錄
# A tibble: 541,909 x 8
   InvoiceNo StockCode Description                          Quantity InvoiceDate         UnitPrice 'Customer ID' Country
   <chr>     <chr>     <chr>                                   <dbl> <dttm>                  <dbl>         <dbl> <chr>
 1 536365    85123A    WHITE HANGING HEART T-LIGHT HOLDER          6 2010-12-01 08:26:00      2.55         17850 United Kingdom
 2 536365    71053     WHITE METAL LANTERN                         6 2010-12-01 08:26:00      3.39         17850 United Kingdom
 3 536365    84406B    CREAM CUPID HEARTS COAT HANGER              8 2010-12-01 08:26:00      2.75         17850 United Kingdom
 4 536365    84029G    KNITTED UNION FLAG HOT WATER BOTTLE         6 2010-12-01 08:26:00      3.39         17850 United Kingdom
 5 536365    84029E    RED WOOLLY HOTTIE WHITE HEART.              6 2010-12-01 08:26:00      3.39         17850 United Kingdom
 6 536365    22752     SET 7 BABUSHKA NESTING BOXES                2 2010-12-01 08:26:00      7.65         17850 United Kingdom
 7 536365    21730     GLASS STAR FROSTED T-LIGHT HOLDER           6 2010-12-01 08:26:00      4.25         17850 United Kingdom
 8 536366    22633     HAND WARMER UNION JACK                      6 2010-12-01 08:28:00      1.85         17850 United Kingdom
 9 536366    22632     HAND WARMER RED POLKA DOT                   6 2010-12-01 08:28:00      1.85         17850 United Kingdom
10 536367    84879     ASSORTED COLOUR BIRD ORNAMENT              32 2010-12-01 08:34:00      1.69         13047 United Kingdom
# ... with 541,899 more rows
```

∩圖 5-46　交易明細(2010/12/01 ~ 2011/12/09)

圖 5-46 自 read_excel 函式回傳之變數為一 tibble 的類別物件，交易明細原始資料，對於本實例而言主要為商品代號（StockCode）、商品說明（Description）、客戶代號（Customer ID）等欄位，商品說明需注意與商品代號的唯一性、一致性，本例資料不似[實例三]取得之資料已完成資料淨化（Data Cleansing）處理載入即可使用，故需要前置的淨化處理。

1. **資料淨化(Data Cleansing)**

商品推薦伴隨著線上（online）使用者（客戶）看到的內容，往往要求回應以毫秒計，但原始資料往往匯集來自各處之資料，匯集時資料集的分割需考慮正規化，欄位資料表示法也需要使一致，因此通常以資料市集（Data Mart）或資料倉儲（Data Warehouse）的形式以離線（offline）模式將資料預先準備並使可持續累積新發生的資料，淨化資料作業至為重要

。

```
library(dplyr)              # 載入套件
print(colnames(xls_data))   # 列印欄位名稱
```

```
> print(colnames(xls_data)) # 列印欄位名稱
[1] "InvoiceNo"   "StockCode"   "Description" "Quantity"    "InvoiceDate" "UnitPrice"   "Customer ID"
[8] "Country"
> colnames(xls_data)<-make.names(    # 欄位名稱空白改以點替代
+   names(xls_data),unique = TRUE)
> print(colnames(xls_data)) # 列印欄位名稱
[1] "InvoiceNo"   "StockCode"   "Description" "Quantity"    "InvoiceDate" "UnitPrice"   "Customer.ID"
[8] "Country"
```

∩圖 5-47　Customer ID 欄位名稱去空白

首先，圖 5-47 載入的原始資料欄位發現欄位名稱 Customer ID 字串之間存在一空白字元，影響後續的處理將會使得出現 R 語言語法錯誤，下列程式將空白字元改以點（dot）取代：

```
colnames(xls_data)<-make.names(     # 欄位名稱空白改以點替代
  names(xls_data),unique = TRUE)
print(colnames(xls_data))   # 列印欄位名稱
```

再將與推薦商品無關的交易紀錄刪除：

```
xls_data<-xls_data[         # 剔除退貨之資料
  xls_data$Quantity>0,]
xls_data<-xls_data[         #剔除退貨及未知客戶之資料
  !is.na(xls_data$Customer.ID),]
xls_data<-xls_data[         #剔除購買郵遞、運費之交易資料
  !xls_data$StockCode %in% c('POST','DOT'),]
```

圖 5-46，交易數量（Quantity）並非評比（Rating）資料，本實例均以 1 視之以表示曾經購買，亦即本實例將以二元分類方法建構推薦模型；另外，商品代號（StockCode）、商品說明（Description）在每筆交易中重複出現亦能發現其不一致的可能，通常以交易日期第一筆（如下程式）或最後一筆為準，將萃取商品代號、商品說明使具唯一性以建立商品主檔，以下程式將交易明細依交易日期排序後使用 dplyr 套件的 distinct 函式指定鍵值欄位，使得其他欄位（包括 Description）只取交易日期最早的一筆做為商品主檔的依據。

```
xls_data_sorted<-xls_data[     # 將交易明細資料依發票日排序
  order(xls_data$InvoiceDate,decreasing = FALSE),]
item_master<- distinct(        # 建立商品主檔
  .data=xls_data_sorted,       # 依發票日排序的資料
  x=StockCode,                 # distinct 的鍵值依據欄位
  .keep_all = TRUE)            # 保留鍵值及其他欄位
```

```
item_master<-item_master[      # 商品主檔只取需要之欄位
  c('StockCode','Description')]
print(item_master)   # 列印 tibble 物件前 10 筆
```

```
> print(item_master)   # 列印tibble物件前10筆
= A tibble: 3.663 x 2
    StockCode Description
    <chr>     <chr>
 1  85123A    WHITE HANGING HEART T-LIGHT HOLDER
 2  71053     WHITE METAL LANTERN
 3  84406B    CREAM CUPID HEARTS COAT HANGER
 4  84029G    KNITTED UNION FLAG HOT WATER BOTTLE
 5  84029E    RED WOOLLY HOTTIE WHITE HEART.
 6  22752     SET 7 BABUSHKA NESTING BOXES
 7  21730     GLASS STAR FROSTED T-LIGHT HOLDER
 8  22633     HAND WARMER UNION JACK
 9  22632     HAND WARMER RED POLKA DOT
10  84879     ASSORTED COLOUR BIRD ORNAMENT
= ... with 3.653 more rows
```

∩圖 5-48　商品主檔

如前述本實例均以 1 表示曾經購買，因此數量欄將改以 value 的 1 取代：

```
xls_data<-aggregate(   # 使用聚集函式
  formula=Quantity~ Customer.ID + StockCode ,  # 依客戶與商品 group
  data=xls_data,    # 明細資料來源
  FUN=sum)            # 依 group 條件加總
xls_data['value']<-1      # 增加一欄位名稱 value 且其值為 1
print(head(xls_data))      # 列印 data.frame 前 6 筆
```

```
> print(head(xls_data))    # 列印data.frame前6筆
  Customer.ID StockCode Quantity value
1    12451     10002      12       1
2    12510     10002      24       1
3    12583     10002      48       1
4    12637     10002      12       1
5    12673     10002       1       1
6    12681     10002      12       1
```

∩圖 5-49　客戶的購買商品（長格式）

圖 5-49 為整理圖 5-46 以客戶代碼加商品代碼（Customer.ID + StockCode）為主鍵的長格式，繼續將此長格式轉換成寬格式以利後續建構推薦模型。

```
data_wide<- reshape( # 長格式轉換成寬格式 data.frame 4372 * 3684
  data=xls_data[,-c(3)],   # 長格式資料物件
  direction='wide',        # 指定轉換成寬格式
  idvar='Customer.ID',     # 每列依據欄位
  timevar='StockCode',     # 寬格式每欄依據
  v.names='value')         # 數值欄位名稱
print(data_wide[1:10,1:5])  # 列印前 10 筆 6 欄位
```

```
> print(data_wide[1:10,1:5])  # 列印前10筆6欄位
   Customer.ID value.10002 value.10080 value.10120 value.10123C
1        12451           1          NA          NA           NA
2        12510           1          NA          NA           NA
3        12583           1          NA          NA           NA
4        12637           1          NA          NA           NA
5        12673           1          NA          NA           NA
6        12681           1          NA          NA           NA
7        12682           1          NA          NA           NA
8        12731           1          NA          NA           NA
9        12748           1          NA           1           NA
10       12754           1          NA          NA           NA
```

♬圖 5-50　客戶的購買商品（寬格式）

圖 5-50 中第一行為客戶代碼，其他行則為商品代碼，對照每一客戶代碼與每一商品代碼之間的值 1 表示以購買，NA 則為未購買，由於 NA 與任何數字的數學運算結果均為 NA，故吾人欲改以 0 表示未購買以利後續加乘等數學運算，繼續整理如下得如圖 5-51。

```
rownames(data_wide)<-data_wide[,1] # 第一行為列名
data_wide<-data_wide[,-1]   # 去除第一行
colnames(data_wide)<-substring(   # 矩陣行名稱去除前置 7 位元
  colnames(data_wide),7)
```

```
print(data_wide[1:10,1:5]) # 列印前 10 筆客戶及前 5 欄商品
data_wide<-as.matrix(data_wide) # 將 data.frame 物件轉成 matrix
物件
data_wide[is.na(data_wide)]<-0  # NA 值改以二進位值 0
print(data_wide[1:10,1:5])  # 列印前 10 筆 6 欄位
```

```
> print(data_wide[1:10,1:5])   # 列印前10筆6欄位
      10002 10080 10120 10123C 10124A
12451     1     0     0      0      0
12510     1     0     0      0      0
12583     1     0     0      0      0
12637     1     0     0      0      0
12673     1     0     0      0      0
12681     1     0     0      0      0
12682     1     0     0      0      0
12731     1     0     0      0      0
12748     1     0     1      0      0
12754     1     0     0      0      0
```

∩圖 5-51　客戶的購買商品（寬格式）

2.　定義二元評比矩陣(binaryRatingMatrix）

　　寬格式列的部分表示客戶，行的部分則是商品，行列對應之數字二分
類為 0、1，如前述各表示未購、已購，初觀其結構每客戶購買之商品
僅佔所有商品之一小部分，圖 5-51 中 0 居多數，若將此稀疏性壓縮
應可使計算機處理效能提升，下列程式將寬格式矩陣經壓縮轉換為二
元評比矩陣（binaryRatingMatrix）。

```
library(recommenderlab)     # 載入套件
bin_matrix<-as(             # 轉換成 binaryRatingMatrix
  data_wide,
  'binaryRatingMatrix')
print(getList(              # 列印 customerID=17850 的購買商品
  bin_matrix['17850',]))
```

```
> print(getList(           # 列印customerID=17850的購買商品
+   bin_matrix['17850',]))
$`17850`
 [1] "15056BL"  "20679"  "21068"  "21071"  "21169"  "21730"  "21871"  "21874"  "22411"  "22632"
[11] "22633"  "22752"  "22803"  "37370"  "71053"  "71477"  "82482"  "82483"  "82486"  "82494L"
[21] "84029E"  "84029G"  "84406B"  "85123A"
```

⋔圖 5-52　二元評比矩陣的客戶購買商品

getList 與 getData.frame 函式均適用於 binaryRatingMatrix 及 realRatingMatrix 僅回傳存在之購買或評比的緊實資料（圖 5-52），getList 傳回清單物件（list），getData.frame 則傳回 data.frame 物件，如下程式以熱圖繪出之分布圖，白色部分表示無購買，或如圖 5-50、圖 5-51 呈現資料稀疏，同本章[實例三]可利用 object.size 函式比較其壓縮效果。

```
arules::image(                  # 繪製購買與否(0 或 1)
  bin_matrix[1:50,1:50],        # 前面 50 個 CustomerID 在前面 50 個商品
  main='二進制評比矩陣分布'
)
```

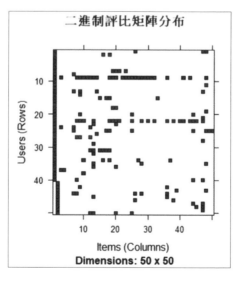

⋔圖 5-53　客戶與商品前 50 筆分布

另為去除冷門商品，可將其整體依商品的客戶數分布繪如圖 5-54，可見其多數商品集中在 250 位客戶以內，甚而從圖 5-55 觀之更集中在 100 位客戶以內。

為讓熱門商品推薦予客戶下述程式亦將過濾去除客戶數 10 以下之商品，同時亦去除只買過 10 項商品以下之客戶。

```
n_users<- colCounts(bin_matrix)   # 各商品之客戶數
library(ggplot2)
qplot(                            # 繪出商品之客戶數分布
  n_users,
  geom="histogram",
  bins=50,
  main='所有商品的客戶數分布',
  xlab = '客戶數',
  ylab = '商品數')
qplot(                            # 繪客戶數 100 以下商品分布
  n_users[n_users<100],          # 過濾客戶數 100 以下
  geom="histogram",
  bins=50,
  xlab = '客戶數',
  ylab = '商品數',
  main='商品的客戶數 100 以下之分布')
bin_matrix<-bin_matrix[          # 過濾去除客戶數 10 以下之商品
  ,colCounts(bin_matrix)>=10
]
print(sum(rowCounts(bin_matrix)==0)) # 列印無商品購買之客戶
bin_matrix<-bin_matrix[          # 去除只買過 10 項商品以下之客戶
  rowCounts(bin_matrix)>=10
]
```

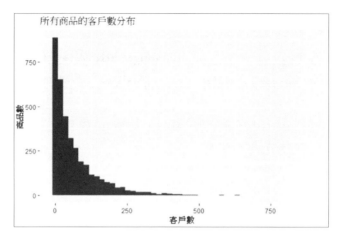

●圖 5-54　商品之客戶數分布

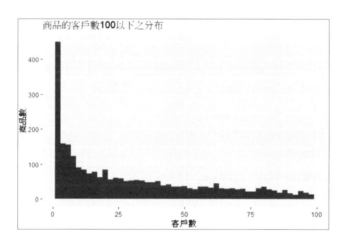

●圖 5-55　商品之客戶數 100 以內分布圖

```
> print(sum(rowCounts(bin_matrix)==0)) # 列印無商品購買之客戶
[1] 3
```

●圖 5-56　去除低客戶數之商品後客戶亦無購買紀錄

吾人需注意，上述的過濾將造成新商品被過濾的可能，同時新客戶也將可能被遺漏，需另從其他方法推薦予客戶，例如 Content-based（請參閱第 4 節）、Knowledge-based 等不在本例範圍。

3. 建構推薦模型(Recommendation Model)

以隨機方式從上述步驟的 binaryRatingMatrix 依分配佔比分割訓練組（training dataset）、測試組（testing dataset）之資料集。

```
which_train<- sample(          # 將樣本分割訓練組/測試組
  x=c(TRUE,FALSE),      # 母體
  size=nrow(bin_matrix),     # 樣本數
  replace=TRUE,         # 取後放回
  prob=c(0.8,0.2)      # 樣本分配佔比
)
recc_data_train<-bin_matrix[which_train,] # 訓練組二進制評比矩陣
recc_data_test<-bin_matrix[!which_train,] # 測試組二進制評比矩陣
```

參考本章[實例三]圖 5-31 套件提供的方法，本例屬二元分類範例將使用 IBCF_binaryRatingMatrix 依此建構推薦模型。

```
recom<-recommenderRegistry$get_entry(
  method='IBCF',
  dataType=class(recc_data_train))
print(recom)    # 列印推薦模型物件內容
print(recom$fun)   # 列印推薦模型物件原始碼
```

```
> print(recom)      # 列印推薦模型物件內容
Recommender method: IBCF for binaryRatingMatrix
Description: Recommender based on item-based collaborative filtering (binary rating data).
Reference: NA
Parameters:
  k    method normalize_sim_matrix alpha
1 30 "Jaccard"                FALSE   0.5
```

⋂圖 5-57　IBCF_ binaryRatingMatrix 模型內容

圖 5-57 預設參數 k、method 請參考下述程式內相關說明，normalize_sim_matrix 預設為 FALSE 符合本例為二元評比無需將數字資料標準化，alpha 值為 0.05 顯著水準，圖 5-58 可一瞥該模型原始碼

之一部分，alpha 值於依據 IBCF 計算商品之相似性（item-to-item similarity）時之重要參數。

```
> print(recom$fun)
function (data, parameter = NULL)
{
    p <- getParameters(.BIN_IBCF_params, parameter)
    sim <- as.matrix(similarity(data, method = p$method, which = "items",
        args = list(alpha = p$alpha)))
    diag(sim) <- 0
    if (p$normalize_sim_matrix)
        sim <- sim/rowSums(sim, na.rm = TRUE)
    for (i in 1:nrow(sim)) sim[i, head(order(sim[i, ], decreasing = FALSE,
        na.last = FALSE), ncol(sim) - p$k)] <- 0
    sim <- as(sim, "dgCMatrix")
    model <- c(list(description = "IBCF: Reduced similarity matrix",
        sim = sim), p)
    predict <- function(model, newdata, n = 10, data = NULL,
        type = c("topNList", "ratings", "ratingMatrix"),
        ...) {
```

⋒圖 5-58　推薦模型建構之程式原始碼

暫定參數同預設值並依據訓練阻資料集建立一 Recommender 類別之推薦模型物件，該物件建構結果如圖 5-59 總計對 2956 筆的客戶購買資料進行了該模型的機器學習（Machine Learning，ML）。

```
recc_model<- Recommender(       # 建立商品推薦模型物件
  data=recc_data_train,         # 訓練組
  method='IBCF',                # 基於商品(item)的協同過濾
  parameter=list(               # 給予參數
    method='Jaccard',           # 使用 Jaccard 相似性
    k=30                        # 使用 KNN 個數，預設值為 30
  )
)
print(recc_model)   # 列印建立的模型物件
model_detail<-getModel(recc_model)     # 模型明細
class(model_detail$sim)         # 物件類別
print(as(                # 列印模型數筆商品相似性明細
  model_detail$sim[1:10,1:10],
  'matrix'))
```

```
dim(model_detail$sim)          # 商品相似性矩陣
all(                # 確認相似性矩陣每列 KNN 個數均為 30
  rowSums(model_detail$sim != 0)==30)
```

```
> print(recc_model) # 列印建立的模型物件
Recommender of type 'IBCF' for 'binaryRatingMatrix'
learned using 2956 users.
```

○圖 5-59　推薦模型物件內容

Recommender 類別物件（即 recc_model 變數）其中最重要的 slot 為 model 其中 sim 屬性，為一經 ML 的 dgCMatrix 物件，其內容主要為各商品的相似性值，同時也與前述的 binaryRatingMatrix 相似均為壓縮格式（圖 5-59、圖 5-61）。

```
> class(model_detail$sim)      # 物件類別
[1] "dgCMatrix"
attr(,"package")
[1] "Matrix"
```

○圖 5-60　商品對商品相似性物件

```
> print(as(      # 列印模型數筆商品相似性明細
+   model_detail$sim[1:10,1:10],
+   'matrix'))
      10002 10080 10120 10125      10133      10135 11001 15030      15034      15036
10002     0     0     0     0 0.0000000 0.0000000     0     0 0.0000000 0.0000000
10080     0     0     0     0 0.0000000 0.0000000     0     0 0.0000000 0.0000000
10120     0     0     0     0 0.0000000 0.0000000     0     0 0.0000000 0.0000000
10125     0     0     0     0 0.0000000 0.0000000     0     0 0.0000000 0.0000000
10133     0     0     0     0 0.0000000 0.1729323     0     0 0.0000000 0.0000000
10135     0     0     0     0 0.1729323 0.0000000     0     0 0.0000000 0.0000000
11001     0     0     0     0 0.0000000 0.0000000     0     0 0.0000000 0.0000000
15030     0     0     0     0 0.0000000 0.0000000     0     0 0.0000000 0.0000000
15034     0     0     0     0 0.0000000 0.0000000     0     0 0.0000000 0.1011236
15036     0     0     0     0 0.0000000 0.0000000     0     0 0.1011236 0.0000000
> dim(model_detail$sim)        # 商品相似性矩陣
[1] 2797 2797
> all(         # 確認相似性方陣每列KNN個數均為30
+   rowSums(model_detail$sim != 0)==30)
[1] TRUE
```

○圖 5-61　商品相似性矩陣

圖 5-60、圖 5-61 為推薦模型建構中依據訓練資料集以及商品對商品相似性（item-to-item similarity）之演算法所計算之矩陣物件 dgCMatrix 之內容，矩陣中每列商品的 K-近鄰都是 30 個不同的商品。

以下為模擬上述 jaccard 相似性演算法自訂一函式 jaccard（請參閱本章第 1 節 1.3 公式(5.3)），再自上述 dgCMatrix 物件中取其中不為 0 者加以驗算結果。

```
jaccard<- function(x, y){    # 自訂 jaccard similarity 函式
  if(length(x) == length(y)){
    intersection=sum(x*y)
    union = sum(x+y)-
      length(which((x+y)==2))
    return(intersection/union)
  } else{
    stop('向量長度需一致')
  }
}
cid<-which(model_detail$sim[1,]>0)[1] # 自商品相似矩陣找出>0 來印證
model_detail$sim[       # 顯示商品相似性矩陣(dgCMatrix)內容
  1,cid,drop=FALSE]    # 第 1 列，cid 行內容
dimn<-dimnames(                # 讀取相似矩陣之商品代號
  model_detail$sim[1,
  cid,drop=FALSE])
recc_model@model$sim[  # 找出兩個商品之相似值
  dimn[[1]],dimn[[2]],
  drop=FALSE]
```

```
> model_detail$sim[     # 顯示商品相似性方陣(dgCMatrix)內容
+   1,cid,drop=FALSE]    # 第1列，cid行內容
1 x 1 sparse Matrix of class "dgCMatrix"
          15044D
10002 0.1029412
```

♠圖 5-62 自 model_detail$sim 取>0 之一筆

圖 5-62、圖 5-63 分別以指標或行列之名稱自經過 ML 的 dgCMatrix 物件中取商品 10002 與 15044D 之相似值為 0.1029412。

```
> recc_model@model$sim[     # 找出兩個商品之相似值
+    dimn[[1]],dimn[[2]],
+    drop=FALSE]
1 x 1 sparse Matrix of class "dgCMatrix"
             15044D
10002 0.1029412
```

⋒圖 5-63　依商品名稱取出其值

上述程式中 dimn 變數來自訓練組資料集（圖 5-64）的商品名稱（行名稱）：

```
train.data<-as(      # itemMatrix 轉成 matrix
  recc_data_train@data,
  'matrix')
print(train.data[1:6,1:8])   # 列印訓練組部分矩陣資料
```

```
> print(train.data[1:6,1:8])  # 列印訓練組部分矩陣資料
       10002 10080 10120 10125 10133 10135 11001 15030
12451   TRUE FALSE FALSE FALSE FALSE FALSE FALSE FALSE
12510   TRUE FALSE FALSE FALSE FALSE FALSE FALSE FALSE
12583   TRUE FALSE FALSE FALSE FALSE FALSE FALSE FALSE
12637   TRUE FALSE FALSE FALSE FALSE FALSE FALSE FALSE
12681   TRUE FALSE FALSE FALSE FALSE FALSE FALSE FALSE
12682   TRUE FALSE FALSE FALSE FALSE FALSE FALSE FALSE
```

⋒圖 5-64　訓練組部分矩陣資料

取其行向量於自訂 jaccard 函式計算結果如下圖 5-65 與來自 Recommender 回傳物件 recc_model 之 sim（圖 5-62、圖 5-63）相吻合，其 jaccard 相似值同為 0.1029412，需注意訓練組來自隨機抽樣，讀者在圖 5-62、圖 5-63 的商品名稱或有不同。

```
jaccard(                                    #印證 jaccard
  train.data[,dimn[[1]]],
  train.data[,dimn[[2]]])
```

```
> jaccard(                          #印證 jaccard
+    train.data[,dimn[[1]]],
+    train.data[,dimn[[2]]])
[1] 0.1029412
```

๑圖 5-65　自訂 jaccard 函式計算結果

4. **為客戶推薦商品**

前述建構之推薦模式經指定演算法產生的商品相似性矩陣,以下將以
測試組資料集的客戶為對象預估客戶將購買的商品使成為各客戶之
推薦清單。

```
n_recommended<-5           # 推薦商品個數
recc_predicted<-predict(   # 使用前述推薦模型建立推薦商品
  object=recc_model,       # 推薦模型
  newdata=recc_data_test,  # 測試組資料
  n=n_recommended,         # 推薦商品個數
  type='topNList')         # 推薦類別(結果)
recc_matrix<-sapply(       # 測試組的使用者的 topNList
  X=recc_predicted@items,  # 測試組每客戶預測結果(list 物件)
  FUN=function(x){         # x 為商品 index
    return (recc_predicted@itemLabels[x])#傳回對應之推薦商品名稱
  })
print(recc_matrix[,1:10]) # 列印前 10 筆客戶推薦商品(n_recommende
d=5)
```

```
> print(recc_matrix[,1:10]) # 列印前10筆客戶推薦商品(n_recommended=5)
       12673    12731    12872    13069    13148    14258    14713    16098    17085    17994
[1,] "22517"  "22400"  "22629"  "22569"  "84951A" "82551"  "22751"  "22800"  "23249"  "21499"
[2,] "22514"  "23172"  "22287"  "84569A" "22450"  "15056P" "85150"  "21928"  "22472"  "20727"
[3,] "51014C" "22383"  "84625A" "22570"  "22510"  "22384"  "85049G" "21929"  "15056BL" "22996"
[4,] "22515"  "22384"  "22413"  "22443"  "23154"  "23206"  "22523"  "22801"  "23250"  "23209"
[5,] "23474"  "20728"  "22749"  "20728"  "20728"  "23203"  "85049F" "22380"  "21791"  "22999"
```

圖 5-66　對客戶的推薦商品

圖 5-66 設推薦清單為 5 項不同商品，predict 其計算方式：

a. 先找出客戶已購商品之相似商品 b. 自相似商品中取最相似之 5 項商品。

圖 5-66 商品推薦清單只有商品代號，吾人可利用商品主檔的商品代號（StockCode）帶出其商品說明（Description）推薦予客戶（圖 5-67）。

```
recc_matrix_desc<-apply(    # 將前 10 筆客戶的推薦商品轉以商品名稱
  X=recc_matrix[,1:10],
  MARGIN=2,                 # 以行向量傳入 FUN 指定之函式處理後傳回
  FUN=function(x){
    return (dplyr::filter(  # 傳回從商品主檔過濾的名稱
      item_master,
      StockCode %in% x))
  }
)
print(recc_matrix_desc[1:2]) # 列印前 2 客戶之推薦商品
Top_5_List<-as(recc_predicted, "list")  # 將 topNList 轉成 list 物件
print(Top_5_List[1:2])           # 列印前 2 客戶推薦商品
getRatings(recc_predicted)[1:2] # 同上列印前 2 客戶推薦商品的評比
```

```
> print(recc_matrix_desc[1:2])    # 列印前2客戶之推薦商品
$`12673`
# A tibble: 5 x 2
  StockCode Description
  <chr>     <chr>
1 51014C    FEATHER PEN, COAL BLACK
2 22514     CHILDS GARDEN SPADE BLUE
3 23474     WOODLAND SMALL BLUE FELT HEART
4 22515     CHILDS GARDEN SPADE PINK
5 22517     CHILDS GARDEN RAKE PINK

$`12731`
# A tibble: 5 x 2
  StockCode Description
  <chr>     <chr>
1 23172     REGENCY TEA PLATE PINK
2 22384     LUNCH BAG PINK POLKADOT
3 20728     LUNCH BAG CARS BLUE
4 22383     LUNCH BAG SUKI DESIGN
5 22400     MAGNETS PACK OF 4 HOME SWEET HOME
```

⋂圖 5-67　客戶的商品推薦清單

```
> print(Top_5_List[1:2])          # 列印前2客戶推薦商品
$`12673`
[1] "22517"  "22514"  "51014C"  "22515"  "23474"

$`12731`
[1] "22400"  "23172"  "22383"  "22384"  "20728"

> getRatings(recc_predicted)[1:2] # 同上列印前2客戶推薦商品的評比
$`12673`
[1] 0.5111111 0.4363636 0.3549167 0.3518519 0.3269659

$`12731`
[1] 0.4432617 0.4161242 0.4033855 0.3896460 0.3878212
```

⋂圖 5-68　推薦商品及預估評比

　　吾人可對圖 5-68 中客戶 12673 印證其推薦商品演算法過程如下程式，其它客戶亦同：

```
sim <- model_detail$sim   # 商品相似性矩陣
u <- as(                  # 將測試組資料物件轉 dgCMatrix 類別
  recc_data_test,'dgCMatrix')
rtgs<- t(                 # 依使用者已購商品的相似值做為評比值
  as(tcrossprod(sim,u)/
     tcrossprod(sim!=0, u !=0),
```

```
        "matrix"))
rtgs_r<-removeKnownRatings(          # 將測試組已購商品去除
   as(rtgs,'realRatingMatrix'),
   recc_data_test)
sort(                                # 降冪排序列出前 5 項(推薦)商品
   rtgs_r@data['12673',],decreasing=TRUE)[1:5]
```

```
> sort(                               # 降冪排序列出前5項(推薦)商品
+    rtgs_r@data['12673',],decreasing=TRUE)[1:5]
     22517      22514     51014C      22515      23474
0.5111111  0.4363636  0.3549167  0.3518519  0.3269659
```

∩圖 5-69　客戶 12673 之推薦商品及預估評比

圖 5-69 的結果與圖 5-68 一致。

5. **評估模型與參數的推薦成效**

自訂一針對二元評比矩陣的評估函式如下 evaluateModel，將可能模擬的模型參數設為函式各引數如下，函式中使用二元分類混淆矩陣做為推薦精確度成效之衡量依據。

```
evaluateModel<-function(    # 函式宣告
   bin_matrix,              # 二元矩陣(binaryRatingMatrix)
   n_fold=10,               # k-摺疊 數
   items_to_keep=4,         # 假設 known item 數
   number_neighbors=30,     # KNN 數
   weight_description=0.2,
   items_to_recommend=5,    # 對推薦商品數
   byUser=TRUE              # 依客戶(使用者)評估
){
   set.seed(1)    # 確保 k-fold 的資料組於每次評估都相同內容
   eval_sets<- evaluationScheme(     # 建立評估方案
      data=bin_matrix,               # 傳入參數值(二元評比矩陣)
      method="cross-validation",     # 分成 k-fold 交叉驗證
```

```
    k=n_fold,       # 傳入參數值(k-摺疊 數)
    given=min( # 每客戶保存商品數不得大於 min(rowCounts(bin_matrix))
      items_to_keep,
      min(rowCounts(bin_matrix)))
  )
  print(getData(eval_sets,'train',run=1))   # 訓練集總數
  print(getData(eval_sets,'know',run=1))    # 測試集
  print(getData(eval_sets,'unknow',run=1))  # 驗證集
  print(getList(getData(eval_sets,'know'))[1:3]) # 測試集部分客戶
  recc_model<- Recommender(
    data=getData(eval_sets,'train',run=1),
    method='IBCF',            # 基於物品(item)的協同過濾
    parameter=list(
      method='Jaccard',
      k=number_neighbors       # 只紀錄最相似的個數
    )
  )
  eval_prediction<- predict( # 對測試組資料產生預測
    object=recc_model,
    newdata=getData(eval_sets,'know'),
    n=items_to_recommend, # type=ratings 時此引數會自動忽略
    type='topNList')       # top N 清單
  print(getList(  # 列印每客戶推薦商品(items_to_recommend=5)
    eval_prediction)[1:3])
  print(getList(          # 列印已知客戶購買
    getData(eval_sets,'unknow')[1:3,]))
  eval_accuracy <- calcPredictionAccuracy(     # 衡量預測之準確度
    x=eval_prediction,     # 測試組的預測資料
    data=getData(eval_sets,'unknow'), # 測試組的實際資料
    given=items_to_recommend,          # 推薦商品數
    byUser = byUser     # 是否依每 userId
  )
  return (eval_accuracy)
}
```

```
model_evaluation<-evaluateModel(
  bin_matrix=bin_matrix,
  items_to_keep=10,
  byUser=FALSE)
if (is.vector(model_evaluation)){ # byUser 參數值決定傳回物件類別
  print(round(model_evaluation,6))
}else{
  print(model_evaluation[1:3,])
}
```

```
3330 x 2797 rating matrix of class  'binaryRatingMatrix'  with 231872 ratings.
371 x 2797 rating matrix of class  'binaryRatingMatrix'  with 3710 ratings.
371 x 2797 rating matrix of class  'binaryRatingMatrix'  with 25101 ratings.
```

↑圖 5-70　k-fold 交叉驗證所產生的各組資料集

圖 5-70 共有三組資料集（如上述程式），除了訓練組（train）、測試組（know）之外，另有一驗證組（unknow），訓練組據以產生商品的相似性矩陣，測試組則提供已知的客戶購買商品據以推估其相似商品，擇其尚未購買且最近臨者（參數 number_neighbors）之中推薦商品（參數 items_to_recommend），最後再與驗證組之客戶實際購買商品計算其二元評比矩陣，需注意上述程式 k-摺疊數雖設為 10 但是評估時仍依第 1 組摺疊進行若須使評估函式可測試其它摺疊組，宜將 run 設為評估函式的引數（請參閱[實例三]評估函式）。

```
$`12681`
 [1] "20686" "21395" "21698" "21988" "22559" "22669" "22746" "23209" "23566" "35970"

$`12748`
 [1] "21035" "21358" "21700" "22313" "22781" "22847" "22867" "23168" "23454" "85066"

$`12872`
 [1] "21175" "21755" "22178" "22578" "22732" "22738" "22834" "22940" "47566" "84988"
```

↑圖 5-71　items_to_keep=10 測試集客戶購買紀錄

圖 5-71 係依據參數 items_to_keep=10 假設客戶已購買之商品，用來推估須另行推薦之最相似商品。

```
$`12681`
[1] "21987" "21989" "22745" "22748" "22747"

$`12748`
[1] "22865" "22866" "22846" "22314" "22633"

$`12872`
[1] "22577" "22579" "22736" "85152" "23298"
```

◯圖 5-72　items_to_recommend=5 客戶推薦商品

圖 5-72 係依據參數 items_to_recommend=5 在排除已購買之商品（圖 5-71）外做出的推薦商品代號。

```
$`12681`
  [1] "10002" "16236" "16237" "16238" "20615" "20617" "20668" "20681" "20682" "20702" "20719"
 [12] "20724" "20725" "20749" "20750" "20973" "20975" "21058" "21064" "21065" "21080" "21086"
 [23] "21094" "21121" "21124" "21137" "21156" "21206" "21212" "21213" "21224" "21238" "21239"
 [34] "21240" "21394" "21428" "21429" "21430" "21439" "21452" "21506" "21509" "21544" "21559"
 [45] "21561" "21577" "21578" "21675" "21680" "21693" "21700" "21706" "21708" "21719" "21721"
 [56] "21731" "21770" "21786" "21819" "21828" "21864" "21865" "21871" "21877" "21881" "21883"
 [67] "21889" "21949" "21967" "21976" "21980" "21987" "21989" "22024" "22027" "22029" "22032"
 [78] "22035" "22037" "22041" "22083" "22138" "22139" "22142" "22181" "22191" "22197" "22198"
 [89] "22273" "22300" "22301" "22302" "22303" "22312" "22313" "22314" "22320" "22325" "22326"
[100] "22328" "22329" "22348" "22352" "22356" "22365" "22382" "22385" "22398" "22402" "22411"
[111] "22413" "22423" "22427" "22431" "22432" "22435" "22436" "22437" "22452" "22466" "22467"
[122] "22502" "22504" "22551" "22553" "22554" "22555" "22556" "22560" "22565" "22579" "22586"
[133] "22615" "22616" "22617" "22620" "22627" "22629" "22631" "22652" "22659" "22661" "22716"
[144] "22725" "22726" "22727" "22728" "22729" "22730" "22745" "22747" "22748" "22749" "22751"
[155] "22752" "22781" "22815" "22840" "22892" "22894" "22895" "22898" "22900" "22904" "22908"
[166] "22940" "22957" "22961" "22964" "22966" "22967" "22970" "22972" "22973" "22974" "22975"
[177] "22976" "22977" "22988" "22990" "22992" "23049" "23052" "23053" "23054" "23065" "23066"
```

◯圖 5-73　已知客戶購買

圖 5-73 為驗證組（unknow），用來衡量商品推薦模型的成效（圖 5-74）。

```
> if (is.vector(model_evaluation)){
+   print(model_evaluation)
+ }else{
+   print(model_evaluation[1:3, ])
+ }
      TP FP   FN   TN    N precision    recall         TPR         FPR
12681  5  0  252 2535 2792       1.0 0.019455253 0.019455253 0.000000000
12748  5  0 1672 1115 2792       1.0 0.002981515 0.002981515 0.000000000
12872  2  3   46 2741 2792       0.4 0.041666667 0.041666667 0.001093294
```

◯圖 5-74　依客戶的模型成效

圖 5-74 係依參數 byUser 對驗證組每個客戶推薦商品的二元分類混淆矩陣，若需對整體做出二元分類混淆矩陣的結果只需將 byUser 參數值以

FALSE 來執行，將得出下圖 5-75 其各類值為圖 5-74 之行平均值。限於篇幅在這裡只推薦 5 項商品（items_to_recommend=5），其 FN（偽陰）數字相對較高，間接影響吾人通常拿來衡量推薦效果的 TPR(recall)，讀者可試著提高推薦量，也將降低 FN 有助於 TPR 值，推薦量增加一方面對於系統處理頻率降低有益，另一方面對客戶有限空間的互動介面也可採隨機或輪播方式呈現增加使用者關注的目光。

```
> if (is.vector(model_evaluation)){  # byUser參數值決定傳回物件類別
+   print(round(model_evaluation,6))
+ }else{
+   print(model_evaluation[1:3,])
+ }
        TP        FP        FN        TN         N  precision    recall
  2.067385  2.932615 65.590296 2721.409704 2792.000000  0.413477  0.073372
       TPR       FPR
  0.073372  0.001069
```

🎧圖 5-75　整體之二元分類混淆矩陣

【實例五】

試比較[實例四]不同推薦模型下的效益差異。

R軟體的應用

以下程式接續[實例四]的環境變數，繼續探討不同的推薦模型與模型參數對精準推估的影響。

```
items_to_recommendations<-c(1,5,seq(10,100,10))  # 各推薦數
number_neighbors<-30     # KNN 個數
n_fold<-3    # k-摺疊數
items_to_keep<- 10  # 假設已知客戶購得商品
eval_sets<- evaluationScheme(      # 建立評估方案
  data=bin_matrix,               # 傳入參數值(二元評比矩陣)
  method="cross-validation",     # 分成 k-fold 交叉驗證
  k=n_fold,     # 傳入參數值(k-摺疊 數)
  given=min( # 每客戶保存商品數不得大於 min(rowCounts(bin_matrix))
    items_to_keep,
```

```
    min(rowCounts(bin_matrix))))
length(eval_sets@runsTrain)    # 訓練組數
getData(eval_sets,'train',run=1)    # 訓練組第一組
getData(eval_sets,'train',run=2)    # 訓練組第二組
getData(eval_sets,'train',run=3)    # 訓練組第三組
(nrow(getData(eval_sets,'train'))+  # 驗證訓練組與測試組合計佔比
    nrow(getData(eval_sets,'know')))/
nrow(bin_matrix)
```

　　如上程式 evaluationScheme 函式依據指定的 n_fold 數將訓練組分為 3 個資料集其餘則為測試組資料集以及驗證組資料集，需注意 k 引數與 train 引數擇一給予。

```
> length(eval_sets@runsTrain)    # 訓練組數
[1] 3
> getData(eval_sets,'train',run=1)  # 訓練組第一組
2466 x 2797 rating matrix of class  'binaryRatingMatrix'  with 173730 ratings.
> getData(eval_sets,'train',run=2)  # 訓練組第二組
2466 x 2797 rating matrix of class  'binaryRatingMatrix'  with 178225 ratings.
> getData(eval_sets,'train',run=3)  # 訓練組第三組
2466 x 2797 rating matrix of class  'binaryRatingMatrix'  with 169355 ratings.
> getData(eval_sets,'know')    # 測試組
1235 x 2797 rating matrix of class  'binaryRatingMatrix'  with 12350 ratings.
> getData(eval_sets,'unknow')  # 驗證組
1235 x 2797 rating matrix of class  'binaryRatingMatrix'  with 74603 ratings.
> (nrow(getData(eval_sets,'train'))+    # 驗證訓練組與測試組合計佔比
+     nrow(getData(eval_sets,'know')))/
+ nrow(bin_matrix)
[1] 1
```

⋂圖 5-76　eval_sets 物件內容

　　如圖 5-76 說明了 k-摺疊之下訓練組共分 3 組，客戶筆數均同為 2466，訓練組及驗證組同為 1235，其合計筆數與 bin_matrix 相同為 3701。

　　接著將欲評估的推薦模型及其參數定義，使用 recommenderlab 套件的 evaluate 函式進行評估並傳回評估結果如下程式 list_results 物件（圖 5-77）。

```
IBCF_Jaccard<-list(    # 推薦模型及其參數
  name='IBCF',
```

```
    param=list(
      method='Jaccard',
      k=number_neighbors
    ))
  IBCF_cor<-list(         # 推薦模型及其參數
    name='IBCF',
    param=list(
      method='pearson',
      k=number_neighbors
    ))
  UBCF_Jaccard<-list(   # 推薦模型及其參數
    name='UBCF',
    param=list(
      method='Jaccard'
    ))
  UBCF_cor<-list(         # 推薦模型及其參數
    name='UBCF',
    param=list(
      method='pearson'
    ))
  model_to_evaluate<-list(  # 各模型列入評估
    IBCF_Jaccard=IBCF_Jaccard,
    IBCF_cor=IBCF_cor,
    UBCF_Jaccard=UBCF_Jaccard,
    UBCF_cor=UBCF_cor)
  list_results<-evaluate(  # 評估方案依各模型進行評估
    x=eval_sets,     # 評估方案
    method=model_to_evaluate,    # 各模型
    n=items_to_recommendations)  # 各推薦數
  class(list_results)     # 列示物件類別
  show(list_results)      # 列印物件內容
```

```
> class(list_results)    # 列示物件類別
[1] "evaluationResultList"
attr(,"package")
[1] "recommenderlab"
```

⋂圖 5-77　list_results 物件類別

　　list_results 物件為一擴充（extended）自 list 的 evaluationResultList
物件類別（class），該類別除了存取方法（method）繼承自 list 外，另有
該物件類別的 method，讀者可於 RStudio 以?'evaluationResultList-class' 指
令查詢相關內容，圖 5-78 的 show 及下面程式的 avg 皆是。

```
> show(list_results)    # 列印物件內容
List of evaluation results for 4 recommenders:

$IBCF_Jaccard
Evaluation results for 3 folds/samples using method   'IBCF' .

$IBCF_cor
Evaluation results for 3 folds/samples using method   'IBCF' .

$UBCF_Jaccard
Evaluation results for 3 folds/samples using method   'UBCF' .

$UBCF_cor
Evaluation results for 3 folds/samples using method   'UBCF' .
```

⋂圖 5-78　list_results 物件內容

　　圖 5-78 list_results 各模型（IBCF_Jaccard、IBCF_cor、UBCF_Jaccard、
UBCF_cor）之評估結果為其清單物件，且每一清單物件皆依照 k-摺疊參數值
3 分別產生 3 組的評估結果，圖 5-79 僅舉其中第一組訓練組為例與驗證組依
二元分類混淆矩陣計算在各個 n 值（各推薦數）下的比較，評估結果物件皆
為 evaluationResults 類別，該類別的 method，下述程式 getConfusionMatrix
為其一，其它 method 等說明可參閱 ?'evaluationResults-class'。

```
print(getConfusionMatrix(   # 列印二元分類混淆矩陣各值
  list_results$IBCF_Jaccard))
avg_matrices<-lapply(       # 依各推薦模型平均其各項指標
  X=list_results,
```

```
FUN=avg)
print(avg_matrices$IBCF_Jaccard) # 列印 IBCF_Jaccard 各項指標平均值
```

```
> print(getConfusionMatrix(  # 列印訓練組第一組二元分類誤差矩陣各值
+   list_results$IBCF_Jaccard))
[[1]]
             TP          FP       FN       TN    N precision     recall        TPR          FPR   n
 [1,]  0.4631579   0.5368421 59.15789 2726.842 2787 0.4631579 0.01923029 0.01923029 0.0001957511   1
 [2,]  1.9457490   3.0542510 57.67530 2724.325 2787 0.3891498 0.07447508 0.07447508 0.0011135599   5
 [3,]  3.3692308   6.6307692 56.25182 2720.748 2787 0.3369231 0.11880317 0.11880317 0.0024195320  10
 [4,]  5.5740891  14.4259109 54.04696 2712.953 2787 0.2787045 0.17451320 0.17451320 0.0052666634  20
 [5,]  7.2825911  22.7174089 52.33846 2704.662 2787 0.2427530 0.21585054 0.21585054 0.0082972476  30
 [6,]  8.6510121  31.3489879 50.97004 2696.030 2787 0.2162753 0.24799065 0.24799065 0.0114557274  40
 [7,]  9.8672065  40.1327935 49.75385 2687.246 2787 0.1973441 0.27248308 0.27248308 0.0146699417  50
 [8,] 10.9668016  49.0331984 48.65425 2678.346 2787 0.1827800 0.29531686 0.29531686 0.0179264825  60
 [9,] 11.9805668  58.0194332 47.64049 2669.360 2787 0.1711510 0.31674057 0.31674057 0.0212143595  70
[10,] 12.8712551  67.1287449 46.74980 2660.250 2787 0.1608907 0.33456032 0.33456032 0.0245492489  80
[11,] 13.6963563  76.3036437 45.92470 2651.075 2787 0.1521817 0.35108214 0.35108214 0.0279082991  90
[12,] 14.4817814  85.5133603 45.13927 2641.866 2787 0.1448178 0.36583572 0.36583572 0.0312798447 100
```

↷圖 5-79　IBCF_Jaccard 模型下訓練組第一組二元分類混淆矩陣各值

```
> print(avg_matrices$IBCF_Jaccard)  # 列印 IBCF_Jaccard 各項指標平均值
             TP          FP       FN       TN    N precision     recall        TPR         FPR   n
 [1,]  0.4636977   0.5363023 59.91120 2726.089 2787 0.4636977 0.01909316 0.01909316 0.000195479   1
 [2,]  1.9511471   3.0488529 58.42375 2723.576 2787 0.3902294 0.07292395 0.07292395 0.001111967   5
 [3,]  3.3892038   6.6107962 56.99570 2720.014 2787 0.3389204 0.11749517 0.11749517 0.002412413  10
 [4,]  5.5854251  14.4145749 54.78947 2712.211 2787 0.2792713 0.17652962 0.17652962 0.005263750  20
 [5,]  7.2925776  22.7074224 53.08232 2703.918 2787 0.2430859 0.21755871 0.21755871 0.008295256  30
 [6,]  8.6828610  31.3171390 51.69204 2695.308 2787 0.2170715 0.24914784 0.24914784 0.011444912  40
 [7,]  9.9052632  40.0947368 50.46964 2686.530 2787 0.1981053 0.27409076 0.27409076 0.014655771  50
 [8,] 11.0053981  48.9946019 49.36950 2677.630 2787 0.1834233 0.29653695 0.29653695 0.017912585  60
 [9,] 12.0170040  57.9829960 48.35789 2668.642 2787 0.1716715 0.31640208 0.31640208 0.021201973  70
[10,] 12.9246964  67.0753036 47.45020 2659.550 2787 0.1615587 0.33419699 0.33419699 0.024529922  80
[11,] 13.7551957  76.2448043 46.61970 2650.380 2787 0.1528355 0.34992338 0.34992338 0.027887224  90
[12,] 14.5346829  85.4636977 45.84022 2641.161 2787 0.1453468 0.36478481 0.36478481 0.031262685 100
```

↷圖 5-80　IBCF_Jaccard 加總各組平均之二元分類混淆矩陣各值

　　使用 evaluationResultList 類別的 avg method 依各推薦數 n 將 k-摺疊的 3 組 evaluationResults 按照各模型分別加總平均，圖 5-80 為評估模型之一 IBCF_Jaccard。

　　以下以接收者操作特徵曲線（receiver operating characteristic curve，ROC）比較各模型的 AUC（Area under the Curve）值：

```
recommenderlab::plot(  # 繪製 TPR/FPR ROC 曲線圖
    x=list_results,    # 資料
    y='ROC',           # 指定圖類型 ROC
```

```
    annotate=c(1),          # 圖標籤記
    legend='topleft')       # 圖例位置
title('TPR/FPR ROC 曲線圖')    # 圖名稱
recommenderlab::plot(   # 繪製 precision-recall 曲線圖
  x=list_results,         # 資料
  y='prec/rec',           # 指定圖類型 precision-recall
  annotate=c(1),          # 圖標籤記
  legend='left')          # 圖例位置
title('precision-recall 曲線圖')    # 圖名稱
```

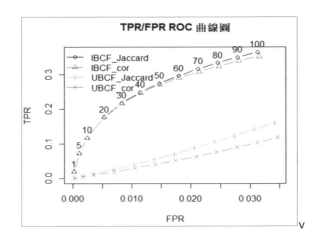

◑圖 5-81　ROC 曲線比較

　　圖 5-81 Y 軸為真陽率（TPR），X 軸為偽陽率（FPR），曲線下面積（area under the curve，AUC）顯示 IBCF 皆優於 UBCF，其中又以 IBCF_Jaccard 為最佳。

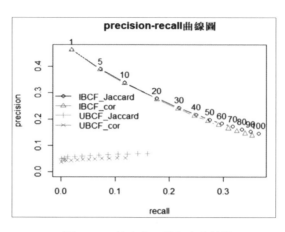

⋂圖 5-82　精確率、召回率曲線圖

圖 5-82 精確率與召回率也同樣呈現 IBCF 皆優於 UBCF，其中又以 IBCF_Jaccard 為最佳。

選擇一模型例如上述勝出的 IBCF_Jaccard 將各 KNN 值為參數比較如下：

```
k_vector<-c(5,10,20,30,40,50)      # 各 KNN 值
model_to_evaluate<-lapply(         # IBCF 各模型 KNN 參數列入評估
  X=k_vector,
  FUN=function(k){
    res<-list(
      name='IBCF',
      param=list(
        method='Jaccard',
        k=k
      ))
    return (res)
  })
names(model_to_evaluate)<-paste0(  # 為各模型命名
  'IBCF_k_',k_vector)
list_results<-evaluate(            # 各模型進行評估及結果
  x=eval_sets,                     # 評估方案
```

```
   method=model_to_evaluate,    # 各模型
   n=items_to_recommendations)  # 各推薦數
avg_matrices<-lapply(           # 依各推薦模型平均其各項指標
   X=list_results,              # 各模型評估結果
   FUN=avg)                     # 平均函式
print(avg_matrices$IBCF_k_20)   # 列印 IBCF_k_20 各項指標平均
```

```
> print(avg_matrices$IBCF_k_20)  # 列印IBCF_k_20各項指標平均
          TP          FP        FN        TN    N precision      recall        TPR          FPR   n
[1,]  0.4739541   0.5260459  59.90094 2726.099 2787 0.4739541 0.01998242 0.01998242 0.0001917403   1
[2,]  1.9856950   3.0143050  58.38920 2723.611 2787 0.3971390 0.07522804 0.07522804 0.0010992641   5
[3,]  3.4537112   6.5462888  56.92119 2720.079 2787 0.3453711 0.12073133 0.12073133 0.0023886642  10
[4,]  5.6585695  14.3414305  54.71633 2712.284 2787 0.2829285 0.18024534 0.18024534 0.0052367581  20
[5,]  7.3784076  22.6215924  52.99649 2704.004 2787 0.2459469 0.22189375 0.22189375 0.0082639059  30
[6,]  8.7994602  31.2005398  51.57544 2695.425 2787 0.2199865 0.25438150 0.25438150 0.0114025219  40
[7,] 10.0229420  39.9770580  50.35196 2686.648 2787 0.2004588 0.28011374 0.28011374 0.0146136304  50
[8,] 11.1063428  48.8928475  49.26856 2677.732 2787 0.1851057 0.30252263 0.30252263 0.0178767178  60
[9,] 12.0739541  57.9174089  48.30094 2668.708 2787 0.1724898 0.32236931 0.32236931 0.0211799494  70
[10,] 12.9489879 67.0164642  47.42591 2659.609 2787 0.1618777 0.33953547 0.33953547 0.0245117665  80
[11,] 13.7044534 76.2094467  46.67045 2650.416 2787 0.1523036 0.35439125 0.35439125 0.0278789392  90
[12,] 14.4018893 85.4121457  45.97301 2641.213 2787 0.1440929 0.36762777 0.36762777 0.0312515560 100
```

🔊圖 5-83　IBCF_Jaccard 在 KNN=20 下平均二元分類混淆矩陣各值

　　圖 5-83 僅為 KNN=20 下各推薦數 n(1,5,10,……,100)之下的比較，吾人將各 KNN 值的曲線予以比較：

```
recommenderlab::plot(  # 繪製 TPR/FPR ROC 曲線圖
   x=list_results,     # 資料
   y='ROC',            # 指定圖類型 ROC
   annotate=c(1),      # 圖標籤記
   legend='topleft')   # 圖例位置
title('ROC(TPR/FPR) 曲線圖')    # 圖名稱
recommenderlab::plot(  # 繪製 precision-recall 曲線圖
   x=list_results,     # 資料
   y='prec/rec',       # 指定圖類型 precision-recall
   annotate=c(1),      # 圖標籤記
   legend='left')      # 圖例位置
title('precision-recall 曲線圖')    # 圖名稱
```

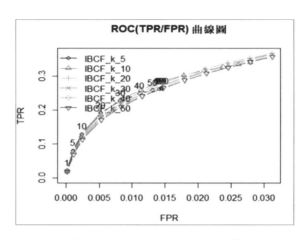

♬圖 5-84　各 KNN 值 ROC 曲線比較

圖 5-84 顯示 KNN=20 優於其它各值。

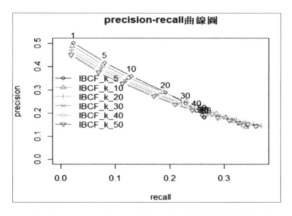

♬圖 5-85　各 KNN 值精確率、召回率曲線比較

　　圖 5-85 顯示 KNN= 5 優於 KNN=20，然從圖 5-84 KNN= 5 其曲線 TPR
值隨著推薦數 items_to_recommendations(1,5,10,....100) 最高僅來到
0.25 左右，亦即演算法在 KNN=5 在真陽率不如 KNN=20，同樣亦可比較
KNN=10 與 KNN=20，因此吾人或將視實際應用在 KNN=5~20 之間因需取
捨。

5-4 基於內容 (Content-based Filtering) 過濾

　　從商品的相關資料建立商品描述，再經匹配已知客戶的購買習慣、喜好與商品描述近似者為商品推薦清單：

1. 定義商品描述檔（item description）

2. 依客戶過去的購買歷史建立客戶特性檔（user profiles）

3. 將上述二者配對選出推薦清單

【實例六】

沿用[實例四]之資料改以基於內容的推薦系統，並評估精確性。

　　以下將示範將商品規格說明（description）欄以 TF-IDF 演算法建立商品詞語權值檔，再將客戶購買的少數紀錄與前述商品詞語權值檔匹配以推估客戶未來的採購商品。

R軟體的應用

　　商品主檔接續[實例四]的整理可至 Github 資料夾下載本例 rds 資料檔直接使用：item_master.rds，

　　如下連結：

https://github.com/hmst2020/MS/tree/master/mldata/

1. 定義商品描述檔

```
item_master<-readRDS(file='mldata/item_master.rds') # 讀取商品主檔
library(dplyr)
glimpse(item_master)    # 一瞥商品主檔
```

```
> glimpse(item_master)    # 一瞥商品主檔
Rows: 3,663
Columns: 2
$ StockCode    <chr> "85123A", "71053", "84406B", "84029G", "84029E", "22752", "21730", "22633"...
$ Description  <chr> "WHITE HANGING HEART T-LIGHT HOLDER", "WHITE METAL LANTERN", "CREAM CUPID ...
```

◗圖 5-86　一瞥商品主檔共 3663 筆

以下使用中文斷詞器，請參閱本章[實例二]相關說明：

```
library(jiebaR)
cutter <- worker(                         # 建立斷詞器
  user='mldata/user.dict.utf8',          # 詞料白名單
  stop_word='mldata/stop_words.utf8'     # 詞料黑名單
)
library(tm)
tokenize_my_token<-function(x){ # 自訂詞料庫分詞函式(傳回 list 物件)
  res<-lapply(x, function(y) {    # x 每筆(row)使用斷詞器處理
    cutter.text<- cutter[y]    # 使用斷詞器自然語言處理(含黑白名單)
    return(cutter.text)          # 傳回詞料庫分詞後之 vector
  })
  return(res)     # 傳回 list 物件
}
```

下述 unnest_tokens 函式以 item_master 每列，將 Description 欄位內容依 token 指定的函式 my_token 處理，其斷詞結果再依 token ID 每列一個詞（word）的 data frame 結構傳回（圖 5-87）：

```
library(tidytext)
item_words<-unnest_tokens(  # 行為詞料庫切分各詞為一列
  tbl=item_master[          # 詞料庫資料所在 data frame
    c('StockCode','Description')],
  output=word,            # 輸出各詞的行名稱
  input=Description,      # 輸入詞料庫的行名稱
  token='my_token'       # 自訂詞料庫分詞函式(自動加上 tokenize_)
```

```
)
item_words<-count(        # 依 group 欄位加總次數，並增次數欄位 n
  x=item_words,           # data frame 對象
  StockCode,              # group by 欄位 1
  word,                   # group by 欄位 2
  sort = TRUE)            # 是否排序(降冪)
print(item_words)         # 列印斷詞結果
```

```
> print(item_words)     # 列印斷詞結果
# A tibble: 15,716 x 3
   StockCode word      n
   <chr>     <chr> <int>
 1 21164     home      2
 2 21523     home      2
 3 21524     home      2
 4 21877     home      2
 5 22391     home      2
 6 22400     home      2
 7 22405     money     2
 8 22413     it        2
 9 22690     home      2
10 22957     paper     2
# ... with 15,706 more rows
```

∩圖 5-87　商品說明欄斷詞結果

　　使用 tidytext 套件 bind_tf_idf 函式將各商品說明的詞語計算 TF-IDF 權值使建立商品詞語權值檔（圖 5-88）：

```
item_tf_idf <- bind_tf_idf(  # 產生計算 tf-idf 結果集(data frame)
  tbl=item_words,           # 資料依據
  term=word,                # term 的欄位
  document=StockCode,       # document 的欄位
  n=n)
glimpse(item_tf_idf)        # 一瞥商品各詞語的 TF-IDF 權值
```

```
> glimpse(item_tf_idf)
Rows: 15,716
Columns: 6
$ StockCode <chr> "21164", "21523", "21524", "21877", "22391", "22400", "22405", "22413", "226...
$ word      <chr> "home", "home", "home", "home", "home", "home", "money", "it", "home", "pape...
$ n         <int> 2, 2, 2, 2, 2, 2, 2, 2, 2, 2, 2, 2, 2, 2, 2, 2, 2, 2, 2, 2, 2, 2,...
$ tf        <dbl> 0.4000000, 0.3333333, 0.4000000, 0.5000000, 0.5000000, 0.4000000, 0.4000000,...
$ idf       <dbl> 4.947941, 4.947941, 4.947941, 4.947941, 4.947941, 4.947941, 5.641088, 8.2060...
$ tf_idf    <dbl> 1.979176, 1.649314, 1.979176, 2.473971, 2.473971, 1.979176, 2.256435, 2.3445...
```

⚙圖 5-88　一瞥商品各詞語的 TF-IDF 權值

　　取得客戶的過去交易資料接續[實例四]的整理可至 Github 資料夾下載本例 rds 資料檔直接使用：Online_Retail.rds，

　　如下連結：https://github.com/hmst2020/MS/tree/master/mldata/

　　然後進一步篩選客戶交易高於頻次門檻（threshold）之客戶與商品做為模擬評估對象。

```
xls_data<-readRDS(file='mldata/Online_Retail.rds')
tbl_data<-table(    # 將客戶的商品交易次數對應
  xls_data[,c('Customer.ID','StockCode')])
tbl_data[tbl_data==0]<-NA
library(recommenderlab)
user_freq<-as(    # 客戶的商品交易次數轉成實際評比物件
  as(tbl_data,'matrix'),
  'realRatingMatrix')
user_freq<-user_freq[    # 過濾消費過低的客戶與冷門商品
  rowCounts(user_freq)>=30,
  colCounts(user_freq)>=30
]
print(getList(user_freq)[1:2]) #列印前 2 客戶購買紀錄
```

```
> print(getList(user_freq)[1:2]) #列印前2客戶購買紀錄
$'12347'
 16008 17021 20665 20719 21035 21041 21064 21154 21171 21578 21636 21731 21791 21832
     1     1     1     4     1     2     2     1     1     1     1     5     3     1
 21975 21976 22131 22195 22196 22212 22252 22371 22372 22374 22375 22376 22417 22422
     2     2     1     3     4     1     1     4     2     3     6     3     2     1
 22423 22432 22492 22494 22497 22550 22561 22621 22697 22698 22699 22725 22726 22727
     4     1     3     1     3     1     1     1     1     2     4     3     1     5
 22728 22729 22771 22772 22773 22774 22775 22805 22821 22945 22992 23076 23084 23146
     3     2     1     1     1     2     1     1     1     1     2     1     3     3
 23147 23162 23170 23171 23172 23173 23174 23175 23177 23271 23297 23308 23316 23480
     1     2     1     1     1     1     1     2     2     1     1     2     1     1
 23497 23503 23506 23508 23552 47559B 47567B 47580 51014C 71477 84558A 84559A 84559B 84969
     1     1     2     1     1     1     1     1     1     1     5     1     1     2
 84991 84992 84997B 84997C 84997D 85116 85178 85232D
     3     3     1     1     1     1     2     1

$'12349'
 20685 20914 21086 21136 21231 21232 21411 21531 21533 21535 21563 21564 21787 22059
     1     1     1     1     1     1     1     1     1     1     1     1     1     1
 22064 22070 22071 22131 22195 22326 22333 22423 22430 22441 22553 22554 22555 22556
     1     1     1     1     1     1     1     1     1     1     1     1     1     1
 22557 22567 22601 22666 22692 22704 22720 22722 22832 22960 23020 23108 23112 23113
     1     1     1     1     1     1     1     1     1     1     1     1     1     1
 23198 23236 23240 23253 23263 23273 23283 23293 23294 23295 23296 23439 23460 23493
     1     1     1     1     1     1     1     1     1     1     1     1     1     1
 23494 23497 23514 23545 35970 37448 37500 47504H 48184 48185 48194 84078A 84978 85014A
     1     1     1     1     1     1     1     1     1     1     1     1     1     1
 85014B 85053
     1     1
```

◑圖 5-89　頻次門檻過濾後客戶購買紀錄

2. **依客戶過去的購買歷史建立客戶特性檔**

將客戶的購買紀錄取其前數筆如下程式的 items_to_keep 變數做為推估推薦清單的基礎：

$$W_w = \sum_{i=1}^{I}(TFIDF_{i,w})(R_i) \quad\cdots\cdots\cdots\cdots\cdots\cdots\cdots(5.6.1)$$

這裡，W：客戶對詞語特性權值

I：已知客戶購買之商品

$TFIDF_{i,w}$：i 商品詞語 w 的 TF-IDF 權值

R_i：客戶購買 i 商品次數

```
########## recommender by user profile###########
n_recommended<-5    # 推薦商品筆數
items_to_keep<-10   # 假設已知購買商品項目數
user_profiles<-lapply(    # 建立客戶購買紀錄(以詞語加權值)
  getList(user_freq),    # user_freq 的清單逐筆處理
```

```
FUN=function(user_rating){
  user_rating<-user_rating[   # 最多 items_to_keep 筆做為已知
    1:min(items_to_keep,length(user_rating))]
  df<-data.frame(         # 建立該客戶的已知商品及評比
    item=names(user_rating),freq=user_rating)
  result<-item_tf_idf[ # 用已知商品相關的詞語與評比 left join
    which(item_tf_idf$StockCode %in% names(user_rating)),
    ] %>%
    left_join(df,by=c('StockCode'='item'))
  result<-cbind(    # 計算商品各詞語 tf-idf*客戶評比為權重值
    result[,c('StockCode','word')],
      data.frame(weighted=result$tf_idf*result$freq)
  ) %>%
    group_by(word) %>%     # 依詞語加總
    summarise(weighted=sum(weighted),n=n(),.groups='drop')
  return (result[         # 回傳依權值降冪的詞語紀錄
    order(result$weighted,
        decreasing = TRUE),])
})
print(user_profiles[1:2]) #列印前 2 客戶詞語紀錄
```

```
> print(user_profiles[1:1]) #列印第1筆客戶詞語紀錄
$`12347`
# A tibble: 30 x 3
   word      weighted     n
   <chr>        <dbl> <int>
 1 charlotte     7.87     1
 2 woodland      7.59     2
 3 bag           4.88     2
 4 retrospot     4.35     4
 5 glove         4.29     2
 6 oven          4.17     2
 7 speaker       3.76     1
 8 boom          3.55     1
 9 red           3.48     4
10 boys          3.41     1
# ... with 20 more rows
```

∩圖 5-90　客戶詞語紀錄

圖 5-90 的 weighted 表示客戶購買商品裡該詞語的權值(公式 5.6.1)。

3. 將上述二者配對選出推薦清單

取客戶詞語與商品詞語交集的商品依商品加總權值降冪排序,選出指定前數筆（n_recommended 變數）為推薦清單（圖 5-91）。

```
eval_prediction<-lapply(    # 以客戶購買紀錄推估客戶未知的購買
  seq_along(user_profiles),  # 已知的客戶購買詞語紀錄
  FUN=function(x,y,z,i){# x~z 傳入之參數值,i 為 seq_along 函式產生之順序碼
    user_id<-y[i]       # 依順序碼取出客戶代號
    user_pro<-x[[i]]    # 依順序碼取出客戶購買詞語紀錄
    user_predicted<-inner_join( # 以 word 欄位 join 兩個 data frame
      user_pro,     # 已排序的客戶購買詞語紀錄
      item_tf_idf,  # 各商品的詞語 TF-IDF 權值
      by=c('word'='word'))[,c('word','weighted','StockCode',
'idf')]
    user_recom<-user_predicted %>%    # 將同商品的 TF-IDF 權重加總
      group_by(StockCode) %>%
      summarise(predicted_weighted=sum(weighted),.groups='dr
op')
    user_bought<-names(   # 已知購買的商品代號
      z[[user_id]][1:min(items_to_keep,length(z[[user_i
d]]))])
    user_recom<-user_recom[  # 排除已購買之商品
      !user_recom$StockCode %in%
        user_bought,]
    recom_items<-user_recom[order( # 依權值排序推薦前 n_recommended 項
      user_recom$predicted_weighted,
      decreasing = TRUE),][1:n_recommended,]
    return (recom_items)  # 傳回每客戶之推薦商品清單
  },
  x=user_profiles,    # 所有客戶已知的購買詞語紀錄
  y=names(user_profiles), # 所有客戶代號
  z=getList(user_freq)    # 所有客戶的購買紀錄
```

```
)
names(eval_prediction)<-names(user_profiles) # 賦予 list 客戶名稱
print(eval_prediction[1:1]) #列印第 1 筆客戶推薦清單
```

```
> print(eval_prediction[1:1]) #列印第1筆客戶推薦清單
$`12347`
# A tibble: 5 x 2
  StockCode predicted_weighted
  <chr>              <dbl>
1 20724               20.6
2 22348               13.6
3 22355               13.4
4 22661               13.4
5 23204               13.4
```

⋒圖 5-91　依客戶商品推薦清單與預估權重

4.　以 Confusion Matrix 評估推薦準確性

以每客戶商品推薦清單與驗證組計算評估結果（圖 5-92）。

```
N<-ncol(user_freq)-n_recommended   # 評估商品總數
eval_accuracy<-lapply(    # 估計對客戶推薦的準確性
  seq_along(eval_prediction),   # 依每推薦每客戶的商品清單處理
  FUN=function(x,y,z,i){ # x,y,z 參考函式傳入之參數值，i 為順序碼
    recom_items<-x[[i]]   # 客戶之推薦商品清單
    TP<-nrow(recom_items[   # 計算 TP
      recom_items$StockCode %in%
        names(z[[y[i]]]),])
    FP<-n_recommended-TP          # 計算 FP
    FN<-length(z[[y[i]]])-TP      # 計算 FN
    TN<-N-(TP+FP+FN)              # 計算 TN
    precision<-TP/n_recommended   # 計算精確比例
    recall<-TP/(TP+FN)   # 計算召回比例
    TPR<-recall          # 計算真陽率
    FPR<-FP/(FP+TN)      # 計算偽陽率
    return (c(TP=TP,FP=FP,FN=FN,TN=TN,
            N=N,precision=precision,recall=recall,
```

```
                TPR=TPR,FPR=FPR))
  },
  x=eval_prediction,
  y=names(eval_prediction),
  z=getList(user_freq)
)
```

names(eval_accuracy)<-names(eval_prediction)   # 賦予 list 客戶名稱
acc_sum<-t(as.data.frame(eval_accuracy)) # 轉換以客戶為列之評估資料
rownames(acc_sum)<-substring(rownames(acc_sum),2) # 賦予客戶名稱
print(round(colMeans(acc_sum),6)) # 列印整體之 confusion matrix

```
> print(round(colMeans(acc_sum),6))    # 列印整體之confusion matrix
       TP         FP         FN          TN          N   precision     recall        TPR
 0.687861   4.312139  91.724195 1986.275805 2083.000000  0.137572   0.008833   0.008833
      FPR
 0.002165
```

∩圖 5-92　整體之二元分類混淆矩陣

參考文獻

1. Suresh K. Gorakala and Michele Usuelli (2015) Building a Recommendation System with R features the package recommenderlab.

2. Sarwar, B., Karypis, G., Konstan, J., & Riedl, J. (2001, April). Item-based collaborative filtering recommendation algorithms. In Proceedings of the 10th international conference on World Wide Web (pp. 285-295).

3. Yang

4. Breiman, L. (2001). Random forests. *Machine learning*, *45*(1), 5-32.

5. Datla, M. V. (2015, December). Bench marking of classification algorithms: Decision Trees and Random Forests-a case study using R. In 2015 international conference on trends in automation, communications and computing technology (I-TACT-15) (pp. 1-7). IEEE.

6. Aoudi, Wissam, and Aziz M. Barbar. "Support vector machines: A distance-based approach to multi-class classification." *2016 IEEE International Multidisciplinary Conference on Engineering Technology (IMCET)*. IEEE, 2016.

7. 連珮妤（2019）鐵達尼號唯一日本倖存者，回國竟被痛罵懦夫、國恥！死後日記揭「真相」讓世人都沉默，風傳媒。

8. Singh, K., Nagpal, R., & Sehgal, R. (2020, January). Exploratory Data Analysis and Machine Learning on Titanic Disaster Dataset. In *2020 10th International Conference on Cloud Computing, Data Science & Engineering (Confluence)* (pp. 320-326). IEEE.

9. Lam, E., & Tang, C. (2012). CS229 Titanic–Machine Learning From Disaster.

10. El-Shaarawi, A., & Anquandah, J. S. Environmental Statistics Report on Edgar Anderson's Iris Data Analysis.

11. 上網日期： 2021 年 3 月 29 日，檢自： https://en.wikipedia.org/wiki/Iris_flower_data_set

12. Gupta, V., & Lehal, G. S. (2009). A survey of text mining techniques and applications. *Journal of emerging technologies in web intelligence*, 1(1), 60-76.

13. 上網日期： 2021 年 4 月 1 日，檢自： https://www.itread01.com/content/1546211528.html

14. Su, X., & Khoshgoftaar, T. M. (2009). A survey of collaborative filtering techniques. *Advances in artificial intelligence*, 2009.

15. Learning, A. M. (2018). Developer Guide. *Amazon Web Services*.

商品推薦

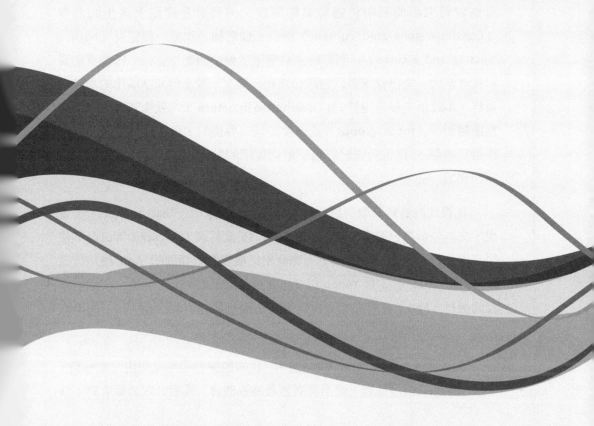

6

情感分析、意見探勘

　　隨著互聯網的加速演進，網站、社交網絡、部落格、線上入口網站、評論、意見、推薦、評級和反饋都是由撰寫者產生的。撰寫者所產生的情感內容可以是關於書籍、人物、旅館、產品、研究、事件等。這些情感對企業、政府和個人都非常有益。

　　情感分析（Sentiment Analysis）或稱**意見**探勘（Opinion Mining）為從社群媒體（social media）中，萃取撰寫者/消費者所產生的**情感**內容，汲取有關顧客的洞察（insights）。情感分析匯總及分析取自社交網站，如推特、部落格、產品評論，以及各種評價商務網站的開放資料，提供了「**傾聽**」（listen in）市場消費者的機會，辨察潛在傾向與偏見，期望這些綜合資料更具代表性且更準確。(1) 透過觀察消費者對某一類別產品的描述，公司原則上，可以更好地了解消費者線上的討論和行銷機會、市場結構、競爭格局以及自己和競爭對手產品的特點。(2)

　　近年來，學界和業界的行銷研究開始利用這些豐沛的供應資料，但對這些資料來源的利用仍處於早期階段。消費者在網路上產生的內容（Consumer-generated content）既是一種祝福，也是一種詛咒（both a blessing and a curse）。豐沛的資料帶來了幾個困難：首先，所提供的資料量非常大，使得資訊難以追蹤和量化。其次，豐富但非結構化的消費者資料，本質上主要是定性的（qualitative in nature），就像資料可以從**焦點團體**訪談（focus groups）或深度訪談中獲得的，但規模要大得多，這使得它嘈雜－以至於它已經幾乎不切實際的量化和資料轉換成有用的資訊和知識。(2)

　　從豐沛的資料萃取情感分析，可經由文本分析（Text analysis）來實現。文本分析早已被廣泛使用。2011 年 15 歲英國少年 Nick D'Aloisio，使用文本分析 （Text analysis），開發出以**摘要報紙新聞**的 App 應用程式 Summly，2013 年 3 月 Yahoo 以 3,000 萬年買下此 App。另外，美國聯邦儲備銀行（Fed）使用文本分析技術來監視有關經濟的輿論，以了解影響消費者信心的因素。

　　文本分析有許多有益的商業應用。比如製藥公司可以使用文本分析，來加快藥品的研發流程、將消費者抱怨轉為機會，或者汲取消費者對不良藥物反應（ADR）的討論，產生市場結構感知圖。目前世界已實施健保的國家中，莫不面臨健保預算有限，該如何把資源用在刀口上，一直是困難任務。**新藥**納入健保給付與否，除了衡量其療效與安全性外，最被重視的就是新藥對健保預算帶來的衝擊；然而近年來，國際社會開始檢討，除了療效、安全性、經濟衝擊，也應重視「**病人用藥經驗**」，學術上稱為「**真實世界證據（Real world evidence）**」，也就是新藥運用於非臨床試驗病人身上的影響，他們用藥後的**回饋**更能帶來真實的心聲。[3]

【實例一】

從糖尿病藥物論壇 （Diabetes Drug Forums）中汲取消費者對不良藥物反應（ADR）的討論，產生市場結構感知圖

Web 2.0 是指透過網路應用，以使用者為中心，促進網路上使用者彼此間的資訊交流和協同合作。在 Web 2.0 下，部落格、論壇和聊天室為互聯網使用者提供了聚會場所。這些聚集地以大量資料的形式留下消費者的想法、信念、體驗甚至互動的數位足跡。產生市場結構感知圖和有意義的見解，而**無需**採訪任何消費者。

1. 糖尿病藥物資料（Diabetes Drug Data）

2012 年 Oded Netzer、Ronen Feldman 等 4 位學者在 Marketing Science 期刊，發表透過文本挖掘進行監視市場結構的研究，深入探討文本關係和情感分析，以調查在論壇提到跟他們有相關的不良藥物反應（adverse reactions）。如表 6-1：

表 6-1　糖尿病藥物論壇資料（The Diabetes Drugs Forum Data）[2]

Forum	Forum 論壇	執行緒數目 No. of threads	訊息數目 No. of messages	句子數目 No. of sentences	單一使用者數 No. of unique users	日期 Dates	Dates
DiabetesForums.com	DiabetesForums.com	17,229	228,690	1,449,757	4,881	02/2002–05/2008	02/2002–05/2008
HealthBoards.com	HealthBoards.com	4,418	24,934	216,220	3,723	11/2000–05/2008	11/2000–05/2008
Forum.lowcarber.org	Forum.lowcarber.org	22,092	325,592	3,106,362	7,172	10/2002–05/2008	10/2002–05/2008
Diabetes.Blog.com	Diabetes.Blog.com	61	29,359	227,878	3,922	07/2005–05/2008	07/2005–05/2008
DiabetesDaily.com	DiabetesDaily.com	5,884	62,527	380,158	2,169	05/2006–05/2008	05/2006–05/2008
Total	Total	49,684	671,102	5,380,375	21,867		

表 6-1 的前三欄是從 5 個論壇萃取資訊後的區塊。將記錄分為三個級別的區塊：**執行緒**（thread）、**訊息**（message）和**句子**（sentences）。執行緒通常包含數百條訊息，而訊息很短，通常僅由一個或幾個句子或句子片段組成。Oded Netzer 等人使用**訊息**作為主要分析單位。(2) 也就是說，在每條訊息中尋找產品、品牌和用詞（terms）成對同時出現（co-occurrence），用詞是用來描述產品的，例如汽車的烤漆（paint）和內飾（interior）。

下載了來自 5 個最大的糖尿病藥物論壇的整個論壇，表 6-1 提供了每個論壇的匯總統計資訊。總的來說，挖掘了超過 670,000 條訊息（超過 500 萬個句子）。

2. 分析藥物不良反應 （Analyzing Adverse Drug Reactions）(2)

透過消費者論壇，評估了消費者對一種稱為「不良藥物反應」（adverse drug reaction，ADR）現象的討論，ADR 是服用正常劑量的藥物而造成的醫療損害。一個 ADR 更常被稱為「副作用」；但是，副作用可能是負面的，也可能是正面的，而 ADR 僅指負面的影響。最近估計所有住院治療中有 3% - 5%是由 ADR 引起的（美國每年約有 30 萬例）。

在藥物獲得批准和上市之前，ADR 要在臨床試驗中對病人樣本進行檢查。由於研究的患者數量相對較少，試驗持續時間較短，以及特殊的（idiosyncratic）情況，臨床試驗經常遺漏 ADR。因此，有多種上市前後 ADR 監測機制，例如追蹤性研究（cohort study）和案例研究、人口統計以及期刊和醫生的軼聞報告（anecdotal reporting）。此外，世界衛生組織（WHO）和美國食品藥品管理局（FDA）使用不良事件報告系統（Adverse Event Reporting System，AERS）的管道收集有關上市後 ADR 事件的資訊。

一些醫學有關插頁通常由很長的清單組成，使得患者在嘗試尋找 ADR 盛行資訊時，通常遇到見樹不見林的困難，可以解釋為何以藥物和疾病為中心的論壇受歡迎的程度，在論壇那裡患者可以分享使用此類藥物的共同經驗。這些論壇報告了患者對藥物的第一手體驗，且作為隨時不斷更新的生活環境。藥廠可以挖掘這些論壇，即時了解消費者對他們及其競爭者所生產藥物的看法。文本挖掘方法的成本可能低於傳統上的藥物上市後研究方法，並且產生的結果對樣本大小量問題不太敏感。

Oded Netzer 等人建立了一個經常被提到，與每種糖尿病藥物有負面關係的所有 ADR 的列表，如表 6-2 所示。表 6-2 的左前三列 - 藥物、不良藥物反應、Lift（提升度），列出了所有在 95%水準下，lift 顯著高於 1 的藥物不良反應關係。為評估萃取藥物 ADR 關係的有效性，還收集了美國領先的健康入口網站 WebMD 的每種糖尿病藥物 ADR 資訊 - 發生頻率和嚴重程度，如表 6-2 右後二列。表 6-2 的藥物，只取前 3 種，尚有 Glucotrol、Metformin 等，共 12 種藥物。

本實例使用提升度（Lift）衡量。Lift 值來自 Apriori 演算法，在購物籃分析時，利用統計中的關聯法則（Association Rules，AR），要找出這種關聯，只要一些簡單的統計，就可以挖掘出資料的背後隱藏的模式（Pattern）。Lift 是兩個用詞期待看到他們在一起的頻率，實際上，同時出現的比率。

Lift 公式如下：

$$\text{Lift}(A,B) = \frac{P(A,B)}{P(A) \times P(B)}$$

中 P(X) 是用詞 X 在給定訊息中出現的機率，而且 P(X,Y) 是 X 及 Y 在給定訊息中出現的機率。Lift 小於（大於）1 表示這兩個用詞在論壇中同時出現，小於（大於）兩個用詞中的每一個單獨所預期出現的。亦可使用其他常用的同時出現矩陣的正規化（normalization）方法，譬如第五章推薦系統的手法如 Jaccard index、餘弦相似性（Cosine similarity）、Term frequency – inverse document frequency、皮爾遜相關係數（Pearson correlation coefficient）可進一步做比較衡量。

表 6-2　Drug-ADR Relationships Extracted from the Forums（只取前 3 種藥物）

Drug 藥物	ADR 不良藥物反應	Lift 提升度	Frequency 發生頻率	Severity 嚴重程度
Actos	Fluid retention 水腫	6.51	Infrequent	Severe
Actos	Liver problems	4.89	Rare	Severe
Actos	Edema 浮腫	4.54	Rare	Severe 嚴重
Actos	Swelling	4.45	Infrequent	Severe
Actos	Weight gain	3.12	Rare	Severe
Amaryl	Low blood sugar 低血糖	8.23	Infrequent	Severe
Amaryl	Weight gain	3.81	Doesn't exist	
Avandia	Heart problems 心臟問題	6.77	Rare 罕見	Severe
Avandia	Edema 浮腫	6.42	Rare	Severe
Avandia	Swelling	4.25	Infrequent	Severe
Avandia	Fluid retention	3.31	Infrequent	Severe
Avandia	Weight gain	2.24	Rare	Severe
Byetta	Bad taste	2.87	Rare	Less severe
Byetta	Hair loss	2.86	Rare	Less severe
Byetta	Jitteriness 緊張感	2.55	Infrequent	Less severe
Byetta	Nausea 噁心	2.46	Common 常見	Less severe
Byetta	Loss of appetite	2.42	Infrequent	Less severe
Byetta	Cold symptoms	2.35	Doesn't exist	
Byetta	Constipation	2.22	Rare	Less severe

Forum mentions 論壇提及者　　WebMD 健康入口網站

　　總的來說，文本挖掘識別出的每一種藥物經常出現的 ADR 中，有 86% 被列在 WebMD 上。表 6-2 只是取自論壇 Drug-ADR Relationships 的部分資料，從表 6-2 可看出不良藥物反應有**低血糖**（Low blood sugar），得分最高（**8.23**），嚴重但不常發生。其次是心臟問題，得分 **6.77** 嚴重，但罕見，其他如噁心（Nausea），得分 **2.46**，常見但不嚴重。其他還有浮腫、緊張感不良藥物反應等。

　　透過 Web 2.0 論壇的形式留下消費者的想法、信念、體驗甚至互動的數位足跡。如下圖 6-1 視覺的地圖（visual map），顯示了藥物和症狀之間的各種聯繫，產生市場結構感知圖和有意義的見解。[4]

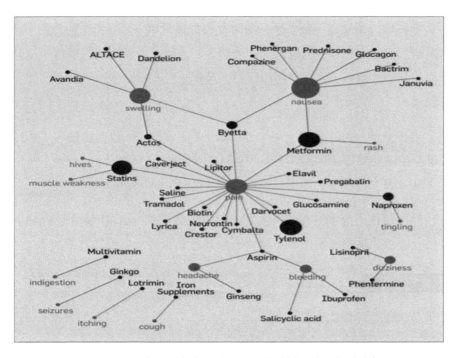

↑圖 6-1 藥物和症狀之間的各種關聯（糖尿病藥物論壇）

　　圖 6-1 情感分析系統提取了兩種類型的**關聯**：「藥物原因」症狀（**陰性**，以紅色顯示）和「藥物補救措施」症狀（**陽性**，以藍色顯示）。以 Byetta 所造成的噁心（nausea），以紅線表示，另外左側、下側的藍線，表示藥物補救措施。這種提供這種市場結構感知圖和有意義的見解，對藥商來說，**可獲取消費者用藥反應**，來確定患者似乎最關心的 ADR 的優先等級，**加快藥品的研發流程**。

【實例二】

分析某電子媒體社會新聞情感屬性

　　企業評估影響組織營運的外部因素，以便在市場中變得更有競爭力，一般可借助於 PEST 分析 - 政治因素（Political）、經濟因素（Economic）、社會因素（Social）以及科技因素（Technological）分析，PEST 分析能幫助企業檢視宏觀商業環境。

　　就社會因素來說，包括如一個國家的教育水平、人口和年齡分布、風俗民情、國家文化、生活趨勢、價值觀等。了解社會新聞情感屬性，有助於探討其中的梗概。管理者可因應不同產業，對各項影響因素有不同比重的關注。

　　情感分析一般在行銷上用來分析**線上**客戶的評論，藉由**評論**內容與情感辭典的連結將客戶評論區分為正面（positive）、負面（negative）及中性（neutral）等評價，亦稱為**兩極分類**（polarity classification）。

　　以下將利用 R 套件中所附台灣大學的情感辭典（sentiment lexicon）分析社會新聞媒體報導內容，藉以區分其各篇報導的兩極性評價。

R軟體的應用

　　首先載入需要的 R 套件如下：

```
library(tmcn)
library(data.table)
library(hablar)
library(tidytext)
library(tidyverse)
library(dplyr)
```

　　使用 NTUSD 情感辭典，NTUSD 為一清單物件（list）內有簡體與繁體各自分正面、負面辭典（圖 6-2），以下程式取用繁體中文的部分。

```
data(NTUSD)              # 使用套件內含中文情感辭典
print(names(NTUSD))      # 列印 list 名稱
pos_lexicon<-tibble(     # 取出正面詞語
  word=NTUSD$positive_cht,  # 繁體中文
  sentiment=rep('positive',length(NTUSD$positive_cht)))
neg_lexicon<-tibble(     # 取出負面詞語
  word=NTUSD$negative_cht,  # 繁體中文
```

```
sentiment=rep('negative',length(NTUSD$negative_cht)))
bing_lexicon<-rbind(pos_lexicon,neg_lexicon)   #合併正、負面詞語
```

```
> print(names(NTUSD)) # 列印list名稱
[1] "positive_chs" "negative_chs" "positive_cht" "negative_cht"
```

⌒圖 6-2　NTUSD 物件清單名稱（簡體、繁體中文）

藉由 hablar 套件的 find_duplicates 函式找出辭典中重複資料（圖6-3）、中性詞語（圖6-4），再予以淨化（去除）以免影響後續新聞情感分數計算。

```
print(setorder(     # 找出辭典重複資料
  find_duplicates(bing_lexicon,word,sentiment),word,sentiment))
print(find_duplicates(bing_lexicon,word) %>%   # 中性詞語
  group_by(word,sentiment) %>%
  dplyr::summarize() %>%
  find_duplicates(word))
bing_lexicon<-unique(     # 淨化二元辭典
  bing_lexicon,by=c('word','sentiment'))
saveRDS(bing_lexicon,     # 物件存檔備用
      file='mldata/comm_lexicon.rds')
```

```
> print(setorder(    # 找出辭典重複資料
+   find_duplicates(bing_lexicon,word,sentiment),word,sentiment))
# A tibble: 1,390 x 2
   word      sentiment
 * <chr>     <chr>
 1 ""        negative
 2 ""        negative
 3 "一團糟"   negative
 4 "一團糟"   negative
 5 "下地獄"   negative
 6 "下地獄"   negative
 7 "下流"     negative
 8 "下流"     negative
 9 "不便"     negative
10 "不便"     negative
# ... with 1,380 more rows
```

⌒圖 6-3　情感辭典重複資料

情感分析、意見探勘

```
> print(find_duplicates(bing_lexicon,word) %>%  # 中性詞語
+   group_by(word,sentiment) %>%
+   dplyr::summarize())
'summarise()' regrouping output by 'word' (override with '.groups' argument)
# A tibble: 98 x 2
# Groups:   word [49]
   word    sentiment
   <chr>   <chr>
 1 入迷    negative
 2 入迷    positive
 3 入迷的  negative
 4 入迷的  positive
 5 大膽    negative
 6 大膽    positive
 7 大膽的  negative
 8 大膽的  positive
 9 小心    negative
10 小心    positive
# ... with 88 more rows
```

↷圖 6-4　情感辭典中性詞語

　　經過淨化之後的情感辭典，其中每詞只有唯一情感屬性（positive 或 negative）對應，詞語同時兼具正面與負面者或未在辭典裡的詞均為中性（neutral）詞語。

　　接著從網路線上取回社會新聞入口網頁的超連結，並藉由超連結讀取各新聞（熱門、最新）的新聞標題及其文本，這段程式讀者可省略直接跳至下一段程式，使用筆者已經整理立即可用的 R 資料庫 news_society.rds，下載連結於 https://github.com/hmst2020/MS/tree/master/mldata/。

```
library(httr)
library(rvest)
news_path<-'https://www.chinatimes.com/society/?chdtv' # 社會新聞
html.obj<-GET(news_path,timeout(20)) %>%   # 取回網頁原始碼
  read_html(news_path)        # 萃取 html 文件
news.title<- html.obj %>%   # 萃取其熱門的新聞標題
  html_nodes("section[class='hot-news'] [class='title']") %>%
  html_text()
news.link<- html.obj %>%   # 萃取其熱門新聞的超連結
  html_nodes("section[class='hot-news'] [class='title'] a") %>%
  html_attr("href")
```

```
latest_news.title<-html.obj %>%   # 萃取其最新的新聞標題
  html_nodes("div[class='articlebox-compact'] [class='title']
") %>%
  html_text()
latest_news.link<-html.obj %>%   # 萃取其最新新聞的超連結
  html_nodes("div[class='articlebox-compact'] [class='title']
 a") %>%
  html_attr("href")
news.title<-c(news.title,latest_news.title) # 合併上述新聞標題
news.link<-c(news.link,latest_news.link)      # 合併上述新聞超連結
news_all<-tibble(title=news.title,link=news.link) # 建立新聞物件
news_society<- data.frame()      # 起始物件變數
for (i in 1:nrow(news_all)){      # 依超連結一一取回新聞網頁內容
  news_path<-news_all[i,]$link   # 超連結
  html.obj<-GET(news_path,timeout(20)) %>% # 取回新聞網頁原始碼
    read_html(news_path)
  news.body<- html.obj %>%         # 自新聞本體萃取其各段落文字
    html_nodes("div[class='article-body'] p") %>%
    html_text()
  text<- paste(news.body, collapse = '')   # 串起各段落文字
  news_society<-rbind(              # 列加一筆新聞(含標題及新聞文本)
    news_society,
    data.frame(
      title=news_all[i,]$title,
      body=text))
}
glimpse(news_society)   # 一瞥新聞物件欄位部分內容
# saveRDS(news_society,file='mldata/news_society.rds')
```

```
> glimpse(news_society)  # 一瞥新聞物件欄位部分內容
Rows: 42
Columns: 2
$ title <chr> "雲林芭樂攤絕地求生 滿500逆天長腿比基尼辣模親送到府 - 社會", "方向
燈壞15分鐘苦吞2萬1千元罰單 車...
$ body  <chr> "全國三級警戒持續到7月12日，許多商家苦苦掙扎，尋求各種生存之道。雲
林一間連鎖甘草芭樂攤，與農民契作芭樂，2、...
```

🔊圖 6-5　一瞥新聞物件欄位部分內容

　　萃取新聞內容共 42 筆，分為標題（title）及新聞本體（body）兩欄，部分內容如圖 6-5，吾人可利用各條新聞文本內的情感詞語以分析各條新聞之情感屬性（即兩極分類），首將利用中文斷詞器配合自訂之詞料白名單與黑名單將各條新聞文本依出現之先後次序分解成各詞語並給予標記（圖 6-6）。

```
library(jiebaR)
library(tm)
news_society<-readRDS(file='mldata/news_society.rds')  # 讀入新聞
cutter <- worker(                              # 斷詞器
  user='mldata/user.dict_trad.utf8',          # 詞料白名單
  stop_word='mldata/stop_words_trad.utf8'      # 詞料黑名單
)
tokenize_my_token<-function(x){  # 自訂詞料庫分詞函式(傳回 list 物件)
  res<-lapply(x, function(y) {       # x 每筆(row)使用斷詞器處理
    cutter.text<- cutter[y]    # 使用斷詞器自然語言處理(含黑白名單)
    cutter.text<- removeNumbers(cutter.text)   # 移除數字
    cutter.text<-cutter.text[
      !cutter.text %in% c('','.')] # 去除遺留的無意義詞
    return(cutter.text)          # 傳回詞料庫分詞後之 vector
  })
  return(res)        # 傳回 list 物件
}
rm(news_words_1)    # 第一筆新聞分解詞語
eval_sentimemt<- function(title,text_body,lexicon){
  news_words<-unnest_tokens(     # 以行為詞料庫將其各詞料為一列分列
    tbl=data.frame(body=text_body), # 詞料庫資料所在 data frame
```

```
    output=word,          # 輸出各詞料的行名稱
    input=body,           # 輸入詞料庫的行名稱
    token='my_token')     # 自訂詞料庫分詞函式(自動加上 tokenize_)
if(!exists('news_words_1')){news_words_1<<-news_words;
    print(news_words,row.names=TRUE,max=10)}
inner_join(                # 只要情感辭典語詞交集部分
    news_words,            # 新聞詞語
    lexicon,               # 二元情感辭典
    by=c('word'='word')) %>%   # 交集使用之欄位
    dplyr::count(sentiment) %>%  # 依 sentiment 欄位分別合計次數
    spread(sentiment,n,fill=0) %>% # 將長格式轉成寬格式，NA 補 0
    mutate(   # 增加 sentiment 及 title 欄位
        sentiment=
            ifelse(
                exists('positive',mode='numeric'),
                positive,0)-   # positive 欄位不存在則補 0
            ifelse(
                exists('negative',mode='numeric'),
                negative,0),   # negative 欄位不存在則補 0
        title=title)
}
```

```
    word
1   全國
1.1 三級
1.2 警戒
1.3 持續
1.4   月
1.5   日
1.6 商家
1.7 苦苦
1.8 掙扎
1.9 尋求
[ reached 'max' / getOption("max.print") -- omitted 171 rows ]
```

∩圖 6-6　第一則新聞詞語分解

圖 6-6 分解後每詞語一列，每列標記（token）每則新聞索引（index）為第一碼隨後第二碼為該則新聞詞語出現的順序碼，例如 1.1 第一碼表示第一則新聞，第二碼表示該詞語出現的次序，無第二碼則可視為 1.0，詞語有可能重複出現在同一份文本裡。

```
library(data.table)
library(plyr)
sentiments <- data.frame()    # 起始物件變數
for (i in 1:nrow(news_society)){  # 每一新聞計算其情感值
  news.body<- news_society[i,]$body  # 新聞文本
  sentiments<- rbind.fill(  # 增列計算後新聞情感值
    sentiments,
    eval_sentimemt(news_society[i,]$title,news.body,bing_lex
icon))
}
print(as.data.table(sentiments),5)    # 列印前後 5 筆
```

上述程式 for 迴圈將每一則文件（新聞）的內文經自訂的函式 eval_sentimemt 計算其正面、負面分數後正負相加的情感分數 >=0 為正面否則為負面，如圖 6-7 sentiment 欄位值。

```
> print(as.data.table(sentiments), 5)   # 列印前後5筆
   negative positive sentiment                                                    title
1:       10        8        -2   雲林芭樂攤絕地求生 滿500送天長腿比基尼辣模親送到府 - 社會
2:       16        5       -11   方向燈壞15分鐘苦吞2萬1千元罰單 車主喊:爽到你苦到我 - 社會
3:       11        6        -5   FB長髮甜美正妹遭親妹出賣 真實照曝光網驚:喪盡天良！ - 社會
4:       17       10        -7   桃園12人深夜開趴女爛醉倒地 民眾怒轟:無法了？ - 社會
5:        8        2        -6   警官遭爆兼差男優拍成人片 請辭護尊嚴 - 社會
---
38:      21       24         3   台積電男友過勞「下班像廢人」 女友為1原因提分手引論戰
39:      11        2        -9   金錢糾紛惹禍 男大年初二遭砍死 檢起訴11人
40:      15        9        -6   遭監察院移送懲戒 石木欽:彈劾程序明顯違法
41:       7        8         1   73歲老婦誤把學校當菜市場 中市警熱心助返家
42:      23        8       -15   強盜殺害天珠商人 2嫌二審判仍可教化免死
```

◑圖 6-7　新聞情感兩極分類

以 qplot 函式將迴圈的結果物件 sentiments 其 sentiment 欄位值之分布繪出如下圖 6-8：

```
qplot(sentiments$sentiment,        # 情感評分分布
      geom="histogram",
      bins=5,
      main='新聞情感評分分布',
      xlab='情感評分',
      ylab='新聞數')
```

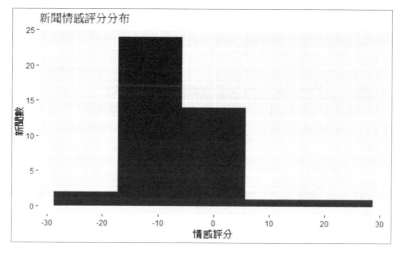

♪圖 6-8　社會新聞情感分布圖

圖 6-8 不令人意外社會新聞負面者居多。

文字雲常用來做定性分析，對分析的文件對象的關鍵字以圖形與顏色呈現，以下任意取其中一則新聞繪製文字雲，藍色字體為正、紅色為負，字體越大表示該詞語出現於該文件次數愈多，如下圖 6-11：

```
library(wordcloud2)
news_society[1,]$title  # 第一則新聞標題
words<-cutter[news_society[1,]$body] %>%  # 將文本斷詞
```

```
    freq() %>%                              # 計算每詞語在文本中頻次
    dplyr::rename(word=char) %>%            # 欄位名稱 char 改為 word
    inner_join(            # 只要情感辭典語詞交集部分
      bing_lexicon,       # 二元情感辭典
      by=c('word'='word')) %>%  # join 的關聯欄位
    mutate(color=ifelse( # 增一欄位 color 正、負面詞語分別給予藍、紅色
      sentiment=='positive','blue','red'))
print(as.data.table(words),5)    # 列印該則新聞文本詞語
wordcloud2(   # 繪製文字雲
  words,      # 資料依據(data frame 物件)
  color=words$color,  # 指定顏色欄
  shap='triangle',    # 雲形狀
  size = 0.3)         # 文字大小縮放比
```

```
> news_society[1,]$title  # 新聞標題
[1] "雲林芭樂攤絕地求生 滿500逆天長腿比基尼辣模親送到府 - 社會"
```

∩圖 6-9　新聞標題

```
> print(as.data.table(words),5)    # 列印該則新聞文本詞語
    word freq sentiment color
 1: 消耗    1 negative   red
 2: 合作    1 positive  blue
 3: 合作    1 positive  blue
 4: 欣賞    1 positive  blue
 5: 欣賞    1 positive  blue
---
18: 翻滾    2 negative   red
19: 不了    1 negative   red
20: 決定    1 positive  blue
21: 問題    1 negative   red
22: 問題    1 negative   red
```

∩圖 6-10　新聞文本與情感辭典交集之詞語

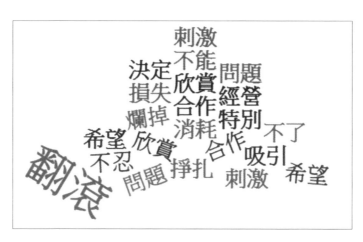

♠圖 6-11　情感文字雲（三角形）

【實例三】

收集國際財經專題訊息並自建財經領域專用情感辭典

在實例二提到過企業評估影響組織營運的外部因素，以便在市場中更有競爭力，一般可借助於 PEST 分析，該分析有助於企業檢視宏觀商業環境。

就財經領域來說，廣義的來說，涵蓋到 PEST 的政治（Political）、經濟（Economic）、社會（Social）以及科技（Technological）等四大面向。就以狹義的來說，以經濟因素為例，涵蓋像是利率和匯率、國家的經濟增長、經濟衰退、消費水平與偏好、供需平衡、就業程度、通貨膨脹等因素。

由於技術進步的發展，高維資料在許多領域迅速增長，這有助於收集具有大量變量的資料，以便更好理解感興趣的特定現象。具體例子出現在功能核磁共振（fMRI）、大規模醫療保健分析、文本/圖像分析和天文學中。在過去的二十年中，正則化（regularization）方法已成為分析此類高維資料的首選方法。(5)

正則化通常使用做為推測（predict）模型，這裡的正則化則由統計詞語的發生藉以產出或納入特定領域專用辭典，正則化替代普通最小平方法

（OLS）在大量多變量相關性估計可能產生的誤導，而成為可行的替代方案[6]。

本例以 SentimentAnalysis 套件的應用為主，取得外部財務情感辭典，首先將取自鉅亨網的財經專題文字內容計算情感指標（權重）予以分類，進一步使用各文件情感權重權充做為黃金標準，加以正則化迴歸選出對文件（新聞）權種值具有決定性的詞語以構成自建的情感辭典，這辭典裡包括除了財經領域的用詞以外，亦包括一般意見表達的用詞。

R軟體的應用

本例 mldata 路徑下相關檔案均可於本書 github 專區取得：
https://github.com/hmst2020/MS/tree/master/mldata/

首先載入需要的 R 套件、同[實例二]的斷詞器以及 JiebaR 套件斷詞器所自訂之 tokenize 函式如下：

```
library(SentimentAnalysis)
library(jiebaR)
library(tm)
library(tmcn)
library(tidytext)
library(tidyverse)
library(data.table)
cutter <- worker(                              # 斷詞器
  user='mldata/user.dict_trad.utf8',        # 詞料白名單
  stop_word='mldata/stop_words_trad.utf8' # 詞料黑名單
)
tokenize_my_token<-function(x){ # 自訂詞料庫分詞函式(傳回 list 物件)
  res<-lapply(x, function(y) {      # x 每筆(row)使用斷詞器處理
    cutter.text<-removeNumbers(y) # 移除數字
    cutter.text<-removePunctuation(cutter.text)
    cutter.text<-cutter[cutter.text] # 使用斷詞器自然語言處理(含黑白名單)
    return(cutter.text)         # 傳回詞料庫分詞後之 vector
```

```
    })
    return(res)     # 傳回 list 物件
}
```

　　載入筆者運用 Selenium Server 自鉅亨網（https://news.cnyes.com/projects/cat/all）截取自 2016 年至今（2012/7/9）之財經專題報導之標題及其本文內容：

```
news_finance<-readRDS(     # 讀入專題新聞/專題
    file='mldata/news_topics.rds')
```

　　再載入自聖母大學（University of Notre Dame）網站介紹關於 Loughran and McDonald 完成的財務字典（finance dictionary），讀者可於網址 https://github.com/Microkiller/Dic 下載已整理之 xlsx 檔案進行翻譯，或使用筆者經 google 翻譯 API 譯成中文所構成之中文財務字典，下載點同上 github 專區，程式如下：

```
finance_dict<-readRDS(     # 讀入財務專用辭典(Loughran & McDonald)
    file='mldata/finance_dict.rds')
finance_lexicon<-rbind(data.frame(     # 將正、負面詞語合併於一
    word=finance_dict$positive,
    sentiment='positive'),
    data.frame(
      word=finance_dict$negative,
      sentiment='negative')
)
finance_lexicon<-unique(     # 淨化二元辭典(去重複)
    finance_lexicon,by=c('word','sentiment'))
```

接著以財務專用辭典為基礎分析對鉅亨網的財經專題新聞進行正、負兩極分類如下程式，方法二主要為 SentimentAnalysis 套件中 analyzeSentiment 函式的分析法，方法一則為其細部解析：

首先，自訂一分析函式 eval_sentimemt 依下列公式(6.3.1)計算該則新聞情感權重（與本章[實例二]相同）。

$$情感權重 = \frac{正面詞語頻次 - 負面詞語頻次}{文本詞語總數} \quad \cdots\cdots\cdots\cdots\cdots\cdots\cdots(6.3.1)$$

情感分析方法一：analyzeSentiment 函式細部解析

```
eval_sentimemt<- function(title,text_body,lexicon){
  news_words<-unnest_tokens(      # 以行為詞料庫將其各詞料為一列分列
    tbl=data.frame(body=text_body), # 詞料庫資料所在 data frame
    output=word,              # 輸出各詞料的行名稱
    input=body,               # 輸入詞料庫的行名稱
    token='my_token')         # 自訂詞料庫分詞函式(自動加上 tokenize_)
  if(!exists('news_words_1')){news_words_1<<-news_words;
    print(news_words,row.names=TRUE,max=10)}
  jtemp<-inner_join(                # 只要情感辭典語詞交集部分
    news_words,          # 新聞詞語
    lexicon,             # 二元情感辭典
    by=c('word'='word')) %>%    # 交集使用之欄位
    dplyr::count(sentiment) %>%  # 依 sentiment 欄位分別合計次數
    spread(sentiment,n,fill=0) # 將長格式轉成寬格式，NA 補 0
  total_words<-nrow(news_words) # 計算詞語總數
  if(nrow(jtemp)==0){       # 處理無詞語交集之文件視為中性
    return (data.frame(
      positive=0,
      negative=0,
      sentiment=0,
      total_words=total_words,
      title=title
    ))
```

```
    }
    mutate(   # 增加 sentiment 及 title 欄位
      .data=jtemp,
      sentiment=
        ifelse(
          exists('positive',mode='numeric'),
          positive,0)-   # positive 欄位不存在則補 0
        ifelse(
          exists('negative',mode='numeric'),
          negative,0),   # negative 欄位不存在則補 0
      total_words=total_words,
      title=title)
}
library(data.table)
library(plyr)
sentiments <- data.frame()   # 彙整各文件情感值
for (i in 1:nrow(news_finance)){ # 處理各文件情感值
  news.body<- news_finance[i,]$body
  sentiments<- rbind.fill(   # 遇傳回值缺行時自動補上 NA
    sentiments,
    eval_sentimemt(    #eval_sentimemt 函式傳回值
      title=news_finance[i,]$title,
      text_body=news.body,
      lexicon=finance_lexicon))
}
print(data.table(sentiments),5)   # 列出前後 5 筆
```

```
      word
1     聯準
2      會
3     fed
4     出現
5     緊縮
6    起手式
7     暗示
8     討論
9     縮減
10    購債
[ reached 'max' / getOption("max.print") -- omitted 1341 rows ]
```

ᴖ圖 6-12　新聞第一則（news_words_1）

```
> print(data.table(sentiments),5)
    negative positive sentiment total_words                                            title
1:       154       25      -129        1351                  Fed出現緊縮起手式 美股後市怎麼看
2:        57        9       -48        3612                     經濟擴張超預期 美股財報不看淡！
3:         8       20        12        3496                港股打新熱 今年潛在IPO還有誰？
4:        18        4       -14         619  ESG掀投資新浪潮！專家教戰2招 選出名符其實的ESG基金
5:        12        6        -6         515               還在優優定存嗎？退休靠這招 讓你享樂退休
---
220:      17        7       -10         431                  Fintech金融科技 觸發產業革命
221:      10        6        -4         343             歐盟再見！ 英國將迎接政經衝擊
222:       4        4         0         261         新鮮人理財術  領第一份薪水就該懂！
223:      13        8        -5         401              520點亮台灣 衝破經濟黑暗期
224:       7        8         1         346           特斯拉電動車 引領未來新潮流
```

ᴖ圖 6-13　各則新聞詞語各頻次欄位

　　圖 6-12 為第一則新聞經過 unnest_tokens 的 tokenize 分解後詞語總數為 1351，圖 6-13 各頻次欄位依 (6.3.1) 計算其權重應為 -129/1351 = -0.09548483 亦即下列程式計算結果（圖 6-14）。

```
sentiments<-sentiments %>%   # 計算情感指數
  mutate(MySentiment=sentiment/total_words) %>%
  select(c('title','MySentiment'))
print(data.table(sentiments),5)   # 列印前後 5 筆
saveRDS(sentiments,file='mldata/finance_sentiments.rds')
```

```
> print(data.table(sentiments),5)  # 列印前後5筆
                                                       title   MySentiment
   1:                    Fed出現緊縮起手式 美股後市怎麼看  -0.095484826
   2:                   經濟擴張超預期 美股財報不看淡！  -0.013289037
   3:               港股打新熱 今年潛在IPO還有誰？   0.003432494
   4: ESG掀投資新浪潮！專家教戰2招 選出名符其實的ESG基金  -0.022617124
   5:               還在傻傻定存嗎？退休靠這招 讓你享樂退休  -0.011650485
  ---
 220:                 Fintech金融科技 觸發產業革命  -0.023201856
 221:              歐盟再見！ 英國將迎接政經衝擊  -0.011661808
 222:            新鮮人理財術 領第一份薪水就該懂！   0.000000000
 223:                 520點亮台灣 衝破經濟黑暗期  -0.012468828
 224:                 特斯拉電動車 引領未來新潮流   0.002890173
```

⋒圖 6-14　各則新聞依 (6.3.1) 計算之情感權重

情感分析方法二：直接使用 analyzeSentiment 函式

　　下列程式方法二先依取得之財務專用辭典依需要之格式轉成 SentimentDictionaryBinary 類別物件格式，繼續將藉由自訂的 tokenize 函式對其新聞文本內容 Corpus 詞料庫物件進行童方法一詞語切割，最後交由 analyzeSentiment 函式以 ruleSentiment 函式依外部財務專用辭典進行情感分析得出如圖 6-15，與方法一圖 6-14 比較稍有差異係黑名單 stw 使用不相同所致。

```
stw<-readLines('mldata/stop_words.utf8')   # 黑名單
dict_bin<-SentimentDictionaryBinary( # 外部財務專用辭典
  positiveWords=finance_lexicon[  # 正面詞語
    finance_lexicon$sentiment=='positive',]$word,
  negativeWords=finance_lexicon[  # 負面詞語
    finance_lexicon$sentiment=='negative',]$word
)
news_corpus <- Corpus(      # 詞料庫建立
  VectorSource(news_finance$body)) %>%
  tm_map(tokenize_my_token)      # 詞語切割(依據函式)
news_dtm<-tmcn::createDTM(    # 產生 DocumentTermMatrix 物件
  news_corpus,
  language='zh')
doc_senti<-analyzeSentiment(  # 進行分析
```

```
    x=news_dtm,       # 給予的 DocumentTermMatrix 物件
    language = "zh-TW",  # 指定語言
    rules=list("MySentiment"=       # 計算規則
                list(ruleSentiment, # 以 ruleSentiment 函式計算
                    dict_bin)),     # 指定使用的辭典
    stopwords=stw,           # 詞語黑名單
    removeStopwords=TRUE,    # 黑名單之詞語不列入分析
    stemming=TRUE)           # 使用詞幹
print(data.table(doc_senti),5)  # 列印前後 5 筆
```

```
> print(data.table(doc_senti),5)   # 列印前後5筆
       MySentiment
  1: -0.095484826
  2: -0.013322231
  3:  0.003457217
  4: -0.022617124
  5: -0.011650485
  ---
220: -0.023310023
221: -0.011661808
222:  0.000000000
223: -0.012468828
224:  0.002890173
```

❶圖 6-15　各新聞情感權值

圖 6-15 可見得負數權重者為負面新聞，反之>=0 者為正面新聞，亦可進一步將上述 analyzeSentiment 函式傳回的物件經由 convertToBinaryResponse 函式得出圖 6-16 的結果。

```
pnresp<-convertToBinaryResponse( # 將方法二情感評分轉成兩極分類
  data.frame(
    title=news_finance$title,
    Sentiment=doc_senti$MySentiment))
print(data.table(pnresp),5)      # 列印前後 5 筆
```

```
> print(data.table(pnresp),5)     # 列印前後5筆
                                         title Sentiment
  1:               Fed出現緊縮起手式 美股後市怎麼看  negative
  2:                經濟擴張超預期 美股財報不看淡！  negative
  3:               港股打新熱 今年潛在IPO還有誰?  positive
  4: ESG掀投資新浪潮！專家教戰2招 選出名符其實的ESG基金  negative
  5:           還在傻傻定存嗎?退休靠這招 讓你享樂退休  negative
  ---
220:               Fintech金融科技 觸發產業革命  negative
221:               歐盟再見！英國將迎接政經衝擊  negative
222:           新鮮人理財術 領第一份薪水就該懂！  positive
223:               520點亮台灣 衝破經濟黑暗期  negative
224:               特斯拉電動車 引領未來新潮流  positive
```

∩圖 6-16　方法二：各新聞區依權重分為正、負面

以下程式將方法一情感權重的計算結果亦分為正、負面圖 6-17。

```
finance_sentiments<-readRDS(file='mldata/finance_sentiments.
rds')
pnresp2<-convertToBinaryResponse(   # 將方法一情感評分轉成兩極分類
  data.frame(
    title=finance_sentiments$title,
    Sentiment=finance_sentiments$MySentiment))
print(data.table(pnresp2),5)     # 列印前後 5 筆
```

```
> print(data.table(pnresp2),5)     # 列印前後5筆
                                         title Sentiment
  1:               Fed出現緊縮起手式 美股後市怎麼看  negative
  2:                經濟擴張超預期 美股財報不看淡！  negative
  3:               港股打新熱 今年潛在IPO還有誰?  positive
  4: ESG掀投資新浪潮！專家教戰2招 選出名符其實的ESG基金  negative
  5:           還在傻傻定存嗎?退休靠這招 讓你享樂退休  negative
  ---
220:               Fintech金融科技 觸發產業革命  negative
221:               歐盟再見！英國將迎接政經衝擊  negative
222:           新鮮人理財術 領第一份薪水就該懂！  positive
223:               520點亮台灣 衝破經濟黑暗期  negative
224:               特斯拉電動車 引領未來新潮流  positive
```

∩圖 6-17　方法一：各新聞區依權重分為正、負面

比較上述兩方法雖然斷詞所使用之黑名單略有不同，實際結果幾無差異（圖 6-18），須注意使用的黑名單亦將影響分析結果。

```
compareToResponse(    # 比較兩方法之評分
  doc_senti,
  finance_sentiments$MySentiment)
```

```
> compareToResponse(    # 比較兩方法之評分
+   doc_senti,
+   finance_sentiments$MySentiment)
                                  MySentiment
cor                               9.999974e-01
cor.t.statistic                   6.491413e+03
cor.p.value                       0.000000e+00
lm.t.value                        6.491413e+03
r.squared                         9.999947e-01
RMSE                              5.742478e-05
MAE                               2.468370e-05
Accuracy                          1.000000e+00
Precision                         1.000000e+00
Sensitivity                       1.000000e+00
Specificity                       1.000000e+00
F1                                1.000000e+00
BalancedAccuracy                  1.000000e+00
avg.sentiment.pos.response        1.488602e-02
avg.sentiment.neg.response       -1.793592e-02
```

⋒圖 6-18　方法一、二結果比較

上述情感分析方法一、二所用的財務專用辭典套用在財經新聞上分析如上圖 6-14~圖 6-18，其實若細讀文章內容後給予的個人評價結果也會因人而異，若有黃金標準（golden standard）的存在吾人將有機會收集更多的文件以專家的角度給予標準權值，從而萃取來自這些文件領域的專有辭典，提供行銷人員用詞遣字的建議促成行銷目的的達成，以下將借用本例的新聞情感權值權充專家的權值評價，運用套件中 generateDictionary 函式產生自有的辭典，藉以產生對特定領域的情感辭典。

程式首先引用前述專題新聞以及其權充經過專家評價的情感權重，讀入 R 環境變數，並設定下述方法中需要的多變量迴歸（multivariate regression）之相關控制參數，例如 alpha、lambda 等：

正規化係數 alpha 分為三種，lasso 選入的變量（詞語）最為嚴謹同時也將不明顯重要之詞語拋棄，為便於含括所有詞語以便人為檢視，以下程式僅以 ridge 示範使迴歸係數接近 0 但不等於 0 得以保留所有詞語。

1 — lasso

0 — ridge

>0 <1 — elastic net

Lasso 是最小絕對收縮和選擇運算元（Least absolute shrinkage and selection operator）的簡稱。以處理涉及大量解釋變數或預測變數的情形。Lasso 迴歸數學模型如下[6]：

$$\beta_{lasso} = \mathrm{argmin}_{\beta_0 \cdots \beta_n} \sum_{i=1}^{|D|} \left[y_i - \beta_0 - \sum_{t=1}^{n} \beta_t \hat{x}_{d,t} \right]^2 \ s.t. \sum_{t=1}^{n} |\beta_t| \leq \lambda \ ) \cdots\cdots(6.3.2)$$

這裡，y 為黃金標準值（權值），β 為各變量（詞語）之係數，$\hat{x}$ 為該詞語之 tfidf 權值。

從 (6.3.2) 模型中 lambda(λ) 的取值高使得模型簡化，但是風險是擬合不足（underfitting），同樣的取值過低也造成過度擬合（overfitting）的風險。

```
########## generate lexicon #############
library(mlapi)
library(text2vec)
library(scales)
news_finance<-readRDS(    # 讀入專題新聞/專題
  file='mldata/news_topics.rds')
finance_sentiments<-readRDS(    # 讀入先前依財務專用辭典的分析結果
  file='mldata/finance_sentiments.rds')
response<-finance_sentiments$MySentiment
control_parm=list(  # 控制參數
  alpha=0,
```

```
family="gaussian",
grouped=FALSE)
```

　　以下分二方法來產生自有辭典，方法一是方法二的細部解析，方法一首先將手上的情感評分藉由 rescale 函式模擬成類李克特尺度（Likert-scale）分別給予 -5 至 +5 的連續尺度，繼續以 glmnet 套件的 cv.glmnet 函式進行具正規化的迴歸模型建模，再以 stats 套件的 coef 函式依迴歸模型選擇變量並依其重要性給予權重係數，其中 lambda(λ) 的取值依所指定的 alpha 值在 k-fold 交叉驗證模型下的比較（圖 6-19）取其 MSE(mean-square error) 優者：

自建領域專用辭典 方法一：generateDictionary 函式細部解析

```
library(glmnet)
library(scales)
set.seed(1)    # 消除隨機結果使一致
response<-rescale(    # 重新調整尺度範圍
  finance_sentiments$MySentiment,
  to=c(-5, 5))     # 尺度縮小於-5 ~ +5 之間
cv.enet <- glmnet::cv.glmnet(    # k-fold 交叉驗證傳回 lambda 值
  x=as.matrix(news_dtm),           #   文件對詞語之頻次矩陣
  y=response,        #   專家的文件評比
  alpha=control_parm$alpha, # 同1=lasso , 0=ridge  0.5=elastic net
  family=control_parm$family,
  grouped=control_parm$grouped)
plot(cv.enet)    # 繪出 k-fold 交叉驗證結果
print(cv.enet)   # 列印 k-fold 交叉驗證結果
```

循著上述 plot(cv.enet) 繪出圖 6-19：

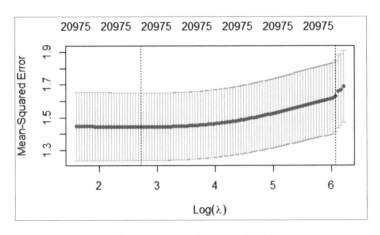

❶圖 6-19　MSE 各 lmbda 比較圖

　　圖 6-19 左側垂直線即 lambda.min，右側垂直線則為 lambda.1se，這裡的 1se 指與 lambda.min 1 個標準差（standard error），上方數字指不同的 lambda 取值其對應選取的變量數，即下圖 6-20 中的 Nonzero，震幅的部份為標準差，即下圖 6-20 中的 SE，alpha 值將決定上方數字的變化（上述示範 0 代表 ridge 因此都是 20975）。

```
> print(cv.enet)  # 列印k-fold 交叉驗證結果

Call:  glmnet::cv.glmnet(x = as.matrix(news_dtm), y = response, grouped = control_parm$grouped,
 alpha = control_parm$alpha, family = control_parm$family)

Measure: Mean-Squared Error

    Lambda Index Measure     SE Nonzero
min   15.2    76   1.443 0.2075   20975
1se  433.8     4   1.627 0.2190   20975
```

❶圖 6-20　lambda 建議值其 MSE、變量數

　　圖 6-20 說明 lambda 取其最小（min）或最大（1se）MSE 其選入詞語數均為 20975 個，若 alpha 選 >0 的 elastic net 則詞語數將隨之減少甚至於 alpha=0 的 lasso 以可能詞語數為 0。

將取用之 lambda 決定後給予 coef 函式計算其各詞語（變量）的迴歸係數（即權重），經排序其權重取其前 20 者如下圖 6-21。

```
coefs <- coef(   # 依據指定 lambda 值萃取模型係數
  object=cv.enet,  # 適配模型物件
  s=cv.enet$lambda.min)  # lambda 值
scoreNames <- coefs@Dimnames[[1]][  # 取出選出的詞語(變數項)
  setdiff(coefs@i+1, 1)]
scores <- coefs@x          # 取出所有係數(含截距值)
if (length(coefs@i) > 0 && coefs@i[1]==0) {  # 判斷是否含截距值
  scores <- scores[-1]    # 去除截距值，留下與變數項等長之係數
}
intercept <- ifelse(  # 取截距值
  length(coefs@i) > 0 && coefs@i[1]==0,
  coefs@x[1],
  0)
wordFrequency<-colSums(  # 計算各詞語(變數項)在各文件的頻次
  as.matrix(news_dtm[,scoreNames]) != 0)
idf <- log(nrow(news_dtm)/wordFrequency)  # 計算 idf 值
df_lexicon<- data.frame(    # 以係數為各詞語之權重
  word=scoreNames,
  weight=scores
)
top_n(x=df_lexicon,n=20,wt=weight) %>% # 萃取前 10 項權重最高之詞語
  ggplot(aes(x=weight,y=reorder(word,weight)))+  # 繪出條狀圖
  geom_bar(
    width =0.5,  # 條狀寬度
    stat = "identity",  # 條狀高度依 y(weight)值
    colour = "black"
  )+
  xlab('權重')+
  ylab('詞語')
```

循著上述程式 top_n 函式列出如下圖 6-20：

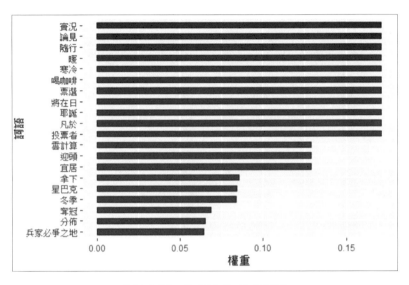

◑圖 6-21　依權重前 20 名詞語

　　方法一自建財經專用辭與 Loughran & McDonald 財務專用辭典可進一步利用 R 工具進行比較，以下比較均以兩極分類作比較，因此將辭典均轉為 SentimentDictionaryBinary 類別物件後以 compareDictionaries 函式產生比較結果。

```
##### 比較自建財經專用辭典與 Loughran & McDonald 財務專用辭典######
dict_bin<-SentimentDictionaryBinary( # 外部財務專用辭典
  positiveWords=finance_lexicon[  # 正面詞語
    finance_lexicon$sentiment=='positive',]$word,
  negativeWords=finance_lexicon[  # 負面詞語
    finance_lexicon$sentiment=='negative',]$word
)
news_lexicon_wt<-SentimentDictionaryWeighted( #自建財務專用辭典權重
  words=scoreNames,
  scores=scores,
  idf=idf,
  intercept=intercept
```

```
)
plot(news_lexicon_wt)  # 繪出自建財務專用辭典權重分布
```

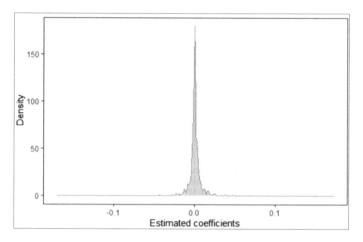

♪圖 6-22　方法一：自建財務專用辭典權重分布

　　圖 6-22 顯示權重大致平均分布於 0 的兩側，需注意大於 0 或等於 0 皆屬正面，因此正面筆數將略多於負面筆數。

```
news_lexicon<-SentimentDictionaryBinary(   # 自建財務專用辭典
  positiveWords=df_lexicon[   # 正面詞語
    df_lexicon$weight>=0,]$word,
  negativeWords=df_lexicon[   # 負面詞語
    df_lexicon$weight<0,]$word
)
compareDictionaries(   # 比較自建與外部辭典
  news_lexicon,
  dict_bin)
summary(news_lexicon)     # 列印辭典權重彙總
```

```
> compareDictionaries(   # 比較自建與外部辭典
+   news_lexicon,
+   dict_bin)
Comparing: binary vs binary

Total unique words: 21749
Matching entries: 403 (0.01852959%)
Entries with same classification: 152 (0.006988827%)
Entries with different classification: 117 (0.005379558%)
```

⋂圖 6-23　方法一：自建與外部辭典比較

　　圖 6-23 說明了自建財經辭典在 ridge 迴歸模型下 20975 個詞語其中只 403 個與外部財務辭典相一致，因其一與外部辭典係英文翻譯中文用語習慣的差異所致，其二權充專業人員的新聞評比並非真正反映真實仍有待專業的人為介入調整，以及其他的可能原因包括樣本取樣不夠廣泛等。

```
> summary(news_lexicon)   # 列印辭典權重彙總
Dictionary type:  binary (positive / negative)
Total entries:     20975
Positive entries: 11328 (54.01%)
Negative entries: 9647 (45.99%)
```

⋂圖 6-24　方法一：辭典二元分類彙總

　　圖 6-24 顯示 20795 個詞語二分類佔比（54.01%、45.99%）。

自建領域專用辭典方法二：直接使用 generateDictionary 函式

　　方法二為使用 generateDictionary 函式以產生辭典內容，由於 lambda 無法事先預知，因此函式將自動決定以最小值（如上圖 6-19 之 min）。

```
library(SentimentAnalysis)
#tm::inspect(news_dtm[1:20,500:510])
set.seed(2)
response<-rescale(   # 重新調整尺度範圍
  finance_sentiments$MySentiment,
  to=c(-5, 5))
control_parm$family='gaussian'
news_lexicon_2_wt<-generateDictionary(
```

```
  x=news_dtm,
  response=response,
  control=control_parm,
  weighting = tm::weightTfIdf,
  modelType='ridge'
)
plot(news_lexicon_2_wt)   # 繪出自建財務專用辭典權重分布
```

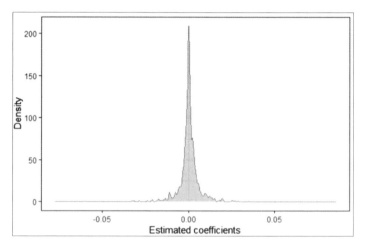

♦圖 6-25　方法二：自建財務專用辭典權重分布

```
summary(news_lexicon_2_wt)
```

```
> summary(news_lexicon_2_wt)
Dictionary type:  weighted (words with individual scores)
Total entries:    20975
Positive entries: 11091 (52.88%)
Negative entries: 9884 (47.12%)
Neutral entries:  0 (0%)

Details
Average score:     0.0001921002
Median:            8.517348e-05
Min:               -0.07786313
Max:               0.0856325
Standard deviation: 0.007182294
Skewness:          -0.8522961
```

♦圖 6-26　方法二：辭典二元分類彙總

圖 6-26 有別於圖 6-24 的二元分類。

```
news_lexicon_2<-SentimentDictionaryBinary(  # 自建財務專用辭典
  positiveWords=news_lexicon_2_wt$words[  # 正面詞語
    news_lexicon_2_wt$scores>=0],
  negativeWords=news_lexicon_2_wt$words[  # 負面詞語
    news_lexicon_2_wt$scores<0]
)
compareDictionaries(  # 比較自建與外部辭典
  news_lexicon_2,
  dict_bin)
```

```
> compareDictionaries(  # 比較自建與外部辭典
+    news_lexicon_2,
+    dict_bin)
Comparing: binary vs binary

Total unique words: 21749
Matching entries: 403 (0.01852959%)
Entries with same classification: 150 (0.006896869%)
Entries with different classification: 111 (0.005103683%)
```

∩圖 6-27　方法二自建與外部辭典比較

　　方法一與方法二皆是 k-fold 交叉驗證模型，其 k 值預設為 10，其隨機取樣分為 10 組進行交叉驗證，因此存在其隨機性，因此可比較圖 6-27 與圖 6-23 稍有不同。

　　若將上述自建之財經專用辭典用來分析先前的新聞專題將會如何？比較與使用外部財務辭典如下圖 6-28。

```
doc_senti_2<-analyzeSentiment(  # 進行分析
  x=news_dtm,      # 給予的 DocumentTermMatrix 物件
  language = "zh-TW",  # 指定語言
  rules=list("MySentiment"=      # 計算規則
                list(ruleSentiment,  # 以 ruleSentiment 函式計算
                  news_lexicon_2)),    # 指定使用的辭典
```

```
    stopwords=stw,       # 詞語黑名單
    removeStopwords=TRUE, # 黑名單之詞語不列入分析
    stemming=TRUE)        # 使用詞幹
compareToResponse(    # 比較兩方法之評分
    doc_senti_2,
    finance_sentiments$MySentiment)
```

```
> compareToResponse(    # 比較兩方法之評分
+   doc_senti_2,
+   finance_sentiments$MySentiment)
                              MySentiment
cor                          8.599006e-01
cor.t.statistic              2.509931e+01
cor.p.value                  9.139638e-67
lm.t.value                   2.509931e+01
r.squared                    7.394291e-01
RMSE                         4.782192e-01
MAE                          4.136162e-01
Accuracy                     7.812500e-01
Precision                    9.827586e-01
Sensitivity                  5.428571e-01
Specificity                  9.915966e-01
F1                           6.993865e-01
BalancedAccuracy             7.672269e-01
avg.sentiment.pos.response   6.039110e-01
avg.sentiment.neg.response  -5.330886e-02
```

∩圖 6-28　自建辭典與外部辭典下的分析結果比較

　　圖 6-28 顯示 compareToResponse 函式以分析相關性來比較自建辭典與外部辭典。

　　若將此 224 則專題以權充專家的評價為黃金標準（Response），則可利用如下 plotSentimentResponse 函式將與以自建之辭典所推算（predict）的情感權重（Sentiment）繪出散佈圖及趨勢線（圖 6-29）

```
plotSentimentResponse(    # 繪出比較圖
    doc_senti_2$MySentiment,
    response)
```

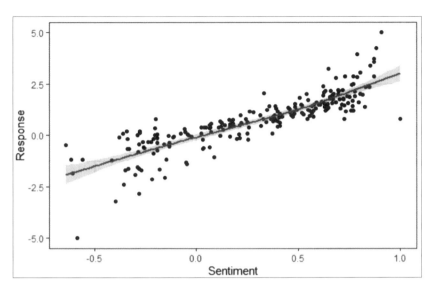

●圖 6-29 　自建之辭典所推算的情感權重與黃金標準的散佈圖與趨勢線

　　情感分析與評價過程，面臨著幾個挑戰。這些挑戰成為分析情感準確含義，以及檢測合適的情感兩極性（polarity）的障礙。[7] 譬如，對於 'sentiment' 這字眼，你可以聯想到《傲慢與偏見》（Pride and Prejudice）的作者珍·奧斯丁（Jane Austen），對她這樣的人來說，'sentiment' 這個字的字義很廣，包含情緒、心情、態度、意見等等。[1]

　　只辨識正面或負面字眼的分析工具，若忽視了重要文脈，可能產生誤解。脈絡就是搞清楚狀況，了解脈絡，才能思考問題的前因後果。否則就是「斷章取義」（out of context），就是去語境化或去脈絡化（decontexualized）。它必須是攸關的、及時的、完整的和適切的資訊量，以增加資訊價值。只有透過使用者的「詮釋」才會產生意義，才能影響使用者的行為與決策。

參考文獻

1. Gurin , J. (2014).Open Data Now: The Secret to Hot Startups, Smart Investing, Savvy Marketing, and Fast Innovation, New York, NY. McGraw Hill 或見李芳齡譯（2015）。開放資料大商機：當大數據全部免費！創新、創業、投資、行銷關鍵新趨勢。台北市：時報出版。

2. Netzer, O., Feldman, R., Goldenberg, J., & Fresko, M. (2012). Mine your own business: Market-structure surveillance through text mining. Marketing Science, 31(3), 521-543.

3. 王正旭（2021 年 7 月 19 日）。健康名人堂／善用新藥意見平台 提高癌友影響力。聯合報。

4. Feldman, R. (2013). Techniques and applications for sentiment analysis. Communications of the ACM, 56(4), 82-89.

5. Sirimongkolkasem, T., & Drikvandi, R. (2019). On regularisation methods for analysis of high dimensional data. Annals of Data Science, 6(4), 737-763.

6. Pröllochs N, Feuerriegel S, Neumann D (2018) Statistical inferences for polarity identification in natural language. PLoS ONE 13(12): e0209323. https://doi.org/10.1371/journal.pone.0209323

7. Hussein, D. M. E. D. M. (2018). A survey on sentiment analysis challenges. Journal of King Saud University-Engineering Sciences, 30(4), 330-338.

民眾新聞網

民眾網關注台灣民眾關心的大小事，從民眾的角度出發，報導民眾關心的事。反映國政輿情，堅持與網路上的鄉民，與馬路上的市民站在一起。

民眾財經網

民眾財經網追求中立、正確的第一手財經消息。
報導股市最前線，讓民眾財經網與各位民眾一同關注瞬息萬變的金融市場

專欄投稿、業務合作請洽：mypeopelnews@gmail.com

歡迎訪問民眾網：https://www.mypeoplevol.com/

掃描QR Code加入「聲量看股票」LINE官方帳號
財經新聞不漏接